Die Lead-Markt-Strategie

Das Geheimnis weltweit erfolgreicher Innovationen

Marian Beise

Die Lead-Markt-Strategie

Das Geheimnis weltweit erfolgreicher Innovationen

Mit einem Geleitwort
von Hans Georg Gemünden

Mit 57 Abbildungen

Springer

Marian Beise
Asian Institute of Technology
School of Management
Klong Luang
Pathumthani 12120
Thailand
beise@leadmarket.de

ISBN-10 3-540-24177-9 Springer Berlin Heidelberg New York
ISBN-13 978-3-540-24177-5 Springer Berlin Heidelberg New York

Bibliografische Information Der Deutschen Bibliothek
Die Deutsche Bibliothek verzeichnet diese Publikation in der Deutschen Nationalbibliografie; detaillierte bibliografische Daten sind im Internet über <http://dnb.ddb.de> abrufbar.

Springer ist ein Unternehmen von Springer Science+Business Media

springer.de

Printed in Germany

Umschlaggestaltung: Design & Production, Heidelberg

SPIN 11370949 43/3153-5 4 3 2 1 0 – Gedruckt auf säurefreiem Papier

Geleitwort

Die Erklärung des Erfolgs von Innovationen und die Identifizierung der Faktoren, die zum Erfolg führen, gehören zu den fundamentalen Aufgaben der Betriebswirtschaftlehre. Im vorliegenden Buch wird diese Fragestellung aus einem etwas anderen Blickwinkel behandelt als sonst üblich. Um Anhaltspunkte für den Erfolg von bedeutenden Innovationen zu erhalten, wird gefragt, in welchem Land eine Innovation zuerst erfolgreich war. Lead-Märkte sind nach Marian Beise Ländermärkte, in denen sich eine Innovation zuerst ausbreitet, die später weltweit erfolgreich wird. Der entscheidende Unterschied zwischen dieser Definition und früheren Standortkonzepten ist, dass es um die Akzeptanz im Markt geht und nicht um die Erfindung an sich oder die erste Markteinführung.

Diese Arbeit stellt einen wichtigen Beitrag zum Verständnis des internationalen Erfolgs von Innovationen dar. In vielen Unternehmen wird die Frage, *wo* globale Standards entstehen, entweder vernachlässigt oder recht pauschal als Zusammenwirken von „technology push" (technologischem Anschub) und „demand pull" (Nachfragesog) gesehen, wobei die Marktsogwirkung anhand weniger zentraler Merkmale wie z. B. Marktgröße und Marktdynamik bestimmt wird. In der wissenschaftlichen Literatur zur Internationalisierung von Forschung und Entwicklung werden komplexere Zusammenhänge unterstellt, aber die Begründungen gehen meist nicht sehr viel tiefer. Es wird zwar eingeräumt, dass man den Kontext zum marktlichen und technologischen Umfeld braucht und auch die lokalen interfunktionalen Schnittstellen sowie die globalen interdivisionalen Schnittstellen bewältigen muss. Kaum berücksichtigt wird aber, dass ganz bestimmte Märkte Schlüsselmärkte für den globalen Innovationserfolg darstellen können und dass man für die Identifikation und Nutzung dieser Märkte spezifische Instrumente und Strategien benötigt.

In dieser zum ersten Mal in Deutsch zugänglichen Darstellung des Lead-Markt-Modells wird sehr ausführlich der praktische Nutzen der Lead-Markt-Analyse hervorgehoben. Diese ist umso wichtiger, je größer die Notwendigkeit, den Besonderheiten eines Marktes rasch und treffsicher zu entsprechen („need for responsiveness"), um möglichst hohe Erlöse zu erzielen, und die Notwendigkeit, Plattformen für unterschiedliche Märkte zu entwickeln, um Kosten zu senken und Markteinführungszeiten zu beschleunigen („need for integration"). Wenn man auf einen Lead-Markt setzen kann, dann ist es möglich, beide Ziele zu verwirklichen und enorme Erfolge hinsichtlich Umsatzwachstum und Gewinnen zu realisieren. Dass man sich dabei auch ganz erheblich irren kann, belegen zahlreiche Beispiele. Es ist eben nicht so, dass man aus den Dimensionen Marktgröße und Marktanteil einerseits sowie Technologieattraktivität und eigene Ressourcenstärke andererseits bereits ablesen kann, wo man investieren sollte. Aber genau diese vier Größen dominieren in den weit verbreiteten Markt- und Technologieportfolios, die für strategische Entscheidungen immer wieder empfohlen werden. Es kommt vielmehr darauf an, auch die anderen Markteigenschaften eines Landes oder einer Region sorgfältig zu prüfen.

Die Kritik, dass man sich nicht zu sehr auf vertraute Märkte, die man für besonders wichtig hält, konzentrieren sollte, geht in die gleiche Richtung wie die viel beachteten Arbeiten von Clayton Christensen, der bei einigen innovativen Produkten nachwies, dass die große Nähe zu „Mainstream"-Kunden zwar wichtig ist für Innovationen und Absatzerfolg, aber dass sie auch dazu führen kann, dass Kunden, die radikal neue Anforderungen stellen, zunächst für relativ uninteressant gehalten werden, weil sie nur geringe Deckungsbeiträge versprechen. In der Regel greifen nur neue Unternehmen diese neuen Chancen auf. Bis die etablierten Anbieter das Potenzial des neuen Designs wahrnehmen, haben die neu entstandenen Hersteller bereits einen solchen Vorsprung, dass die traditionellen Hersteller sie nicht mehr einholen konnten und sogar ihre alten Kunden an die Herausforderer verloren.

Eine Hypothese lautet: Wenn der potenzielle Lead-Markt weit entfernt von den bisherigen Stamm-Märkten liegt und von den herkömmlichen Wettbewerbern für besonders unattraktiv gehalten wird, dann ist die Gefahr groß, dass ein solcher Lead-Markt erst sehr spät erkannt wird. Im Falle der Mobilkommunikation war der Lead-Markt für externe Anbieter unattraktiv, weil er vergleichsweise klein war und weil es dort wegen des scharfen Wettbewerbs nur niedrige Margen zu verdienen gab. Hier knüpft die Lead-Markt-Strategie an, indem sie bisher unerkannte strategische Risiken aufdeckt und aufzeigt, wo neue Wettbewerber entstehen könnten.

Mit seinem Ansatz, die internationale Diffusion von Innovationen zu erklären und daraus Handlungsanweisungen abzuleiten, hat Marian Beise den Spagat zwischen theoretischen Modellen und praktischer Anwendung versucht. Die Lead-Markt-Strategie ist eine theoretisch fundierte, aber einfach zu befolgende Methode zur Erhöhung des langfristigen Erfolgs aller Unternehmen. Ja, aller Unternehmen. Denn die Globalisierung hat dazu geführt, dass der internationale Erfolg einer Innovation nicht nur für international engagierte Unternehmen relevant ist. Die Lead-Markt-Strategie ist natürlich für internationale Unternehmen besonders interessant, da sie ein Entscheidungsmodell darstellt für die Frage, in welcher Region sie eine Innovation zuerst am Markt einführen sollten, wo sie ihre Entwicklungsmannschaft platzieren sollten und welches Land die beste Plattform für globale Produkte und Dienstleistungen bietet. Es ist aber für alle Unternehmen von vitalem Interesse frühzeitig zu erkennen, welches innovative Design sich international durchsetzt. Auch Unternehmen, die sich nur auf den Inlandsmarkt konzentrieren, müssen globale Innovationen in ihre Innovationsstrategie integrieren. Praktisch kein nationaler Markt – weder im Industrie- noch im Dienstleistungssektor – ist langfristig vor dem Vormarsch international dominanter Innovationsdesigns geschützt. Allein schon ein Internetauftritt eines ausländischen Wettbewerbers ist effektiv ein Marktzutritt, der dazu führen kann, dass der Inlandsmarkt zu ausländischen Innovationen überschwenkt.

Die Lead-Markt-Strategie basiert auf der Annahme, dass nationale Innovationen in einem internationalen Technologiewettbewerb stehen und dass dabei nicht notwendigerweise die beste Technologie gewinnt. Letzteres ist ein Fehlschluss, dem besonders deutsche Unternehmen gern unterliegen. Welche Innovation zum global dominanten Design wird, hängt aber entscheidend davon ab, welche Länder frühzeitig auf diese Innovation gesetzt haben. Aus der Bewertung der Führungsrolle von Ländern in bestimmten Technologien oder Innovationsfeldern lässt sich dann wiederum auf die chancenreichsten Innovationsdesigns schließen. Die Lead-Markt-Strategie ist letztlich eine Strategie der Komplexitätsreduktion in einer an Komplexität zunehmenden Welt. Eine Innovation zum Erfolg zu führen bleibt allerdings weiterhin ein mühsames Unterfangen.

Die Studien Marian Beises, die zur Formulierung der Lead-Markt-Strategie führten, wurden mit dem internationalen Gunnar-Hedlund-Preis ausgezeichnet, der gemeinsam vom Institut für Internationales Management an der Stockholm School of Economics und der Europäischen Akademie für Internationale Unternehmensführung (EIBA) alljährlich verliehen wird. Dieser Preis wird für diejenige Arbeit vergeben, die nach Ansicht des Verleihungskomitees den größten Einfluss auf Theorie und Praxis des internationalen Managements ausüben wird. Mit diesem Buch wird die Lead-Markt-Idee einem breiten Publikum in der Praxis zugänglich und es bleibt zu hoffen, dass sich die Erwartung des Komitees ein wenig erfüllt.

Was die politische Seite angeht, so kann ich Marian Beise nur voll und ganz zustimmen, dass die Technologiepolitik der meisten Länder zu einseitig angebotsorientiert ausgerichtet ist. Sie geht von dem klassischen Messparadigma Input – Prozess – Output aus und suggeriert, dass es genügt, wenn man entweder mehr in die „Forschungspipeline" hineinsteckt oder stärker auf die effiziente Verwendung der Mittel achtet. Vernachlässigt wird dabei die Frage, welche Marktbedingungen geschaffen werden müssen, damit die entwickelten und produzierten Innovationen sich auch am Markt durchsetzen.

Deutschland besitzt bei einer Reihe von gereiften Technologien zwar immer noch die größten Weltmarktanteile. Es ist jedoch besorgniserregend, dass es bei einer Reihe von völlig neuen Technologien, die sich durch einen großen Aufwand in Forschung und Entwicklung auszeichnen und ein enormes Wachstumspotenzial besitzen, gegenüber den USA dramatisch in Rückstand geraten ist. Es ist immer wieder beklagt worden, dass wir zu wenig in diese Technologien investieren, sie zu wenig umsetzen oder dass unsere Kultur zu „technikfeindlich" geworden ist. Eine regelmäßige systematische Analyse der deutschen Lead-Markt-Bedingungen ist meines Erachtens eine notwendige Erweiterung der bisherigen Technologiepolitik und könnte helfen, solche Rückstände zu überwinden. Denn es werden sowohl von den Unternehmen als auch von den Ministerien Milliarden verschwendet, weil man unter ungünstigen Marktbedingungen Produkte entwickelt und in den Markt einführt. Stattdessen sollte man systematisch nach geeigneten Märkten suchen und die Rahmenbedingungen für innovationsfreundliche Märkte stärken. Die Fallbeispiele von Marian Beise zeigen, dass große staatlich initiierte Pionierprojekte wie der Online-Dienst Minitel, die Windkraftanlage Growian oder bargeldlose Zahlungssysteme häufig daran scheitern, dass der nationale Erfolg keinen

Lead-Markt etabliert. Es geht aber nicht nur darum, kostspielige Flops zu vermeiden, sondern auch darum, unerwartete große Markterfolge wie die Mobiltelefonie in den nordischen Ländern aufzugreifen und fruchtbringend weiterzuentwickeln.

Ein wichtiger Schritt besteht darin, die Marktbedingungen in Deutschland zu verbessern. Das Bundesministerium für Wirtschaft und Arbeit veranstaltete im Jahr 2002 eine Fachtagung mit dem Titel „Die innovative Gesellschaft: Nachfrage für die Lead-Märkte von morgen". Ein richtiger Anfang. Denn der Staat kann in der Tat auf vielfache Weise dazu beitragen, dass ein Land eine wirklich führende Rolle in der Technologieentwicklung spielt und nicht als technologischer Geisterfahrer agiert. Das Lead-Markt-Phänomen wird noch hier und da missverstanden und simplifiziert. Dieses Buch kann dazu betragen, das Verständnis für die Zusammenhänge, die ein Land zu einem Lead-Markt machen, in Wirtschaft und Politik zu vertiefen.

Prof. Dr. Hans Georg Gemünden
Berlin

Inhalt

Teil III: Lead-Märkte nutzen

Teil IV: Lead-Märkte und Politik

1 Überblick über das Lead-Markt-Konzept

1.1 Worum es in diesem Buch geht

In diesem Buch wird das Konzept der Lead-Märkte für Innovationen vorgestellt. Lead-Märkte sind Länder oder Regionen, in denen Innovationen zuerst auf Akzeptanz stoßen, bevor sie ihren weltweiten Siegeszug antreten. Zunächst wird im Lead-Markt eine bestimmte technische Ausprägung einer Innovation ausgewählt. Diese findet immer mehr Nutzer, und die Nutzer in anderen Ländern schließen sich dem Trend an. Letztlich wechseln die Nutzer in den Ländern, die vorher eine andere Produktvariante bevorzugt haben, zum Innovationsdesign des Lead-Marktes über. Unter Innovationsdesign wollen wir nicht nur die äußere Gestalt eines Produktes, sondern die gesamte technische Spezifikation einer Innovation verstehen. Ein Lead-Markt ist also der regionale Ausgangspunkt für die weltweite Etablierung eines bestimmten Innovationsdesigns. Lead-Märkte sind somit führende Märkte, die den Weg in Richtung des technischen Fortschritts in bestimmten Industrien, Produkten oder Dienstleistungen weisen, technische Standards setzen und globale Innovationen hervorbringen.

Das Wissen um Lead-Märkte kann international tätigen Unternehmen dazu befähigen, Innovationen zu entwickeln, die nicht nur im Heimatmarkt erfolgreich sind, sondern auch auf Auslandsmärkten. Der Erfolg auf Auslandsmärkten ist heute häufig essentiell für die Wettbewerbsfähigkeit eines Unternehmens. Dramatisch wirkt sich ein fehlender internationaler Erfolg vor allem in technologieintensiven Industrien aus. Die erforderlichen hohen Investitionen in Forschung und Entwicklung erfordern gerade dort global zu realisierende Skaleneffekte. Der Druck auf die Unternehmen, Produkte zu standardisieren, wächst. Die Entwicklung von neuen Produkten und Dienstleistungen, die auf allen Märkten erfolgreich sind, ist allerdings schwierig und der Exporterfolg reicht in der Regel nicht an den Erfolg im Heimatmarkt heran. Denn für die meisten Industrien gilt, dass auf den Ländermärkten auch in Zeiten der Globalisierung unterschiedliche Bedingungen und Kundenpräferenzen vorherrschen. Das führt dazu, dass von Land zu Land unterschiedliche Produktvarianten, Produktdesigns oder Technologien bevorzugt werden und mehr oder weniger drastische Anpassungen an die Auslandsmärkte oder völlig neue Produktentwicklungen für den Export nötig werden. In dieser Situation ist das Problem aller Unternehmen, dass sie sich zwar in ihrem Heimatmarkt gut auskennen, aber den Nutzen für die Kunden auf den Auslandsmärkten kaum beurteilen können und deren Präferenzen eher zufällig treffen. Sie verzichten häufig darauf, auf die Auslandsmärkte einzugehen, um nicht Kunden im Heimatmarkt zu verlieren. Umgekehrt haben lokale Unternehmen einen Heimatmarktvorteil gegenüber ausländischen Unternehmen, die in dieses Land exportieren wollen. Lokale Unternehmen können besser und effizienter auf die lokalen Eigenheiten eingehen als ausländische Unternehmen. Eine grundlegende These des Lead-Markt-Ansatzes, der in diesem Buch vertreten wird, ist, dass Unternehmen auf Lead-Märkten diese weltweiten Unterschiede – und damit den Heimatmarktvorteil der lokalen Unternehmen auf den Exportmärkten – kompensieren und den weltweiten Erfolg einer Produktvariante (oder einer Dienstleistung) ermöglichen sowie einen technischen Standard setzen können.

Damit ist das Lead-Markt-Konzept auch für diejenigen mittelständischen Unternehmen relevant, die nur in ihrem Heimatmarkt tätig sind und kein Interesse haben zu exportieren. Denn fast alle Unternehmen in einer Wirtschaft mit offenen Grenzen stehen mittlerweile im internationalen Wettbewerb. Unternehmen, die sich ganz auf den Heimatmarkt konzentrieren, konkurrieren entweder mit Importprodukten oder Leistungen, die über Internetseiten ausländischer Anbieter leicht zugänglich sind. Wie gesagt, jedes lokale Unternehmen hat natürlich zunächst einmal einen Heimatmarktvorteil. Ein Lead-Markt kann diesen Vorteil jedoch aufheben. Obwohl seine Produkte und Dienstleistungen auf den Heimatmarkt ideal zugeschnitten sind und auch eine Zeit lang erfolgreich vermarktet werden, können sie von der neuen Produktversion, die auf dem Lead-Markt erfolgreich ist, verdrängt werden. Der als sicher geglaubte heimische Kunde wechselt die Seiten, wenn ihm das Produkt aus dem Lead-Markt gegenüber dem heimischen Produkt Vorteile anderer Art als Lokalkolorit bietet. Fehlende Orientierung auf den Lead-Markt bewirkt also nicht nur einen ausbleibenden internationalen Erfolg, sondern auch den Rückgang von Marktanteilen auf dem Heimatmarkt. Wir werden im ersten Teil auf diesen Verdrängungswettbewerb zwischen unterschiedlichen Produktvarianten – oder Produktdesigns – aus dem In- und Ausland und im letzten Kapitel auf Strategien mittelständischer Unternehmen im internationalen Wettbewerb näher eingehen. Zunächst aber wenden wir uns ab von der abstrakten Diskussion und präsentieren eine Vielzahl von Beispielen für Lead-Märkte. Tabelle 1 gibt einen Überblick über die in diesem Buch diskutierten Beispiele. Es handelt sich um innovative Produkte oder Produktionsverfahren. Lead-Märke existieren auch für Dienstleistungsinnovationen, wie z. B. Telework, Franchising, Bargeldautomaten von Banken usw.

Das Muster einer von einem Lead-Markt ausgehenden internationalen Marktdiffusion von Innovationen lässt sich in der Praxis für die meisten internationalen Innovationen beobachten. Besonders prominente Beispiele sind die zellulare Mobiltelefonie, die von den skandinavischen Ländern aus ihren Siegeszug antrat, der Personalcomputer, dessen Erfolg von den USA auf den Weltmarkt ausstrahlte, der Industrieroboter aus Japan, der Airbag aus Deutschland und die Smart Card aus Frankreich.

Am Anfang steht dabei die internationale Vielfalt unterschiedlicher Innovationsbedingungen. Viele Unternehmen richten ihre Aktivitäten nach wie vor stark auf die Bedürfnisse des Heimatmarktes aus. Die daraus resultierenden Innovationen berücksichtigen vornehmlich Marktkonditionen und Kundenpräferenzen, lokale Infrastrukturen, Faktorpreise sowie die Verfügbarkeit und den Preis bestimmter Komplementärgüter in diesen Märkten.

Tabelle 1: Übersicht über die in diesem Buch diskutierten Beispiele

Innovation	Erfinderland	Konkurrierende Designs	Lead-Markt	Marktführer
Faxgerät	USA, Deutschland	Fernschreiber	Japan	Japan
Zellularer Mobilfunk	USA	Pager, Satellitentelefon	Skandinavien	Skandinavien, USA
Antiblockiersystem	Großbritannien	-	Deutschland	Deutschland
Personalcomputer	Frankreich, USA	Großrechner	USA	USA
Fertigungsroboter	USA	Manuell	Japan	Japan, Schweden, Deutschland
Kreditkarten	USA	Scheck, Bargeld, Geldkarte	USA	USA
Smart Cards	USA	Bargeld, Kreditkarten	Frankreich	Frankreich, Deutschland
Airbag	USA, Deutschland	versch. Airbagvarianten	Deutschland	Deutschland, Schweden, USA
Hochdruck-Dieseleinspritzung	Italien, Japan	-	Deutschland	Deutschland
Windenergie	Dänemark, USA, Deutschland	versch. Windgeneratordesigns	Dänemark	Dänemark, Deutschland
Kunstfasern	USA, Deutschland	Naturfasern, Zellulose	USA	USA, Deutschland, Belgien
Digitalkameras	USA	Filmkamera	Japan	Japan
Flachbildschirm TV	USA	Kathodenstrahlröhre	Japan	Japan
Künstl. Kautschuk	Deutschland	Naturkautschuk	USA	USA, Japan, Deutschland
Sauerstoffaufblasverfahren	Österreich	Siemens-Martin, Elektrostahl	Japan	Japan, Europa
Internet/WWW	USA, Schweiz	Videotext, Minitel	USA	USA
Elektronische Rechner	England, USA	Elektromechanische Rechner	Japan	Japan, USA

Die lokalen Bedingungen beeinflussen die Kreativität der Entwicklungsingenieure und damit die technologische Ausprägung der neuen Produkte auf dem lokalen Markt. So empfinden Entwickler den Nutzen einer Antiblockierbremse im regnerischen Mitteleuropa stärker als im sonnigen Kalifornien. Umgekehrt sind dort Funktion und Wirksamkeit von Klimaanlagen im alltäglichen Blickfeld. Die meist heimatmarktkonzentrierte Marktforschung bewirkt ein Übriges zum Entstehen nationalspezifischer Produkt- und Technologielösungen.

Auf dem Weltmarkt stehen diese länderspezifischen Innovationsdesigns im internationalen Wettbewerb. Zwar generieren also unterschiedliche nationale Kundenpräferenzen und Marktumfelder unterschiedliche länderspezifische Produktlösungen bzw. Innovationsdesigns, im Verlauf der Zeit entwickelt sich aber im Lead-Markt ein Innovationsdesign zum globalen Standard und verdrängt dabei die verschiedenen nationalen Innovationsdesigns. Das globale Design der Faxtechnologie substituierte die Telextechnologie, die Smart Card ersetzte die Magnetstreifenkarte und die zellulare Mobiltelefonie verdrängte unterschiedliche Technologiedesigns wie Pager, Satellitentelefone oder das japanische Personal Handy Phone (PHS). Der IBM-kompatible PC verringerte die Vielfalt von Standards auf dem Computermarkt und wurde ebenfalls zu einem dominanten Design. Lead-Märkte sind also diejenigen Märkte, die ein Innovationsdesign bevorzugen, das die verschiedenen technologischen Lösungen auf anderen Ländermärkten verdrängt und das somit zu einem so genannten global dominanten Design wird. Lead-Märkte existieren dabei nicht nur in F&E-intensiven Sektoren, sondern auch bei weniger forschungsintensiven Konsumgütern wie Haarpflegemittel, Windeln, Softdrinks, Phytopharmaka etc.

Interessanterweise – vor allem in Hinblick auf die Forschungstätigkeit von Unternehmen und die nationale Technologieförderung – ist das Land, in dem ein globales Produktdesign zuerst erfolgreich geworden ist, häufig nicht das Land, in dem die entsprechenden Technologien entwickelt oder die wissenschaftlich-technischen Grundlagen gelegt wurden. Der Lead-Markt führt die weltweite Nachfrage eines Produktes an, aber nicht unbedingt die entsprechende Forschung hierzu.

Das Lead-Markt-Konstrukt ist in der Literatur bereits in den 1980er Jahren von Michael Porter, Christopher Bartlett und Sumantra Ghoshal vorgeschlagen worden und hat seither nichts an Aktualität verloren (Porter 1986, Bartlett, Ghoshal 1990, Gerybadze u. a. 1997, Johansson 2000). Der Begriff des Lead-Marktes ist seitdem mit unterschiedlichen Definitionen verwendet worden. Seit Mitte der 1990er Jahre wurde im Zentrum für Europäische Wirtschaftsforschung (ZEW) in Mannheim, wo der Autor tätig war, zu diesem Thema eine Reihe von Forschungsprojekten mit detaillierten Fallstudien durchgeführt, um das Lead-Markt-Modell theoretisch zu fundieren, zu validieren und praktisch anwendbar zu machen.

Das im ZEW erarbeitete Konzept von Lead-Märkten folgt zunächst der Definition von Bartlett und Ghoshal, die Lead-Märkte als Märkte bezeichnen, die die Stimuli für Produkte und Prozesse multinationaler Unternehmen liefern (Bartlett, Ghoshal 1990, S. 243). Sie existieren, so Bartlett und Ghoshal, da lokale Innovationen dieser Märkte in anderen Ländern mit der Zeit nützlich werden, sobald die Marktcharakteristika des Lead-Marktes in anderen Ländern auftreten. Es gibt aber noch weitere Gründe für den globalen Erfolg einer Innovation, die im zweiten Teil eingehend erläutert werden. Die im ersten Teil beschriebenen Beispiele für Lead-Märkte zeigen allerdings schon, dass sich ein Lead-Markt nicht dadurch auszeichnet, dass eine neue Technologie oder ein neues Produkt im Vergleich zu anderen Märkten schneller angenommen wird, weil die Nutzer im Lead-Markt technisch aufgeschlossener, „technikfreundlicher" oder die potenziellen Nutzer in anderen Ländern „technikfeindlicher" sind. Häufig wurden in den so genannten Lag-Märkten, Ländern also, die letztlich dem Lead-Markt folgen, konkurrierende Innovationsdesigns genutzt, bevor der Lead-Markt den zukünftigen Weltstandard aufgreift. So geschehen in Frankreich, wo lange, bevor das Internet sich zum globalen Informationsnetzwerk aufschwang, ein ähnliches Online-System, Minitel genannt, umfangreich genutzt wurde, allerdings nur in Frankreich und in keinem anderen Land. Jahre später schließlich konnte auch Frankreich sich nicht den Vorteilen der weltweiten Verbreitung des Internets verschließen und die landesweite Migration vom Minitel-System zum Internet begann. Die Franzosen waren eben nicht abgeneigt, wie die Amerikaner Online-Systeme zu nutzen. Aber der französische Markt hatte keine Lead-Markt-Rolle gespielt. Kein Land ist seinem Beispiel gefolgt. Stattdessen wurde das amerikanische Online-Design übernommen, das erst Jahre später an den kommerziellen Stand von Minitel heranreichte.

Internationale Unternehmen sind nun aber in der Regel mit Marktbedingungen, die sich von Land zu Land unterscheiden, und damit unterschiedlichen Nachfragemustern konfrontiert. In der Vergangenheit konnten zumindest große Unternehmen den unterschiedlichen Landesmärkten mit eigenen Produktvarianten entgegenkommen, die die jeweiligen lokalen Bedingungen bedienten. In vielen Konsumgütermärkten (z. B. Nahrungsmittel, Körperpflegemittel) und bei einigen Industriegütern (z. B. Lkws) ist diese multinationale Strategie auch heute noch verbreitet. In immer mehr Industrien jedoch sind die Vorteile weltweiter Standards auch bei einem fragmentierten Weltmarkt so hoch, dass es zu einer weltweiten Standardisierung kommt, selbst wenn lokale Eigenheiten bestehen bleiben. In vielen Branchen sind die konvergierenden Entwicklungen hin zu einem internationalen Standard so stark, dass die Produkte, die dieser Entwicklung nicht folgen, ganz vom Markt verschwinden. Frühzeitig auf den zukünftigen globalen Standard zu setzen oder zumindest schnell zum dominanten Design überzuwechseln wird dann unabdingbar für das Überleben im globalen Wettbewerb, wenn die Pioniervorteile – Originalität, hohe Reputation, Wissensvorsprünge, Aufbau einer Distribution – derjenigen Unternehmen, die früh im Markt sind, groß sind. Hersteller, die auf „falsche" Innovationsdesigns gesetzt haben, werden zum Ausstieg oder Wechsel zum Lead-Markt-Design gezwungen – zu hohen Kosten, sowohl pekuniär als auch ideell durch den Reputationsverlust, der mit einem solchen Wechsel verbunden ist.

Da auch sehr große Unternehmen nicht immer alle Produktvarianten gleichzeitig in der Forschungs- und Entwicklungsphase, geschweige denn in der Markteinführungsphase, verfolgen können, müssen Entscheidungen getroffen werden, welche Technologien eingesetzt, welche Komponenten und Materialien verwendet, welche Produkteigenschaften als wichtiger gegenüber anderen gesehen und welche technischen Parameter gesetzt werden. Diese Entscheidungen sind, wie wir im nächsten Abschnitt noch genauer diskutieren werden, von Marktbedingungen abhängig, d. h. von den Kunden, den Wettbewerbern, der vorhandenen Infrastruktur, die von Land zu Land verschieden sind. Häufig sind es die Kunden im Heimatmarkt, die als die wichtigsten angesehen werden und denen man daher am stärksten entgegenkommt. Es kann aber auch ein Auslandsmarkt sein oder ein bedeutender Kunde im Ausland, der die Entscheidungen im Unternehmen dominiert. Der Erfolg internationaler Innovationen hat gezeigt, dass es eben nicht die für das Unternehmen wichtigsten Kunden sind, die auch die wichtigsten Kunden für den weltweiten Erfolg einer Innovation sind. Welche Kunden sind es dann?

Das Lead-Markt-Konzept bietet eine Antwort auf diese Frage: Es sind die Kunden auf dem entsprechenden Lead-Markt für das Innovationsprojekt. Ein Unternehmen kann, wenn es den Lead-Markt kennt, seine Innovationsanstrengungen auf ein Land, nämlich den Lead-Markt konzentrieren. Der Erfolg im Lead-Markt ist das wichtigste Ziel, selbst wenn dort nicht die bisher wichtigen Kunden sitzen. Denn der Erfolg im Lead-Markt ebnet den Weg zum Erfolg auf dem Weltmarkt frei nach dem Motto: „if you can sell it there, you can sell it everywhere“. Der Lead-Markt ist gewissermaßen ein Testmarkt oder ein Laboratorium, in dem zukünftige globale Markttrends identifiziert werden können.

Es mag ein wenig hoch gegriffen oder der Verkaufsstrategie von Managementbüchern geschuldet zu sein, von einem „Geheimnis“ internationaler Innovationen zu sprechen. Wir wollen damit aber das Augenmerk auf den wesentlichen Mechanismus legen, den – so glauben wir zeigen zu können – international erfolgreiche Innovationen auszeichnen. Nämlich den, die weiterhin bestehenden Unterschiede zwischen den Ländermärkten kompensieren zu können und einer internationalen Standardisierung den Weg zu ebnen, die sonst nicht zustande kommen würde. In diesem Modell ist Globalisierung – so wie es Theodor Levitt in den 1980er Jahren schon beschrieben hat (Levitt 1983) – nicht die weltweite Homogenisierung von Geschmack und Lebensart, sondern die Möglichkeit, weltweit Produkte, die aus länderspezifischen Bedingungen erwachsen sind, zu vergleichen und zu nutzen. Bei diesem Vergleich kann sich erweisen, dass ein ausländisches Innovationsdesign dem inländischen auf verschiedene Weise überlegen sein kann. Die Lead-Markt-Hypothese sagt nun, dass diese Vorteile eines Innovationsdesigns aus Eigenschaften desjenigen Landes erwachsen, in dem es zuerst Verbreitung gefunden hat. Diese Eigenschaften eines Landesmarktes teilen wir in fünf Gruppen ein. Sie sind ausschließlich Eigenschaften des Marktes. Wir werden sie im zweiten Kapitel dieses Buches ausführlich diskutieren. Abbildung 1 gibt einen ersten Eindruck davon, welche Faktoren wir zur Erklärung des internationalen Erfolgs von Innovationen eines Landes heranziehen und welche nicht. Der Lead-Markt wird hier durch die fünf Faktoren auf der linken Seite erklärt: Nachfragevorsprünge, Kostenvorteile, der grenzüberschreitende Transfer von Präferenzen, die Marktstruktur und die Exportorientierung eines Landes.

Auf der rechten Seite des Modells haben wir Faktoren aufgeführt, die auch häufig zur Erklärung des Innovationserfolgs eines Landes herangezogen werden, wie z. B. gute Finanzierungsmöglichkeiten, Standardisierungsbemühungen, ein großes Unternehmen (z. B. Microsoft), staatliche Eingriffe und technische Vorsprünge. Diese Faktoren sind in unserem Modell nicht Ursache des weltweiten Erfolgs einer Innovation, sondern die Folge eines Lead-Marktes. So ist Microsofts Software international erfolgreich aufgrund der Lead-Markt-Eigenschaft der USA und nicht weil Microsoft ein dominierendes Unternehmen ist. Letzteres ist eben die Konsequenz aus dem Erfolg. In Lead-Märkten ist die Standardisierung und Regulierung einer neuen Technologie weiter fortgeschritten als in anderen Ländern. Auch dies ist eine Folge der frühen Anwendung einer neuen Technologie.

Denjenigen, die einwenden, dass das doch alles bekannt und nichts Neues sei, eher einem *common sense* entspricht, sei entgegnet, dass die Diskussion in Wissenschaft, Publizistik und in den Entwicklungsabteilungen der Unternehmen eben doch auf die Faktoren auf der rechten Seite konzentriert sind, vor allem auf das Argument der Techniküberlegenheit. In dieser techno-zentrierten Diskussion ist der Grund, warum Innovationen erfolgreich sind, ihre technische Überlegenheit. Bei diesem Weltbild waren technische Durchbrüche der Grund für den Erfolg von Innovationen: Die Entwicklung des Transistors ist der Ursprung von Taschenrechnern, der Mikroprozessor das Argument für Personalcomputer, und die Fortschritte der Digital-Analog-Wandlung und der Sprachkomprimierung waren der Grund für den Erfolg der zellularen Mobiltelefonie.

Abb. 1: Der Lead-Markt als Ausgangspunkt für unternehmerische Vorteile

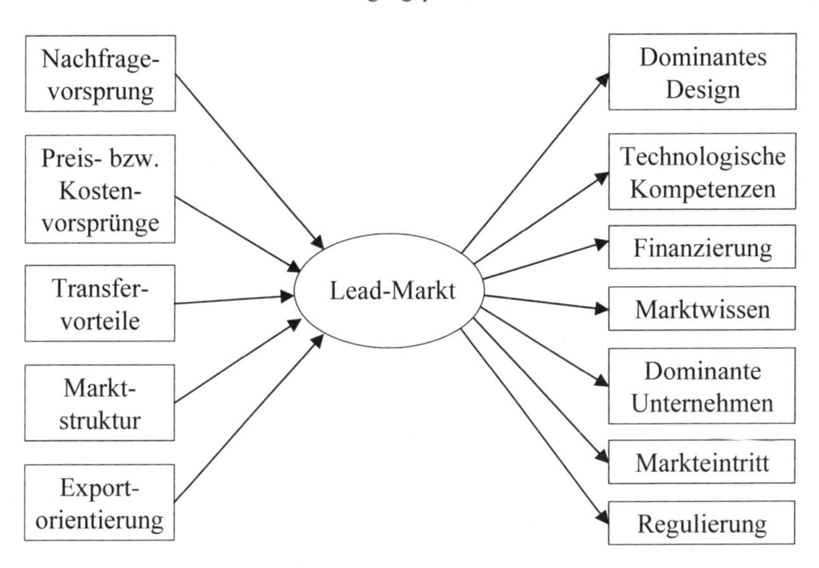

Das Lead-Markt-Konzept nimmt hierbei eine klare Gegenposition ein. Der technische Forstschritt ermöglicht natürlich neue Anwendungen. Aber weil unterschiedliche Technologien, unterschiedliche Konzepte und Designs miteinander konkurrieren, können die Nutzer auswählen. Die Gesellschaft prägt zum Teil entscheidend den technischen Pfad, den die Unternehmen vermöge ihrer Investitionsentscheidungen in ihren Forschungs- und Entwicklungsaktivitäten einschlagen. Die Lead-Markt-Strategie versucht deshalb nicht, zukünftige technische Entwicklungen im Sinne eines traditionellen *technological forecasting* vorauszusagen, also

Aussagen über den Erfolg zukünftiger Technologien aufgrund von Technologieentwicklungsszenarien zu machen. Dahinter steht die generelle Überzeugung, dass die weltweit dominante Anwendung von Technik nicht rein vom technisch-wissenschaftlichen Fortschritt bestimmt wird, sondern von regionalen Märkten getrieben und gelenkt wird. Das Faxgerät ist eben nicht dem Fernschreiber technisch überlegen, und die zellulare Mobiltelefonie ist in vielen Ländern weniger nützlich als ein Satellitentelefon. Computernutzer könnten heute genauso gut weiterhin einen großen Mainframecomputer teilen, anstatt sich jeder für sich mit einem eigenen PC herumzuplagen. Wir könnten an Minitel-Terminals und Fernschreibern sitzen und mit Satellitentelefonen kommunizieren an Stelle des Internets, Faxgeräts und Zellulartelefons. Technikentscheidungen wie diese basieren nicht auf rein technischen Gesichtspunkten, sondern auf ursprünglich regionalen Marktpräferenzen und Marktdynamiken, die den Weltmarkt prägen – meist aus ökonomischen Gründen. Technikzentrierte Entscheidungen sind auch der Grund dafür, warum so viele Unternehmen Entwicklungen bei der Anwendung neuer Technologien nicht voraussahen und folgenschwere Fehlentscheidungen trafen, indem sie in die falschen Technologien investierten und Geschäftfelder aufgaben, mit denen andere Unternehmen später ein hohes Wachstum erzielten.

Die Lead-Markt-Strategie geht davon aus, dass die Richtung des technischen Fortschritts, der den Weltmarkt bewegt, in einer Region und zwar im entsprechenden Lead-Markt entschieden und dort zuerst offenbar wird. Dieses Offenbarwerden kann mehr oder weniger Zeit in Anspruch nehmen und tritt meist erst nach der Markteinführung konkurrierender Technologiedesigns ein. Erst wenn ein Produkt im Lead-Markt wirklich erfolgreich ist, kann man sagen, dass die Wahrscheinlichkeit hoch ist, dass es auch international erfolgreich wird. Umgekehrt ist ein Misserfolg im Lead-Markt ein Zeichen dafür, dass es auch international wenig Anklang finden wird.

Natürlich ist jedes Unternehmen froh darüber, Pilotanwender für seine Innovationen in irgendeinem Land zu finden. Für den internationalen Erfolg einer Technologie ist die Auswahl des Landes jedoch nicht gleichgültig. Nach der Lead-Markt-Theorie ist entscheidend, was sich im Lead-Markt als das beste Innovationsdesign herauskristallisiert. Wenn das deutsche Magnetschwebahnsystem, der Transrapid, in China erfolgreich aufgebaut wird, mögen das die beteiligten Firmen als Durchbruch werten. Für die Lead-Markt-Strategie ist das aber eher uninteressant, solange in Japan, einem Lead-Markt für Hochgeschwindigkeitszüge, die konventionelle Rad-Schiene-Technik vor der Magnetschwebetechnik, an der dort auch intensiv geforscht wird, als vorteilhafter angesehen wird. Es ist dabei letztlich entscheidend, was der Markt im Lead-Markt bevorzugt und nicht, was die dortigen Unternehmen oder staatliche Institutionen glauben, was das Beste für die Anwender ist. Die Ankündigung großer Unternehmen, im Lead-Markt bestimmte Technologien oder Produkte einzuführen, ist nicht synonym mit einer Lead-Markt-Innovation. Sie kann aber ein wertvoller Hinweis darauf sein, denn die Unternehmen im Lead-Markt haben eine bessere Vorstellung darüber, was am Markt ankommt, sie sind aber nicht vor Misserfolgen gefeit. In vielen Industrien oder Ländern, in denen der Staat eine mehr oder weniger einflussreiche Rolle spielt, wird die Marktentscheidung in der Regel verzerrt. Wie wir nachher sehen werden, wirkt staatlicher Einfluss meist negativ auf die Lead-Markt-Rolle eines Landes. Dass der Auswahlprozess zwischen Innovationsvarianten im Markt erfolgt, ist eines der Charakteristika des Lead-Marktes. Wenn der Staat entscheidet, welche Technologie gefördert oder übernommen wird, dann kommt dieser Auswahlprozess weniger zur Geltung und schwächt damit die Führungsrolle eines Marktes.

In der Lead-Markt-Strategie gewinnt ein Unternehmen im Lead-Markt aufgrund des Heimatvorteils einen Vorsprung vor Wettbewerbern außerhalb des Lead-Marktes. Ein Unternehmen gewinnt also, das im Lead-Markt aktiv ist, den Markt beobachtet, Marktforschung betreibt, versucht, den Nutzen für die lokalen Kunden zu maximieren, Prototypen testet, Produktvarianten einführt und den Feedback vom Markt analysiert und darauf mit Weiterentwicklungen reagiert. Der Wettbewerbsvorsprung eines Unternehmens ergibt sich bei der Lead-Markt-Strategie allein aus einer unterschiedlichen regionalen Schwerpunktsetzung von Unternehmen. Gegenüber Wettbewerbern im Lead-Markt müssen zusätzlich andere Wettbewerbsvorteile erlangt werden.

Die Beispiele demonstrieren eindrucksvoll den Lead-Markt-Vorsprung. Natürlich hängt der Erfolg von Unternehmen von einer Vielzahl von Faktoren ab. Einer dieser Faktoren ist zweifellos das Agieren in einem Lead-Markt. Viele international erfolgreiche Unternehmen sind in einem Lead-Markt beheimatet. Amerikanische Brands dominieren noch immer den PC- und Internet-Servermarkt, obwohl vieles in China gefertigt wird. Faxgeräte werden fast ausschließlich von japanischen Herstellern geliefert. Nokia, ein traditioneller Chemie- und Papierhersteller aus Finnland, hat sich früh dem Mobilfunk verschrieben, nachdem sich in den nordischen Ländern schon in den 1980er Jahren der Mobilfunk als Massenmarkt zu entwickeln begann. Digitalkameras werden von japanischen Unternehmen dominiert, obwohl US-amerikanische Computerunternehmen in den 1990er Jahren glaubten, hier ein technisch komplementäres Geschäftsfeld entdeckt zu haben, das sie dominieren könnten. Natürlich geht der Erfolg auf dem Weltmarkt mit hohen Investitionen in Forschung und Produktentwicklung einher und die erfolgreichen Unternehmen weisen eine hohe technische Kompetenz auf. Diese war aber in der Regel nicht der Ursprung für Erfolg und Wettbewerbsfähigkeit. Die technische Kompetenz wird zum guten Teil erlangt in der Interaktion mit dem aufkeimenden Markt. Die Wettbewerbsfähigkeit basierte vielfach auf einer hohen Produktivität und Qualitätsgüte, die durch den Vorsprung bei der Großserien- und Massenproduktion erlangt wurde. Der Lead-Markt ist der regionale Ausgangspunkt eines globalen Massenmarkts. Er signalisiert den lokalen Unternehmen, dass sich hohe Investitionen in Produktionstechnologien lohnen werden.

Für viele etablierte Produktbereiche sind die Lead-Märkte bekannt. Man weiß, dass der Computer den Durchbruch in den USA geschafft hat, der Mobilfunk aus den nordischen Ländern kommt und das Fax aus Japan. Umso erstaunlicher ist es, dass ihre Bedeutung häufig übersehen oder heruntergespielt wird. Dies kann daran liegen, dass allein die aktuelle Größe eines Marktes als das wichtigste Kriterium für die Bedeutung eines Marktes gesehen wird. Zwar ist der Lead-Markt häufig – aber nicht immer – am Anfang des Produktlebenszyklus der größte Markt. Er wird aber in der Regel in der Größe abgelöst von nachfolgenden großen (Lag-)Märkten. Es gibt heute wenige – inklusive Nokia selbst – die den nordischen Ländern noch eine Lead-Markt-Funktion bei der Mobilkommunikation zusprechen. Stattdessen wird auf Japan oder gar China geschaut, einzig weil diese volumenmäßig weit größere Märkte sind. Aber die Lead-Märkte wechseln nicht so schnell.

Die Lead-Markt-Rolle ist mit der Verbreitung einer Innovation vor allem eine qualitative Eigenschaft eines Marktes, die sich am ehesten in Durchdringungsraten (= Anteil der Nutzer einer Innovation an allen potenziellen Nutzern) äußert. Lead-Märkte sind in der Regel durch die höchste Durchdringungsrate im Vergleich zu allen Ländern über einen langen Zeitraum hinweg gekennzeichnet. So ist die Durchdringungsrate in den nordischen Ländern beim Mobiltelefon eben immer noch höher als in allen anderen Ländern inklusive Japan, geschweige denn China. Letztlich kann ein Unternehmen von allen Marktsegmenten lernen, eine Innovation einem breiteren Kundenkreis reizvoller zu machen. In Ländern mit den höchsten Durchdringungsraten werden den Unternehmen Erfahrungen einer reifen Benutzergruppe zugänglich, die schon mehrere Jahre eine Innovation nutzen und gelernt haben, damit effizient umzugehen und genaue Ansprüche zu stellen. Zudem werden die Ansprüche und Anwendungen von Kundenschichten entdeckt, die eher zu den späten Nutzern zählen, z. B. von älteren Menschen oder Kindern bzw. Eltern beim Mobilfunk. Durch den Diffusionsvorsprung gehören auch diese Nachzügler oder *'late adopters*" (Rogers 1995) im Lead-Markt früher zu den Nutzern als in anderen Ländern. Der Lead-Markt behält diesen qualitativen Wissensvorsprung in allen Marktsegmenten über einen längeren Zeitraum. Meyer-Krahmer (1997) spricht vom „Lernen im Lead-Markt" als Wettbewerbsvorteil im Hinblick sowohl auf Markt als auch auf Technik. Der große Vorteil von Durchdringungsraten als kennzeichnendes Merkmal von Lead-Märkten ist, dass sie relativ leicht durch einen Ländervergleich zu bestimmen sind, um damit den Lead-Markt relativ leicht identifizieren können.

Alle Ländermärkte eines Unternehmens können nun innerhalb der Lead-Markt-Strategie in ein Vierfelder-Schema mit den Dimensionen „Integration in eine weltweite Innovationsstrategie" und „Bedeutung von lokalen Innovationen" eingeteilt werden (Abb. 2).[1] Lokale Innovationen, d. h. die Entwicklung von Innovationen für einen speziellen Ländermarkt, sind nur dann geboten, wenn es sich um einen Lead-Markt handelt oder einen isolierten Markt, der sich zwar nicht in eine internationale Strategie integrieren lässt, aber groß genug ist, die Entwicklung speziell angepasster Innovationen zu rechtfertigen. Aufgrund ihrer Größe oder bestimmter staatlicher Regulierungen ist es wahrscheinlich, dass solche isolierten Märkte auf der Nutzung eigener Produktstandards beharren und nicht auf ein dominantes Design überwechseln, selbst wenn der Rest der Welt zu einem Standard findet. Diese Märkte sind also weder Lag-Märkte noch Lead-Märkte. Die USA und Japan oder auch China sind in bestimmten Produktbereichen in dieser Gruppe

[1] Ein ähnliches System wurde von Prahalad und Doz (1987) vorgeschlagen. Es kennzeichnet eines der Hauptprobleme multinationaler Unternehmen, nämlich die Notwendigkeit einer internationalen Integration aller Tochterfirmen einerseits und der lokalen Anpassung der Strategie und des Unternehmensverhaltens andererseits. Länder werden hier nach den Dimensionen „Notwendigkeit der Integration" und „Notwendigkeit der lokalen Anpassung" (responsiveness) eingeteilt.

zu finden. Lag-Märkte sind dagegen Märkte, die letztlich das global dominante Innovationsdesign übernehmen. Sie können deshalb leicht in die internationale Standardisierungsstrategie integriert werden. In der Regel fordern auch in den Lag-Märkten die lokalen Präferenzen anfänglich eigenständige Innovationsdesigns, so dass die Tochterfirmen in diesen Ländern eigene Entwicklungsprojekte anmelden werden. Rein lokale Innovationen sind aber kontraproduktiv, denn sie halten die Übernahme der Innovation aus dem Lead-Markt auf. Lag-Märkte können, im Gegensatz zu dem was der Name suggeriert, sehr innovativ sein, also Innovationen in einem frühen Stadium aufgreifen und damit den oberflächlichen Eindruck von Lead- oder Pilotmärkten vermitteln. Da diesen Märkten aber keine anderen Länder folgen und ein lokaler Innovationserfolg nicht von Dauer ist, birgt diese lokale Innovationskraft für alle Unternehmen die Gefahr, technisch auf das falsche Pferd zu setzen.

Abb. 2: Typen von Ländermärkten im Lead-Lag-Markt-Schema

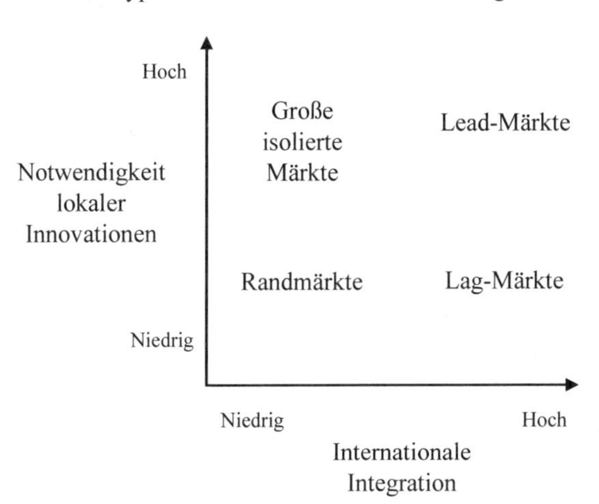

Die vierte Gruppe von Ländern sind Randmärkte, die sich nicht in eine internationale Strategie integrieren lassen, aber lokale Innovationen multinationaler Unternehmen auch nicht rechtfertigen. Es handelt sich dabei oft um Länder mit extremen Umweltbedingungen, für die spezielle Innovationen eigentlich sehr nützlich wären. Entwicklungsländer haben oft das Problem, dass die lokale Kaufkraft die Kosten der Innovationsentwicklung nicht tragen kann. Ethisch besonders bedenklich ist diese Situation bei Krankheiten, die nur in einigen Entwicklungsländern auftreten und für die sich die großen Pharmafirmen nicht interessieren, da der Markt zu klein ist. Sie werden deshalb auch als „Orphan Disease" bezeichnet.

Um allerdings die Lead-Markt-Produktentwicklungs- und –einführungsstrategie für eine völlig neue Innovationsidee anwenden zu können, muss ein Unternehmen bereits vor der Entwicklung einer Innovation den jeweiligen Lead-Markt identifizieren. Und das, das soll freimütig zugegeben werden, ist natürlich der Knackpunkt der Lead-Markt-Strategie. Denn die Identifikation des Lead-Marktes findet unter Unsicherheit statt. Erstens ist das Entstehen von Lead-Märkten nicht völlig deterministisch. Der Zufall kann auch hier eine Rolle spielen. Zweitens ist die Methode zur Identifizierung von zukünftigen Lead-Märkten, die im dritten Teil dieses Buches vorgestellt wird, nur eine Heuristik, d. h. ein pragmatisches Verfahren, bei der an vielen Stellen vereinfachende Annahmen gemacht und approximative Indikatoren und unsichere Daten verwendet werden müssen, die das Ergebnis zu einer mehr oder weniger genauen Prognose machen. Das heißt, es können nur potenzielle Lead-Märkte identifiziert werden. Je ungenauer die Quantifizierung des Lead-Markt-Potenzials, desto vorsichtiger muss ein Unternehmen mit dem Ergebnis umgehen.

Kern der Prognose ist ein Erklärungsmodell für Lead-Märkte, auf dessen Basis Indikatoren für Lead-Märkte für alle Länder und für ein bestimmtes Innovationsvorhaben zusammengestellt und bewertet werden. Beim Erklärungsmodell von Lead-Märkten wird allein geklärt, warum ein Innovationsdesign, das im Lead-Markt bevorzugt wird, in der internationalen Systemkonkurrenz gewinnt. Dem Grund dafür, dass ein Land ein bestimmtes Produktdesign oder eine Innovation bevorzugt, wird nicht nachgegangen. Die Lead-Markt-Hypothese postuliert nun, dass bestimmte länderspezifische Eigenschaften, die so genannten Lead-Markt-Faktoren, die internationale Wettbewerbsfähigkeit eines bestimmten nationalen Innovationsdesigns gegenüber anderen länderspezifischen Technologielösungen fördern. Ist die Ausprägung dieser Lead-Markt-Faktoren stark genug und sind die Unterschiede zwischen den Ländern nicht zu groß, entsteht aus einem nationalen Technologiedesign ein global dominantes Design. Die Lead-Markt-Faktoren, die aus einem Land einen Lead-Markt machen, sind vielschichtig. Das macht es letztlich schwer, einen Lead-Markt für eine bestimmte Innovationsidee vorherzusagen. Denn die Gewichtung der einzelnen Faktoren ist – wie in jedem Bewertungssystem – nicht bekannt. Das hier vorgeschlagene Bewertungsmodell hat zum Ziel, alle Faktoren eines Lead-Marktes für die in Frage kommenden Länder für ein angestrebtes Innovationsprojekt zu quantifizieren und ein Länderranking nach dem Lead-Markt-Potenzial abzuleiten.

Gleichzeitig kommen wir damit der Frage näher, unter welchen Bedingungen Lead-Märkte existieren. Lead-Märkte existieren nicht in allen Industrien und für alle Innovationen. Sie existieren nur in den Fällen, in denen die internationalen Unterschiede in den Marktbedingungen kompensiert werden können. Das heißt, entweder ist der Lead-Markt stark genug, es gehen also starke Vorteile von ihm aus, oder die weltweiten Unterschiede sind gering. Ansonsten bleibt der Weltmarkt fragmentiert in isolierte Ländermärkte oder Regionalmärkte mit unterschiedlichen Produktdesigns, zwischen denen ein mehr oder weniger ausgeprägter intra-industrieller Handel stattfindet. Mit der Bewertung von Lead-Markt-Vorteilen ist methodisch der Weg für die Diskussion der Existenz-Bedingungen von Lead-Märkten bereitet.

Dieses Buch soll sowohl die Theorie der Lead-Märkte als auch die Strategie im Umgang mit Lead-Märkten vermitteln. Allerdings muss man nicht das Lead-Markt-Bewertungsmodell anwenden, um Lead-Märkte für sich zu nutzen. Je nach der individuellen Situation des Unternehmens können unterschiedliche strategische Reaktionen angebracht sein. Ein Unternehmen kann mit unterschiedlichen organisatorischen Ausrichtungen auf den Lead-Markt reagieren. Das Konzept der Lead-Märkte soll auch zum eigenen Denken und zur eigenen Strategieentwicklung in international fragmentierten Märken anregen. Allein das Wissen um Lead-Märkte hilft, die Komplexität von Innovationsprojekten zu reduzieren und einen klareren Blick auf die wesentlichen Zusammenhänge in den Märkten zu werfen und sich auf die entscheidenden Fragestellungen zu konzentrieren. Wir werden im Verlaufe des Buches die unterschiedlichen praktischen Optionen für die Umsetzungen der Lead-Markt-Strategie vorstellen.

Verschiedene Teile des Lead-Markt-Konzeptes wurden in Forschungsprojekten erarbeitet, die vom Bundesministerium für Bildung und Forschung, vom Förderkreis Wissenschaft und Praxis am Zentrum für Europäische Wirtschaftsforschung (ZEW) e.V. und von der DaimlerChrysler AG gefördert wurden. Alle diese Institutionen haben nicht nur finanziell, sondern auch durch ihre Mitarbeit an der inhaltlichen Entwicklung des Lead-Markt-Konzeptes mitgewirkt. Der Lead-Markt-Ansatz ist auch bei Politik und Verwaltung auf großes Interesse gestoßen. So hat im Jahr 2002 das Bundesministerium für Wirtschaft einen Workshop unter dem Titel „Die innovative Gesellschaft: Nachfrage für die Lead-Märkte von morgen" veranstaltet. Nicht nur die Technologiepolitik muss Konsequenzen aus der besonderen Rolle von Lead-Märkten bei der internationalen Durchsetzung von neuen Technologien ziehen. Wenn die Technologien von der Dynamik und den Führungseigenschaften von Märkten geprägt werden, sind nicht nur das Forschungsministerium sondern auch das Gesundheits-, das Wirtschafts-, das Verkehrs- und Bauministerium und selbst das Verteidigungsministerium aufgefordert, an der Lead-Markt-Eigenschaft des eigenen Landes mitzuwirken oder zumindest die Zusammenhänge von Lead- und Lag-Märkten bei der Gestaltung von Rahmenbedingungen zu berücksichtigen. Die Verwaltung greift maßgebend in die Bedingungen für Anwendung neuer Technologien ein. Auch unternehmerische Entscheidungen werden so von der staatlichen Forschungs- und Innovationspolitik wie auch den Ressortpolitiken beeinflusst. Im letzten Teil dieses Buches werden wir daher auf die Konsequenzen von Lead-Märkten für die staatliche Innovationspolitik eingehen.

1.2 Kundenorientierung: Aber welcher Kunde?

„Kundenorientierung: Der Königsweg zum Unternehmenserfolg", „Wenn der Kunde im Mittelpunkt steht", „Wie aus Kundenbeschwerden Aufträge werden". So und ähnlich lauten die Handbücher für das erfolgreiche Kundenmanagement. In der Tat zeigen fast alle empirischen Untersuchungen[2], dass Kundennähe, die Kundenorientierung, ja die Zusammenarbeit – die Interaktion – mit den Kunden

---

[2] Siehe z. B. die Arbeiten von Rothwell u. a. (1974), Gemünden u. a. (1992), Gruner und Homburg (2000), Cooper und Kleinschmidt (1987), Shaw (1985) und Parkinson (1982).

einer der wichtigsten Erfolgsfaktoren für Innovationen ist. Neue Produkte müssen den Kundenanforderungen entsprechen, sie müssen einen Nutzen für den Kunden erbringen, sie müssen den Präferenzen der Kunden, was Qualität und Preis und die Gewichtung der einzelnen Produkteigenschaften angeht, entgegenkommen. Das bedeutet, dass Unternehmen ihre Innovation so gestalten müssen, dass sie eine höhere Kosten-Nutzen Relation in der Anwendung auszeichnet als bisherige Produkte. Dazu müssen die Präferenzen der Kunden, und damit die Bereitschaft der Kunden, für bestimmte Eigenschaften eines Produktes zu zahlen, bekannt sein. So ist es für einen Automobilbauer entscheidend, ob der Kunde besonderen Wert auf ein verbrauchsarmes Fahrzeug oder auf das Design oder die Fahrdynamik legt, oder die Verbesserung des Verbrauchs unter Beibehaltung der Fahrdynamik will. Entsprechend dieser Präferenzstruktur der Kunden soll dann die Entwicklungsabteilung Innovationen liefern. Allerdings ist Kundennähe nicht so einfach. Oft ist das Argument zu hören, dass Kunden nicht wissen, was sie wollen. Erst die Einführung einer Innovation zeigt, ob die Kunden Gefallen daran finden. Denn sie wechseln auch ihre Meinung. Während in den 1980er Jahren viele der Meinung waren, kein Mobiltelefon zu benötigen, glauben in den 1990er Jahren viele, nicht mehr ohne ein Handy auszukommen. Die Interaktion mit dem Kunden während der Produktentwicklung und der Einführung ist wichtig, um so früh wie möglich herauszufinden, was den Kundenwünschen am besten entspricht.

Darüber hinaus ist das Unternehmen, das sich um Kundennähe bemüht, meist mit unterschiedlichen Kundenanforderungen konfrontiert. Da die Kunden – Konsumenten oder Unternehmen – unterschiedliche Vorstellungen, Wünsche oder Ansprüche an die von ihnen genutzten Produkte und Prozesse stellen, in unterschiedlichen Kontexten leben oder verschiedenartige Güter produzieren, decken sich ihre Präferenzstrukturen nicht. Der eine legt mehr Wert auf Verbrauchsökonomie, der andere mehr auf Design und Fahrdynamik. Der einzelne Kunde möchte es genau so, wie es der individuellen Anwendung in seinem Unternehmen am besten entspricht. Zudem haben viele Kunden kaum eine Vorstellung davon, welche neuartigen Eigenschaften ein neues Produkt auszeichnen sollte und erwarten vor allem eine graduelle Verbesserung bestehender Produkte; ihnen fehlt die Vision neuartiger Lösungen.

Will sich ein Unternehmen nach allen Kundenvorstellungen richten, so kann eine Segmentierung des Marktes und Differenzierung der Produktpalette helfen. Viele Unternehmen haben diesen Weg erfolgreich bestritten. Vor allem kleinere Unternehmen und Unternehmen im Anlagenbau liefern rein kundenspezifische Produktentwicklungen um auf die individuellen Kundenwünsche eingehen zu können. Die Flexibilisierung der Massenproduktion zur *Mass Customisation*, also die Anpassung der Produkte an Kundenwünsche im Produktionsprozess, wird als zukünftige Lösung für das Problem der Kundenvielfalt gepriesen (Pine 1993). Bei *Mass Customisation* sollen neue Produktions- und Distributionstechnologien eine Varietät zu „vernünftigen Preisen" (Pine 1993) ermöglichen. Obwohl es schon viele Beispiele für den Erfolg dieser Strategie gibt (z. B. Kotler 2000, S. 260), ist Mass Customisation in der Regel kein Ausweg aus unserem Dilemma. Mass Customisation liefert meist nur Produktvarietät innerhalb eines bestimmten dominanten Designs. Denn es ist auf dem Prinzip der Kuppelproduktion aufgebaut,

d. h. der gemeinsamen Nutzung von Ressourcen, Einsatzfaktoren, Inputs und Outputs, aus der sich die so genannten *economies-of-scope* (Einsparungen durch Kuppelproduktion) ergeben.

Bei unterschiedlichen grundlegenden Designs fallen zudem Entwicklungs- und Produktionskostens an, die auch bei modernster Technologie das Ziel „vernünftiger Preise" für Individuallösungen unrealistisch machen. Ein geringer Preisunterschied zum standardisierten Produkt ist dabei eine notwendige Bedingung, denn Kunden reagieren immer auf das Preis-Leistungs-Verhältnis und akzeptieren standardisierte Produkte und Dienstleistungen z. T. sehr leicht, wenn sie dadurch Geld sparen. Es können also in der Regel nicht Produktvarianten mit allen möglichen Technologien gleichzeitig entwickelt und angeboten werden, ohne dass der Preis eines einzelnen Produktes erheblich steigt. Außerdem gehen von standardisierten Produkten auch Vorteile für den Nutzer aus, z. B. so genannte Netzwerkeffekte, die den Nutzwert eines Produktes erhöhen, je mehr Nutzer es gibt. Diese Netzwerkeffekte sind besonders stark innerhalb eines Landes, was häufig zu einer Standardisierung innerhalb von Ländern führt, wobei sich allein aufgrund der regionalen Dynamik – d. h. selbst bei sonst gleichen Bedingungen – von Land zu Land unterschiedliche Standards herausbilden können (David u. a. 1998).

Ein Unternehmen muss sich vielfach auf eine Technologie oder einen technischen Entwicklungspfad konzentrieren. In vielen Industrien sind kundenspezifische Lösungen dadurch völlig undenkbar. Zwar kann ein großer Automobilhersteller wie Toyota mehr als 60 Modelle mit einer langen Liste möglicher Sonderausstattungen anbieten. Es kann auch unter Benzin- und Dieselmotoren unterschiedlicher Kubikzahl gewählt werden. Bei der Entwicklung neuer Antriebe wie Brennstoffzellen, Elektro-, Hybrid- und Wasserstoffmotoren sind der individuellen Kundenpräferenz jedoch Grenzen gesetzt. Es ist nicht zu erwarten, dass in Zukunft eine Vielzahl an neuen Motorentechnologien unter ökonomischen Bedingungen parallel existieren wird. Steigende Produktentwicklungskosten, Standardisierung des Vertriebs von Produkten, die für den Betrieb einer Innovation genutzt werden (in diesem Fall Vertriebsstruktur für den Treibstoff) und Infrastruktur (z. B. Reparaturbetriebe), Sicherheitsbestimmungen und Schnittstellenkompatibilität setzen kundenspezifischen Lösungen ökonomische und praktische Grenzen. Es ist eher alternativ ein Paradigmenwechsel vom Verbrennungsmotor hin zu *einer* neuen Antriebsart zu erwarten oder das Festhalten am Prinzip des Verbrennungsmotors. In der Tat lassen sich bei jedem Automobilkonzern Schwerpunkte bei der Motorenentwicklung erkennen, die, das werden wir in den Beispielen sehen, besonders die inländischen Marktbedingungen reflektieren (siehe auch Beise, Rennings 2004).

Standardisierte Produkte bieten Anwendern erhebliche Vorteile in der Produktion, der Schulung, im Marketing und Vertrieb. Neben den Kostenvorteilen treten bei Produkten, die in ein System eingebettet sind, positive Netzwerkeffekte auf, d. h. der Nutzen eines Produktes steigt, je verbreiteter es auf dem Markt ist. Kundenspezifische Lösungen sind dann ökonomisch den Standardlösungen unterlegen, wenn die Standardisierungsvorteile die Unterschiede beim individuellen Kundennutzen kompensieren. Es ist dann für die Kunden rational, auf die standardisierten Produkte zurückzugreifen und nicht individuelle Lösungen zu fordern. Zum Beispiel kann sich eine Standardisierung trotz variierender Kundenpräferenzen durchsetzen, wenn die Preise durch Kosten bei der Standardisierung so weit sinken, dass auch die Kunden darauf zugreifen, die eigentlich ein etwas anderes Produktkonzept präferieren. Neben diesen Preisvorteilen können auch Netzwerkeffekte und die Ausgereiftheit einer standardisierten Lösung eine Rolle bei der Standardisierung spielen. Bei Netzwerkeffekten setzt sich eine Innovation, die mehr genutzt wird als andere Innovationsdesigns insgesamt durch, auch wenn Präferenzunterschiede bestehen – ebenso, wenn der Nutzen einer Innovation nicht ganz sicher ist. Ausgereiftheit senkt die Ungewissheit, ob eine Innovation auch den erhofften Nutzen bringt.

Wir diskutieren hier dieses Problem, weil Unternehmen im internationalen Marktumfeld auf eine noch verschärfte Situation treffen. Kunden haben von Land zu Land allein schon deshalb unterschiedliche Präferenzen, weil sie in unterschiedlichen klimatischen und geografischen Bedingungen, Kultur- und Rechtsräumen, Infrastrukturen und Knappheitsverhältnissen leben. Allerdings wirken die Gründe, die für eine Produktstandardisierung sprechen, auch im internationalen Rahmen. Hier sind die Unterschiede zwischen den Ländern oft sehr groß und die Kostenvorteile sind innerhalb von großen Ländern oft schon ausgereizt, so dass sich über einen längeren Zeitraum hinweg unterschiedliche Produktvarianten von Land zu Land festsetzen und der Weltmarkt fragmentiert bleibt. Wir werden uns in diesem Buch auf den internationalen Raum konzentrieren.

In einer Situation, in der kundenspezifische Lösungen keinen Wettbewerbsvorteil für ein Unternehmen bedeuten, kann ein Unternehmen dennoch nicht auf Kundennähe verzichten. Es gibt jedoch in der Innovationsentwicklung „falsche" und „richtige" Kunden. Einige Autoren haben schon darauf aufmerksam gemacht, dass nicht alle Kunden wichtig für Innovationen sind (z. B. Gruner, Homburg 2000, Parkinson 1982, Brockhoff 1998). Die richtigen Kunden führen das innovierende Unternehmen in der Produktentwicklung in eine Richtung, die zukünftig von vielen Kunden als nützlich angesehen und daher übernommen wird. Falsche Kunden führen die Produktentwicklung in Richtung kundenspezifischer Lösungen, die zwar bei diesen Kunden nützlich sind, anderen Unternehmen aber weniger zusagen. Wir sprechen hier von idiosynkratischen Kunden oder Außenseiterkunden.

Die richtigen Kunden antizipieren also den Nutzen für andere Kunden, die zu diesem Zeitpunkt noch mit den aktuell verfügbaren Produkten zufrieden sind oder aber keine Vorstellung von den wegweisenden innovativen Verbesserungen haben. Als erster hat dies Eric v. Hippel (siehe hierzu v. Hippel 1988) umrissen. Bei seinen Untersuchungen der Quellen von Innovationen entdeckte er Unternehmen, die Innovationen hervorbringen, um sie selbst zu nutzen. Wenn die Innovationen später auch von anderen Unternehmen übernommen wurden, bezeichnete er die innovierenden Unternehmen als *Lead-User*. In einigen Industrien war dabei der Anteil der Lead-User-Innovationen erstaunlich hoch. In v. Hippels Beobachtung liegen drei wichtige Erkenntnisse. Erstens wurden viele Innovationen nicht primär vom technischen Fortschritt getrieben, sondern von denen, die sie nutzen, den Kunden. Zweitens kann der Nutzen einer auf die besonderen Ansprüche einzelner Unternehmen zugeschnittenen Innovation auf andere Unternehmen übertragen werden. Und drittens können nur bestimmte Unternehmen diese Lead-User-Funktion übernehmen. Im Verlauf seiner Arbeiten grenzt v. Hippel Lead-User von normalen Kunden dadurch ab, dass Lead-User Anforderungen gegenüberstehen, die anderen Unternehmen erst später bewusst werden, z. B. bezüglich Qualität, Kompaktheit oder Energieverbrauch von Innovationen. Lead-User weisen mithin den Weg in die Richtung, in die der technische Fortschritt geht. V. Hippel schlägt deshalb vor, diese Lead-User-Unternehmen zu identifizieren, von ihren Anforderungen zu lernen und sie als Kunden zu gewinnen. Innovationen für diese Lead-User-Kunden könnten dann später im gesamten Markt eingeführt und erfolgreich vermarktet werden.

Wichtig ist an dieser Stelle: Bei der Kundennähe ist zwischen idiosynkratischen und führenden Anwendern zu unterscheiden. Allerdings lösen Unternehmen das Problem unterschiedlicher Kundenanforderungen meist so, dass zuerst die für das Unternehmen *derzeit* wichtigsten Kunden einen höheren Einfluss auf die Gestaltung von Innovationen haben, d. h. die Kunden, die bisher für den Absatz die größte Bedeutung haben. Diese Kunden sind aber nicht immer die Lead-User, die die zukünftige technische Weiterentwicklung des Marktes richtig vorhersehen.

Wie die Studien von Clayton Christensen zeigen, können die für ein Unternehmen momentan wichtigsten Kunden es davon abhalten, neue Technologien zu entwickeln und am Markt einzuführen (Christensen 1997). Denn erstens sind neue Technologien oft zunächst den etablierten Produkten unterlegen. Zweitens sind die ersten Anwender einer neuen Technologie meist Unternehmen anderer Sparten und zudem zunächst eher kleiner und die Märkte weniger profitabel. Später entwickelt sich die neue Technologie jedoch zur dominierenden und verdrängt die alte Technologie aus ihren angestammten Anwendungen, da sie durch Verbesserungen nun auch die Anforderungen der Anwendungen, die bisher nur von der alten Technologie erreicht werden konnten, erfüllt. Christensen demonstriert dieses Prinzip an Hand von Stahl aus kleinen Stahlhütten (so genannte Minimills), 3,5-Zoll-Festplatten und hydraulischen Schaufelbaggern. Die wichtigen Kunden der etablierten Anbieter waren hier nicht die, die den zukünftigen technologischen Pfad wiesen. Im Gegenteil, die etablierten Kunden der Unternehmen wiesen einen Weg in Richtung Weiterentwicklung des bisherigen technischen Pfads und lehnten andere Technologien ab. Die Weiterentwicklung des alten Technologiepfades erwies sich jedoch als Sackgasse: Sie wurde zu teuer oder die steigenden Anforderungen an Qualität und Leistung konnten letztlich nur durch neue Technologien erfüllt werden. Neue Firmen dagegen, die sich auf die Entwicklung neuer Märkte mit anderen Anforderungen konzentrierten, eroberten nach und nach auch die etablierten Märkte mit ihren neuen Produkten. Christensen nennt diese Technologien deshalb „disruptive" (zerstörende) Technologien.

Wie schon gesagt, stellt sich auf der internationalen Ebene das gleiche Dilemma für international operierende Unternehmen, allerdings in verschärfter Form. Denn zu der Varietät zwischen Individuen oder Unternehmen kommen noch die Unterschiede zwischen den Ländern hinzu. In aller Regel variiert die nationale Nachfrage von Land zu Land, da die nationalen Bedingungen, die ökonomische, kulturelle und soziale Situation und die Infrastruktur höchst unterschiedlich sind. Die Homogenität ist dadurch innerhalb der Länder weitaus größer als zwischen den Ländern. Wiederum muss hier beachtet werden, dass die Beobachtung von globalen Produkten nicht bedeutet, dass die Präferenzen von Land zu Land auch ursprünglich gleich sind. Einer im internationalen Marketing weit verbreiteten These nach gibt es ‚globale Konsumentensegmente' (Yip 1992), die ein homogenes Kaufverhalten über Ländergrenzen hinweg zeigen. So fragt die wohlhabende Schicht eines jeden Landes die gleichen Luxuswaren nach, z. B. Lederwaren aus Italien, Parfums aus Frankreich und Luxuskarossen aus Deutschland. Hier muss aber beachtet werden, dass auch diese Produkte einen regionalen Ausgangspunkt haben und erst später zu einem internationalen Standard werden. Die Frage ist hier, warum bestimmte Produkte zu weltweiten Luxusmarken werden.

Produktvarianten konkurrieren zuerst um die nationale Dominanz, den nationalen Standard. Ein nationaler Standard bildet sich entweder dadurch heraus, dass er auf die nationalen Marktbedingungen besonders gut ausgerichtet ist und den lokalen Kunden den höchsten Nutzen bringt oder durch lokale Netzwerkeffekte, die durch gemeinsam genutzte Infrastruktur oder eine Interaktion zwischen den Nutzern entstehen, aber z. B. auch durch Mund-zu-Mund-Propaganda. Nationale Standards oder national dominante Innovationsdesigns können hier auf verschiedenen Abstraktionsstufen interpretiert werden. Zum einen hat sich in den meisten Ländern ein einheitlicher Mobilfunkstandard, z. B. GSM, etabliert. Zum anderen ist der zellulare Mobilfunk aber selbst ein bestimmtes Innovationsdesign, denn er konkurriert mit anderen mobilen Funkempfängern wie z. B. Satellitentelefon oder Pager und mit dem Festnetztelefon. Pager haben zwar eine andere Funktionalität, entscheidend ist aber, dass die Nutzer in den 1980er Jahren zwischen einem Pager und einem Mobiltelefon gewählt haben. In einigen Ländern hat sich eine Mehrheit für den Pager gebildet (Singapur, Hongkong), in anderen für das Mobiltelefon (Nordeuropa). In wiederum anderen Ländern blieb der Mobilfunk lange Zeit sehr wenig erfolgreich, weil der traditionelle Festnetzanschluss bevorzugt wurde.

Natürlich wird in den meisten Branchen auch weiterhin eine gewisse Varietät innerhalb eines Landes erhalten bleiben, aber in der Regel ergeben sich nationale Vorlieben, die zu einem größeren Marktanteil eines Designs verglichen mit anderen Ländern führen. Zum Beispiel ist der Anteil von Pkws mit Dieselantrieb in manchen europäischen Ländern sehr hoch im Vergleich zu den USA, wo Pick-up Trucks zu den erfolgreichsten Modellen zählen, die in Europa Exoten sind. Nationale Standards, die auf diese länderspezifische Nachfrage ausgerichtet sind, stehen nun auf dem Weltmarkt im Wettbewerb miteinander. In vielen Fällen setzt sich ein internationaler Standard oder ein global dominierendes Design durch, d. h. ein Innovationsdesign erlangt auch international eine Vorherrschaft. Dies ist das Grundmodell der Lead-Markt-Strategie. Erfolg und Misserfolg einer Innovation auf dem Weltmarkt wird als Ergebnis dieses Wettbewerbs zwischen nationalen Präferenzen verstanden.

Weltweite Standards können zwar auch über internationale Vereinbarungen etabliert werden. Die Schaffung technischer Standards ist allerdings meist nur eine Dokumentation einer technischen Schnittstelle. Sie allein schafft noch kein dominierendes und schon gar nicht ein weltweit dominierendes Design. Technische Standards stehen in Konkurrenz zu anderen Standards und anderen Technologien. Zum Beispiel kann die Telekommunikation über verschiedene Medien erfolgen:

über Kupferkabel, über Breitbandkabel, über Satelliten, über Funk, über Stromleitungen. Jede dieser Übertragungsebenen mag technisch standardisiert sein. Stehen die Medien im Wettbewerb miteinander, kann sich eines über die Zeit hinweg als dominierendes Medium entwickeln. Zurzeit wird z. B. erwartet, dass die zellulare Mobilkommunikation die traditionellen Festnetze ablöst, so wie sie Pager und andere Funksystem hinter sich gelassen hat. Dieser Wettbewerb der Technologien stellt für Unternehmen ein erhebliches Risiko dar, auf der Technologie sitzen zu bleiben, die im internationalen Wettbewerb unterliegt. Hierbei gibt es allerdings auch die „richtigen" Kunden: Sie stellen den Lead-Markt dar. Die Lead-Märkte sind dabei quasi die Lead-User auf dem internationalen Weltmarkt.

Der Wettbewerb innerhalb der Lead-Märkte um das dortige dominante Design ist eine Vorentscheidung für das global dominante Design. Unternehmen können diesen Vorsprung nutzen. Sie müssen aber zunächst Lead-Märkte erkennen können. Im folgenden Kapitel soll daher anhand einer Reihe von Beispielen gezeigt werden, dass sich hinter erfolgreichen Innovationen der letzten 50 Jahre Lead-Märkte verbergen. Zunächst diskutieren wir kurz, was ein Lead-Markt zur Etablierung eines weltweit erfolgreichen Produktes leisten muss: nämlich die Überwindung der großen Unterschiede, die noch immer zwischen einzelnen Länder- oder Regionalmärkten bestehen. Diese internationalen Unterschiede werden aber nicht durch eine höhere Innovationsbereitschaft der Konsumenten eines Landes oder durch einen technologischen Vorsprung eines Landes überwunden.

1.3 Am Anfang stehen Ländermärkte, kein globaler Markt

Der Begriff der Globalisierung wird häufig zu vereinfachend gebraucht. Die Angleichung von Konsum- und Investitionsgütern weltweit ist eine Konsequenz der Liberalisierung des Handels und nicht etwa ein grundsätzliches, etwa soziologisches Phänomen, dass der Mensch im Grund überall gleich ist. Die Anforderungen der Kunden, die Infrastruktur, die Traditionen, der Geschmack, die Preise für komplementäre Produkte und Einsatzfaktoren, und – allerdings in geringerem Maße – die Einkommen, d. h. die Zahlungsbereitschaft, sind noch immer von Land zu Land unterschiedlich. Es gibt nur sehr wenige Produkte, deren Nutzen völlig unabhängig von diesen nationalen Markt- und Umfeldgegebenheiten ist. Für die meisten Produkte gilt: Je nachdem, für welches Land es entwickelt wird, wird es unterschiedliche technische Spezifikationen besitzen. Insbesondere kulturspezifisch sind die äußere Erscheinung eines Produktes, die Software oder allgemein die Nutzerschnittstelle, die Ergonomie, der Geschmack bei Lebens- und Genussmitteln und verschiedene Eigenschaften eines Produktes, wie z. B. Komfort, Qualität, Variierbarkeit oder Größe.

Die meisten grundsätzlichen Unterschiede in dem Produktdesign ergeben sich allerdings durch internationale Unterschiede in den ökonomischen Variablen. Faktorkosten in der Produktion wie Arbeits-, Kapital- und Energiekosten wirken sich auf die Faktornutzung von Produktionsprozessen aus. In einem Land mit höheren Arbeitskosten werden eher höher automatisierte Maschinen bevorzugt als in Ländern mit niedrigen Lohnkosten. Das lokale Angebot an komplementären Gütern und Faktorkosten, die bei der Nutzung von Produkten anfallen, entscheidet über die Nutzung von Produktvarianten. Bei hohen Energiekosten wird Wert auf geringen Energieverbrauch gelegt. Unterschiedliche Telefonkosten bewirken Unterschiede nicht nur in der sprachbasierten Nutzung des Telefons, sondern auch in der Nutzung von Telework, Internet und Kreditkarten, für die eine Autorisierung über Telefonleitungen verlangt wird. Umgekehrt ist die kommerzielle Nutzung des Internets in einem Land von der nationalen Verbreitung von Kreditkarten abhängig, da die meisten Transaktionen über Kreditkarten abgerechnet werden. Bei der Nutzung von Infrastruktur, z. B. Straßen oder Telekommunikationseinrichtungen, hängt das Produktdesign von den Kosten, die durch die Nutzung anfallen, aber auch von der Beschaffenheit und der Nutzungsbedingungen der Infrastruktur ab. Beschaffenheit und Bedingungen sind vielfach rechtlich vorgegeben, z. B. die Höchstgeschwindigkeit auf Straßen, der technische Standard des Telefonsystems oder die Parameter der öffentlichen Stromversorgung.

Viele Produkteigenschaften hängen von anderen rechtlichen Zulassungsbedingungen ab, z. B. bezüglich der Produktsicherheit, der einzuhaltenden Normen und Anforderungen an Umweltverträglichkeit. Dies alles führt zu einem ganz unterschiedlichen Nutzen von bestimmten Technologien von Land zu Land. Und damit sind bestimmte Technikvarianten nicht immer besser oder schlechter, sondern nur in einem bestimmten Landeskontext besser oder schlechter. Unterschiedliche Länder können damit verschiedene Technikdesigns einsetzen, die jeweils für ihren spezifischen Kontext die besten sind. Man kann also nicht die einfache Strategie verfolgen, nach „der besten" Technologie oder „dem besten" Innovationsdesign zu suchen, um international wettbewerbsfähig zu sein.

Als Beispiel sollen Lastkraftwagen genannt werden. Lkws sehen innerhalb Nordamerikas, Europas und Japans mehr oder weniger gleich aus, aber zwischen diesen Regionen völlig verschieden. Zunächst sind die rechtlichen Bedingungen unterschiedlich. In den USA gilt die maximale Länge von Lkw nur für die Ladefläche, in Europa für das gesamte Fahrzeug. Das hat zur Folge, dass das beste Design, d. h. das ökonomischste, in den USA eine Zugmaschine mit langem Motorvorbau ist, in Europa jedoch sitzt der Motor unter dem Fahrer. Ferner sind die gefahrenen Geschwindigkeiten unterschiedlich, die Topographie und die Fahrdynamik, was eine unterschiedliche Motorencharakteristik bedingt. Japans Straßen sind schmaler und bergiger, dadurch wird dort auf eine besonders kompakte Fahrzeuggröße Wert gelegt, was in den USA so gut wie keine Rolle spielt. Da zudem die Spritpreise stark variieren, ist der optimale Punkt zwischen Energieeffizienz und Anschaffungspreis unterschiedlich. In den USA werden billigere, aber mehr Kraftstoff verbrauchende Fahrzeuge präferiert als in Europa oder Japan.

Selbst so kulturunspezifisch scheinende Dinge wie eine Video-Spielkonsole sind nicht kulturunspezifisch. Die Spielinhalte selbst entstehen aus einem soziokulturellen Zusammenhang, woraus sich ganz unterschiedliche Spiel- und Grafikkonzepte ergeben. Auch sind die Anforderungen an die Ergonomie unterschiedlich: In den USA werden größere Steuerknüppel bevorzugt als in Asien.

1.4 Vergessen Sie die „Innovationsneigung“ der Nachfrage

Auf der anderen Seite soll hier dafür plädiert werden, in der grundsätzlichen Bereitschaft potenziellen Nutzer, eine Innovation auszuprobieren, kein Kennzeichen von Lead-Märkten zu sehen. Es wird zwar manchmal vorgeschlagen (z. B. Albach u. a. 1989), es stecke eine kulturspezifische Innovationsbereitschaft von Konsumenten hinter der Wettbewerbsfähigkeit von Ländern. Belege für grundsätzliche oder produktspezifische Unterschiede in der Bereitschaft, Innovationen auszuprobieren fehlen allerdings – zumindest zwischen den Industrieländern. Eine kulturspezifische Innovationsneigung wird häufig deshalb unterstellt, weil die ökonomischen Variablen, die für die Nutzung von Innovationen verantwortlich sind, nicht überprüft werden. So wird z. B. häufig von einer Technikbegeisterung in Finnland gesprochen angesichts der breiten Nutzung von Computer und Mobilfunk. Dabei wird aber nicht beachtet, dass die dortigen Preise für Telekommunikation inklusive Internet und Mobilfunk seit den 1980er Jahren weit niedriger sind als in anderen Ländern. Statistisch ausgedrückt: Die Varianz der Nutzung von Land zu Land lässt sich oft zum großen Teil mit der Varianz in den Preisen erklären, beim Mobilfunk z. B. innerhalb der OECD zu über 50 % (z. B. Beise 2001, S. 162).

Zwischen den USA, Japan und den europäischen Ländern lassen sich wenige Beispiele dafür finden, dass die Konsumenten oder Unternehmen prinzipiell zurückhaltender sind, Innovationen auszuprobieren. Es lassen sich zwar in jedem Land Schwerpunkte bei bestimmten Produktgruppen finden, in denen Innovationen schneller aufgegriffen werden als in anderen Ländern. Meist handelt es sich aber um unterschiedliche ökonomisch gerechtfertigte oder soziale Präferenzen, die dazu führen, dass Innovationen früher genutzt oder unterschiedliche Produktvarianten bevorzugt werden. Das Faxgerät war zwar lange Zeit ein Flop in den USA und Europa bis es in Japan den Durchbruch erzielte. In Europa und den USA war indes lange Zeit ein konkurrierendes System, der Fernschreiber erfolgreich. Die Kosten und Abschreibungen, die mit dem Wechsel vom Fernschreiber zum Faxgerät verbunden waren, verzögerten lange den Erfolg des Faxgeräts in den westlichen Ländern.

Hat ein Land eine Technik angenommen, obwohl andere Länder eine andere Technik favorisieren, so dauert es in der Regel lange, bis dieses Land auf die Technik der anderen Länder wechselt. Man spricht auch von einem Lock-in eines Landes, d. h. ein Land ist erst einmal für mehrere Jahre auf eine Technik festgelegt, bevor es auf einen anderen Standard übergehen kann. Je höher oder langfristiger die Investitionen sind, desto länger dauert es, bis gewechselt werden kann. So kann durch vorzeitiges Festlegen auf eine bestimmte Infrastruktur ein Land über lange Zeit hinweg auf die Nutzung dieser Infrastruktur festgelegt sein und sogar immer weiter einen bestimmten technischen Entwicklungspfad verfolgen, weil das Modernisieren der Infrastruktur billiger ist als eine ganz neue Technik zu installieren. Länder können somit unterschiedliche technische Entwicklungspfade einschlagen und damit unterschiedliche Innovationen hervorbringen.

1.5 Technologische Vorsprünge ohne Markt nützen nichts

Die bisher genannten Beispiele haben schon erkennen lassen, dass der wissenschaftlich-technische Vorsprung (*technology gap*) von Ländern, der häufig als Grund für den Exporterfolg angeführte wird, in der ersten Phase der Technikentwicklung nicht der entscheidende Wettbewerbsfaktor war. Die Erfindungen, die den Innovationen zu Grunde lagen, wurden häufig nicht im Lead-Markt gemacht. Sie wurden auch in der Regel nicht von den Unternehmen gemacht, die später zu den Marktführern wurden. Dies hat zwei Gründe. Erstens sind die wissenschaftlichen Kompetenzen in den Industrieländern nicht so unterschiedlich. Zweitens kann sich ein Unternehmen das notwendige wissenschaftlich-technische Wissen schnell aneignen, wenn es früh ein Marktpotenzial sieht.

Auch wenn die Spezialisierung der Länder auf die Technikfelder variiert, in vielen Technologien ist das wissenschaftliche Wissen zwischen den USA, Europa und Japan nicht wesentlich verschieden. Historische Analysen international erfolgreicher Innovationen und Technologien, wie z. B. Halbleiter (Tilton 1971), Computer (Bresnahan und Malerba 1999), Telekommunikationstechnik (Coopersmith 1993), Roboter (Schodt 1988), haben immer wieder demonstriert, dass die wissenschaftlichen Ergebnisse in vielen Ländern bekannt waren und wissenschaftlich genutzt wurden bevor eine Technologie weite Verbreitung fand. Auch unsere Beispiele werden das zeigen. Die internationalen Unterschiede in den technischen Kompetenzen entstanden meist erst durch die Produktentwicklung und die angewandte Produktionstechnologie, d. h. die konkreten Erfahrungen, die ein Unternehmen mit einer neuen Technologie oder einem neuen Produkt macht (*learning-by-doing* und *learning-by-using*, siehe Rosenberg 1982). Dieser Produktivitäts- und Marktvorsprung ist für andere Unternehmen häufig schwerer aufzuholen als der pure wissenschaftlich-technische Wissensvorsprung.

Die Generierung wissenschaftlicher Forschungsergebnisse und die Entwicklung von Innovationen nutzt Unternehmen wenig, wenn die ersten Innovationen vom Markt nicht angenommen werden. Erst nach dem Marktdurchbruch gelingt es – wegen der begünstigenden Wirkung der Marktnähe – vor allem lokalen Unternehmen, einen Wissensvorsprung in Form von Produktions- und Anwendungserfahrung vor ausländischen Konkurrenten zu erlangen. Der Marktdurchbruch geschieht allerdings oft in anderen Ländern als in den Ländern, in denen die Innovation zuerst entwickelt wurde. Häufig schon ist beobachtet und gleichermaßen beklagt worden, dass Erfindungen in einem Land gemacht werden, die erfolgreichen Innovationen dann aber von Unternehmen anderer Länder durchgeführt wurden – also die „Früchte wissenschaftlicher Arbeit vom Ausland geerntet wurden". So wurden der Roboter, der Videorecorder, das Faxgerät oder die zellulare Mobilkommunikation nicht in den Ländern zuerst zu einem Markterfolg, in denen die Technik führend entwickelt wurde. Während die Erfinder häufig in ihren eigenen Märkten auf die Marktakzeptanz warten, nutzen Unternehmen in anderen Ländern die besser Marktchancen in ihren Heimatmärkten, den technologischen Vorsprung des Erfinders aufzuholen und selbst einen technologischen Vorsprung herauszuarbeiten. Dieser Vorsprung basiert dann allerdings auf Marktwissen und Lernkurven in der Produktion.

Die Beispiele zeigen sogar, dass Unternehmen in anderen Ländern sich selbst dann neues technisches Wissen aneignen können, wenn sie bisher nicht in dem gleichen Produktsegment tätig waren. Nokia ist in den 1990er Jahren zu einem führenden Hersteller von Mobiltelefonen herangewachsen, obwohl es in den 1970er Jahren hauptsächlich in der Papier- und Gummiindustrie beheimatet war. Auch Ericsson hatte vor dem Boom bei Mobiltelefonen seinen Schwerpunkt nicht in der Funktechnik, sondern in der Festnetzinfrastruktur. Die Funktechnik wurde zunächst von anderen Firmen bezogen. Die Aneignung von neuem wissenschaftlich-technischem Wissen läuft über ungewollte (Mansfield 1985) oder teilweise gewollte (v. Hippel 1988, S. 76 ff.) informelle Kontakte zwischen Unternehmen, wissenschaftlichen Veröffentlichungen und Patentschriften, Kooperationen und Joint Ventures mit Unternehmen, die über dieses Wissen verfügen. Die schnellste Methode ist allerdings die Akquisition dieser Unternehmen. So haben Ericsson und Nokia zum Beginn der Mobilfunkrevolution mehrere ausländische Firmen übernommen, die in der Mobilfunktechnik Kompetenzen angesammelt hatten.

Letztlich konnte auch empirisch-statistisch nachgewiesen werden, dass eine technische Pionierrolle nicht geradewegs zur internationalen Wettbewerbsfähigkeit führt (Golder und Tellis 1993). Die offensichtliche Unstimmigkeit zwischen wissenschaftlichen Kompetenzen und Exporterfolg in einigen Technologien in Europa rief in den 1960er Jahren die These hervor, dass das Problem nicht bei der wissenschaftlichen Fähigkeit und Kompetenz der Länder liege, sondern bei der *Umsetzung* in Innovationen, die am Markt erfolgreich sind. Die heimischen Unternehmen seien dafür verantwortlich zu machen, wenn Unternehmen in anderen Ländern den wissenschaftlichen Fortschritt eines Landes erfolgreich umsetzten. Wenn aber ein ganzes Land eine Technologie verschläft, kann dies nur an landesspezifischen Faktoren liegen, dass heißt an den heimischen Rahmenbedingungen für die Unternehmen.

Die in diesem Buch vertretene Hypothese besagt, dass die lokalen Marktbedingungen der Erklärungsfaktor für die Kommerzialisierung international erfolgreicher Innovationen sind. Denn Unternehmen reagieren vor allem auf Innovationssignale vom Heimatmarkt und entwickeln Produkte, die abgestimmt sind auf die inländischen Präferenzen und Landesbedingungen. Sie geben Technologien häufig schon dann auf, wenn sie auf dem Heimatmarkt zunächst nicht angenommen werden. Umgekehrt haben Länder oft Innovationen früh genutzt, die sich dann aber nicht international durchsetzen konnten.

1.6 Globale Innovationen sind keine globalen Kompromisse

Die internationalen Marktunterschiede führen dazu, dass ein Unternehmen, das eine neue Innovationsidee umsetzen will, nicht direkt einen international standardisierten Prototypen entwickeln kann. Es kann entweder auf die Gegebenheiten in einem Land oder einigen Ländern stärker eingehen als in anderen, es kann versuchen einen Kompromiss auf der Basis der unterschiedlichen Bedingungen zu finden oder alle Anforderungen in ein Design zu integrieren. Letzteres ist nicht immer realisierbar oder wäre unverhältnismäßig teuer. In der Regel geht ein Unternehmen mehr auf die Anforderungen in Ländern ein, die einen größeren Umsatzanteil an ihrem Geschäft ausmachen, oder einfach auf die im Heimatland. Zum einen ist das Heimatland für viele Unternehmen noch immer der wichtigste Markt und der Markt, in dem ein neues Produkt zum ersten Mal eingeführt wird. Zum anderen geschieht diese Höhergewichtung des Heimatmarktes unbewusst, da das Unternehmen einfach den Heimatmarkt am besten kennt und davon ausgeht, dass diese Bedingungen auch in anderen Ländern anzutreffen sein werden.

Als wichtigstes Zwischenziel bei der Produkteinführung wird häufig der Erfolg des Produktes am Heimatmarkt gesetzt. Viele Unternehmen wenden implizit oder explizit ein zweistufiges Verfahren bei der Produkteinführung an. Zuerst wird eine Innovation am Heimatmarkt getestet und wenn es hier erfolgreich ist, dann wird über die Exportstrategie entschieden. Viele Innovationen sind dadurch nicht exportfähig, weil man nach der Einführung im Heimatmarkt merkt, dass es nicht mit den Erfordernissen des Weltmarktes kompatibel ist. International standardisierte erfolgreiche Innovationen sind hier eher Zufallsfunde. Eine Erfolg versprechende Strategie zur internationalen Produkteinführung ist dies sicher nicht. Unternehmen, die aufgrund ihrer Kostensituation darauf angewiesen sind, international kommerzialisierbare Innovationen zu entwickeln, versuchen zunächst, die Anforderungen in den wichtigsten nationalen Märkten zu ermitteln und dann ein Innovationsdesign zu finden, das den Anforderungen entspricht. Heraus kommt dann oft der so genannte kleinste gemeinsame Nenner (Takeuchi Nonaka 1986, Livingstone 1989), d. h. die technischen Spezifikationen sind so gewählt, dass die Anforderungen in den meisten Ländern gerade so erfüllt werden. Bei dieser Strategie hat das entstehende Produkt Nachteile gegenüber denjenigen Produktdesigns, die völlig auf den jeweiligen lokalen Markt ausgerichtet sind. Sie stellen eben in der Regel einen Kompromiss dar, den *kein* Nutzer wirklich schätzt. Der einzige Vorteil sind geringe Kosten.

In der Automobilindustrie gibt es nur wenige Hersteller, die ein Fahrzeug mehr oder weniger standardisiert in allen Ländern erfolgreich verkaufen können. In der Regel werden in Nordamerika, in Europa und Asien höchst unterschiedliche Modelle entwickelt, angepasst auf die jeweiligen Straßenverhältnisse und Präferenzen der Kunden. In den 1980er Jahren versuchte Ford ein Weltauto zu konzipieren, das hoffnungsvoll „Mondeo‘ getauft wurde und erhebliche Kosteneinsparungen erwarten lies. Allerdings war der Mondeo in keinem Land richtig erfolgreich. Zum einen waren die Kostenvorteile nicht groß genug. Zum anderen kam die Kreuzung zwischen einem europäischen und einem amerikanischen Auto bei keinem der potenziellen Kunden so richtig an. Die Motorenleistung war für die europäischen, vor allem deutschen, Verhältnisse nicht ideal, wo z. B. auf hohe Beschleunigung bei hohen Geschwindigkeiten geachtet wird. In den USA wurde der Mondeo nicht als amerikanisches Auto wiedererkannt.

Globale Produkte sind eben oft Produkte mit einer klaren nationalen Identität. Global erfolgreich sind italienische Sportwagen, amerikanische Geländewagen und japanische Kleinwagen. Deutschen Automobilfirmen gelingt es, Automodelle in aller Welt erfolgreich zu vermarkten, obwohl sie klar den deutschen oder europäischen Fahrbedingungen entsprechen. Gerade darin liegt oft der Reiz eines globalen Produktes. Nicht der Kompromiss ist gefragt, vielmehr gibt es eine Asymmetrie bei den Marktanforderungen, die es erlaubt, dass Innovationen, die auf einen bestimmten Ländermarkt ausgerichtet sind, auch in anderen Ländern angenommen werden, aber nicht umgekehrt. Obwohl die Höchstgeschwindigkeit in den meisten Ländern stark begrenzt ist, sind viele Autofahrer bereit, für die zusätzliche Leistung jenseits der zulässigen Höchstgeschwindigkeit (oder die für hohe Geschwindigkeiten nötige zusätzliche Sicherheit) zu bezahlen. Umgekehrt zeigen die geringen Erfolge ausländischer Automobilhersteller in Deutschland, dass nur wenige hiesige Kunden bereit sind, geringe Leistung auch zu geringeren Preisen zu akzeptieren.

Diese Asymmetrien in den Märkten zu identifizieren und bei der Innovationsgestaltung zu berücksichtigen ist sicher schwer. Ein leichterer Weg ergibt sich durch die Annahme der Existenz von Lead-Märkten. Lead-Märkte sind diejenigen Märkte, die hohe Anforderungen an Innovationen stellen, die eher in anderen Ländern akzeptiert werden als das umgekehrt der Fall wäre. Für die Entwicklung international erfolgreicher Innovationen sollte man als erstes mit der Identifikation der Lead-Märkte beginnen und sich auf die dortigen Anforderungen konzentrieren.

1.7 Für welche Unternehmen sind Lead-Märkte relevant?

Gegenüber der Lead-Markt-Strategie wird manchmal eingewendet, dass sie nur für eine ganz spezielle Gruppe von Unternehmen und nur wenige Branchen relevant ist. Dabei werden drei Argumente vorgebracht:

1. Viele Industrien sind global, die Bedingungen auf den Ländermärkten sind gleich.
2. Für Zulieferer großer Unternehmen spielen Ländermärkte keine Rolle.
3. Die meisten kleinen und mittleren Unternehmen beabsichtigen nicht, international erfolgreiche Produkte zu entwickeln.

Lead-Märkte sind trotzdem für fast alle diese Unternehmen relevant. Dass viele Industrien heute global sind, ist ein Ergebnis der bisher beschriebenen internationalen Konvergenzkräfte. Eine regionale Zersplitterung ist in vielen Industrien nicht mehr möglich. Dies ist aber davon zu unterscheiden, ob unterschiedliche Marktbedingungen von Land zu Land herrschen. Die internationale Konvergenz bei den Gütern legt hier sozusagen einen Schleier über die internationalen Unterschiede. Bei der Auswahl weltweiter Standards bei neuen Technologien und Innovationen kommen sie aber dennoch zur Geltung. Wir haben schon am Anfang eine Reihe von Branchen erwähnt, die eigentlich als globale Industrien gelten. Bei diesen Industrien sind zunächst keine Unterschiede in der Nachfrage zu erkennen. Innovationen werden anscheinend allein von der Wissenschaft getrieben, wie z. B.

in der Pharmaindustrie, der Luft- und Raumfahrtindustrie und der Herstellung von Halbeiterbauelementen. Aber auch in diesen Branchen sieht man bei näherer Betrachtung, dass regionale Marktbedingungen auf die Innovationsdesigns Einfluss nehmen. Gerade in der Pharmaindustrie haben sich die USA als führender Markt etabliert. Hohe Pro-Kopf-Ausgaben für Pharmaprodukte, die Interaktion mit den Kliniken innerhalb der klinischen Forschung und Zulassungsbedingungen, die von anderen Ländern anerkannt werden, haben dazu geführt, dass viele Innovationen in der Pharmaindustrie zuerst in den USA eingeführt werden, selbst wenn sie im Ausland erfunden wurden. In Japan wurden die Pharmafirmen von der Regulierung in eine Ecke gedrängt, in der sie eine Unzahl von neuen Präparaten hervorbrachten, die in keinem anderen Land erfolgreich sein konnten (Thomas 2004).

Flugzeuginnovationen wurden schon immer durch regionale Besonderheiten hervorgerufen. Die Flugzeugindustrie ist bisher von den USA beherrscht worden, da innerhalb der USA das Flugzeug das effizienteste Transportmittel ist, während in Europa und Japan die Schienenfahrzeuge eine größere Rolle spielen. Der Erfolg des Airbus ist nicht nur durch die europäische Zusammenarbeit ermöglicht worden, sondern auch mit der großen Nachfrage nach großen Kurz- und Mittelstreckenflugzeugen verbunden. Der Erfolg von Airbus basierte auch auf einem neuen Flugzeugkonzept, das auf die Anforderung reagierte, extrem hohe Verkehrsaufkommen zwischen den großen europäischen Hauptstädten zu bewältigen (Porter 1990). In der Halbeiterindustrie sind Innovationen eng mit den Anwendungen verbunden. Während die USA bei Halbleitern für Computer führen, sind japanische Halbleiterhersteller vor allem bei der Konsumelektronik stark, bei der Japan ein Lead-Markt ist. Europa nimmt eine Spitzenstellung bei Halbleitern für Telekommunikationsgeräte und Autoelektronik ein (Reger, Beise, Belitz 1999; OECD 2000).

Es ist zwar richtig, dass große Unternehmen häufig nur mit einigen wenigen weltweit tätigen Großunternehmen als Kunden zu tun haben und nicht mit Ländermärkten. Multinationale Unternehmen als Kunden verleihen hier aber nur den Anschein, selbst unabhängig von den Präferenzen einzelner Ländermärkte zu sein. Denn die Kunden (oder die Kunden der Kunden) müssen letztlich bestimmte Technologieentscheidungen treffen, die dann auf die Zulieferer übertragen werden. Innovationschancen treten auch für Großkunden regional auf. Die Frage ist, ob sich ein Zulieferunternehmen völlig von seinen derzeitigen Kunden abhängig machen will oder darf bei der Frage, welchen Technologietrends man folgen will. Das würde im Grunde voraussetzen, dass die Kunden entweder den Lead-Markt als einen der für sie wichtigsten Märkte betrachten oder eine Lead-Markt-Strategie verfolgen. Tun sie es nicht – und davon sollte man ausgehen –, kann ein Zulieferer selbst versuchen, die Lead-Märkte für die Anwendungen neuer Vorprodukte ausfindig zu machen. Für ein großes Chemieunternehmen beispielsweise ist es strategisch wichtig zu entscheiden, ob man in bestimmte neue Technologien oder neue Materialien, Wirkstoffe oder sonstige chemische Vorprodukte investiert. Neue Anwendungen der Nanotechnologie, bei Flüssigkristallen, die Verwendung von Kohlenfaserverbundwerkstoffen oder der Lebensmittelzusatz Taurin wurden entscheidend auf Lead-Märkten und von neuen Unternehmen vorangetrieben. Für ein großes Chemieunternehmen können von den Entwicklungen auf den Lead-Märkten bei neuen Anwendungen entscheidende Impulse für Innovationen in der Chemie ausgehen, an denen die Kunden zunächst kein Interesse haben. So hat die Firma Merck aus Darmstadt eher traditionell als strategisch vorausblickend an ihrem eher kleinen Geschäftsfeld der Flüssigkristalle so lange festgehalten, bis in den 1990er Jahren LCD-Bildschirme in Japan den Massenmarkt erschlossen und Merck einen boomenden Markt verschafften. Das japanische Chemieunternehmen Toray setzte beständig und letztlich mit Erfolg auf Kohlenfaserverbundwerkstoffe und ist heute der Marktführer in einem stark wachsenden Markt. Das chinesische Chemieunternehmen Changshu Yonglida schließlich ist der Hauptlieferant für Taurin, dem seit Jahrzehnten in Asien kräftigende Wirkung nachgesagt wird und das in „Lifestyle-Energy"-Getränken nun auch weltweit vermarktet wird.

Auf der anderen Seite stehen kleinere Unternehmen, die gar keine Ambitionen haben zu exportieren und für die der Heimatmarkt ausreicht. Aber auch diese Unternehmen werden direkt oder indirekt mit Lead-Märkten konfrontiert. Mittelständische Unternehmen sind von globalen Innovationen und damit von Lead-Märkten betroffen:

- als Zulieferer von multinationalen Unternehmen, die abweichend von den Inlandsmarktbedingungen globale Innovationsdesigns bevorzugen,
- als Exporteure, die in Länder liefern, die vom Lead-Markt beeinflusst werden und auf das Lead-Markt-Design umschwenken,
- als Unternehmen, deren Produktinnovationen im Heimatmarkt von den Lead-Markt-Innovationen verdrängt werden, wenn der Heimatmarkt auf das Lead-Markt-Design umschwenkt.

Zulieferer von Unternehmen, die ihre Produkte exportieren, richten sich nicht nur auf den heimischen Markt, sondern reagieren auch auf den Lead-Markt. Das heißt für den Zulieferer, dass er letztlich auch Produkte entwickeln muss, die entweder dem Lead-Markt-Design entsprechen oder zumindest kompatibel mit den Bedingungen auf den Auslandsmärkten sind. Beispielsweise sollte sich ein mittelständischer Zulieferer von Funkdatenübertragungs-Systemen, selbst wenn er gar nicht auf dem Lead-Markt vertreten sein will, auf einen potenziellen Lead-Markt dadurch einstellen, dass er seine Produktentwicklung an die technischen Standards der HF-Technik im Lead-Markt, die dort genutzten Frequenzbereiche und Datenprotokolle, die Schnittstellen, die Spannungsversorgung, die Software und die Terminals anpasst. Durch die Kompatibilität zum Lead-Markt kann sich ein Unternehmen davor schützen, von der Technik des Lead-Marktes verdrängt zu werden.

Das Lead-Markt-Phänomen betrifft letztlich jedes Unternehmen, das in einem Markt agiert, in dem landesspezifische Designs in Konkurrenz zueinander stehen. Mit landesspezifischen Designs sind Innovationsdesigns oder etablierte Produkte gemeint, die unter den speziellen Marktbedingungen eines Landes bevorzugt werden. Diese landespezifischen Designs stehen grundsätzlich in allen Ländern im Wettbewerb miteinander, wenn nicht staatliche Regulierungen dagegen sprechen. Ausländische Innovationsdesigns kommen dabei nicht nur als Importe ins Land, sondern können auch von inländischen Unternehmen angeboten werden. Wettbewerb zwischen den Technologien ist also keine Frage der Offenheit eines Marktes gegenüber Importen. Die inländischen Unternehmen sind nur dann völlig geschützt, wenn z. B. staatliche Regulierung die Anwendung eines ausländischen Designs ausschließt – wie das in der Rüstungsindustrie oder der Telekommunikationsindustrie der Fall war. Aber selbst in den Industrien, wo dies bisher der Fall war oder in denen der Staat als einziger Nutzer auftritt und somit eine gewisse Abschottung von ausländischen Unternehmen gegeben ist, vollzieht sich die Globalisierung. Selbst die Rüstungsindustrie ist heute geprägt von internationalen Unternehmenszusammenschlüssen und Allianzen, die dazu führen, dass Technologien international konkurrieren und sich global dominante Designs herausbilden. Obwohl in der Vergangenheit einige staatliche Regulierungsbehörden aus offensichtlich industriepolitischen Motiven nur Lizenzen für die einheimischen Mobilfunksysteme vergeben haben, werden diese Praktiken heute im Rahmen internationaler Handelsabkommen nicht mehr toleriert.

Wir gehen noch einen Schritt weiter, um die Bedeutung von Lead-Märkten für Unternehmen hervorzuheben, die nur auf ihrem Heimatmarkt vertreten sind. Wenn eine Innovation in einem Land scheitert, kann das daran liegen, dass dieses Land ein Lag-Markt ist. Lag-Märkte folgen Lead-Märkten bei der Entscheidung ob eine Innovation angenommen wird oder nicht. Dabei ist es nicht nur relevant, welches Innovationsdesign der Lead-Markt bevorzugt. Wenn es sich erweist, dass der Lead-Markt weiterhin auf ein etabliertes Produktdesign setzt, ist das ein Zeichen dafür, dass sich keine der verschiedenen Innovationsdesigns durchsetzen wird. In diesem Fall scheitert eine Innovation deshalb in allen Ländern, weil sie im Lead-Markt gescheitert ist.

Allerdings: Nicht jedes Unternehmen kann oder muss gleich auf das Lead-Markt-Muster des internationalen Wettbewerbs reagieren. Viele kleine Unternehmen überleben gerade in Produktnischen im Schatten global dominanter Design. In diesem Fall muss sich ein Unternehmen über diese Situation im Klaren sein, dass es eine reine Nischenstrategie gegenüber dem dominanten Design verfolgt. Es darf z. B. nicht darauf setzen, das globale Design in bestimmten Anwendungen verdrängen zu wollen. Es sollte auch nicht viel zu dem Zweck investieren, in den Lead-Markt zu exportieren. Diese Ziele wären unrealistisch.

Es eröffnen sich noch eine Reihe weiterer Handlungsoptionen für kleine Unternehmen, die Chancen aus Lead-Märkten zu nutzen und die Risiken, die sich aus ihnen ergeben, abzuwehren. Denn es sind teilweise wenig finanzielle Ressourcen notwendig, um Lead-Märkte zu identifizieren, die dortigen Marktbedingungen zu analysieren und für die eigene Produktenwicklung zu nutzen. Der Lead-Markt selbst muss dabei gar nicht notwendigerweise die Rolle als Primär- oder Exportmarkt übernehmen. Entscheidend ist, dass ein Unternehmen keine Innovationen entwickelt, die konträr zu den Bedingungen im Lead-Markt stehen. Es kann dann langfristig Erfolg versprechender sein, die eigene Innovationstätigkeit an die technologischen Entwicklungen im Lead-Markt anzupassen und ihr zu folgen statt den Präferenzen des Heimatmarktes. Häufig ist es möglich Lizenzen von Unternehmen im Lead-Markt für den Heimatmarkt zu erwerben oder sich Allianzen anzuschließen. Den vermeintlichen Wettbewerbsvorteil, spezielle Innovationsdesigns für den

Heimatmarkt anzubieten, gibt ein Unternehmen damit auf. Die Wettbewerbsvorteile beruhen dann allein auf Flexibilität und Service.

Teil I

Lead-Märkte erkennen

2 Was sind Lead-Märkte?

In diesem Kapitel wollen wir noch nicht weiter analysieren, sondern einfach nur anhand von zahlreichen Beispielen international erfolgreicher Innovationen die Bedeutung des Lead-Markt-Phänomens für die Technikgeschichte illustrieren. Ungeduldige Leser mögen das zweite Kapitel überspringen und gleich mit dem dritten beginnen oder nur diejenigen Beispiele lesen, für die sie sich interessieren. Wir wollen im ersten Abschnitt zunächst ausführlich die Ausgangssituation beschreiben, die dazu führt, dass Lead-Märkte auf die weltweite Nutzung von Technologien und Produkten einen derart starken Einfluss haben. Danach wird die Definition eines Lead-Marktes im Sinne eines Lead-Markt-Modells abgeleitet. In der darauf anschießenden Darstellung der Beispiele für Lead Märkte wird natürlich auch schon auf die Gründe eingegangen, die ein Land zu einem Lead-Markt machen. Allerdings geschieht dies zunächst etwas unsystematisch. Systematisch werden die spezifischen Gründe für die Lead-Markt-Rolle eines Landes dann im dritten Kapitel erörtert.

2.1 Die Ausgangssituation

Reist man durch die Welt, so wird man schnell auf Produkte und Dienstleistungen aufmerksam, die in jedem Land gleich sind. Zwar sind die „Geschmäcker" überall unterschiedlich und die Bedingungen von Land zu Land verschieden, z. B die Kosten für Güter und Arbeit. Es wird aber überall Coca-Cola getrunken, mit einem Nokia-Zellulartelefon telefoniert, am PC mit dem Betriebssystem Microsoft Windows gearbeitet, bei Amazon im Internet gesurft, es werden bei McDonald's Hamburger gegessen und Briefe werden mit Faxgeräten verschickt. In den Unternehmen wird mit den gleichen Maschinen produziert, die Autos fahren mit dem gleichen Verbrennungsmotor, bremsen mit dem gleichen Antiblockiersystem und bei einem Unfall schützt ein Airbag. Die Menschen fotografieren mit einer japanischen Digitalkamera und spielen an einer Sony Playstation, bezahlen mit einer Kreditkarte von Visa oder Mastercard und tragen die gleichen italienischen Anzüge. Obwohl man bei letzteren leider erhebliche Abstriche machen muss, kann doch leicht der Eindruck aufkommen, die vielfältigen Kulturen hätten sich weitestgehend in eine einheitliche Konsumentenwelt eingereiht.

Gewiss, international einheitlichen Konsumprodukte und Dienstleitungen sind ein Resultat der Globalisierung, des Zusammenwachsens der regionalen Märkte zu einem Weltmarkt und der Macht multinationaler Unternehmen. Aber sind es die

Marketinganstrengungen und die Finanzierungskraft multinationaler Unternehmen allein, die zu einem internationalen Markterfolg von Produkten und damit der Anpassung der Lebensgewohnheiten und Einschränkung der Produktvielfalt und kulturellen Eigenheiten führen? Kundenpräferenzen könnten sich über die Zeit auch mit der Ausbreitung internationaler Kommunikationsmedien, der Zuname des internationalen Reiseverkehrs und der steigenden Pro-Kopf-Einkommen angleichen wie es Theodor Levitt (1983) Anfang der 1980er Jahre vermutete. Oder ist es die technische Überlegenheit von Innovationen, die dazu führt, dass sie international am Markt ankommen? Was steckt hinter dem Erfolg globaler Innovationen? Alles, was bisher gesagt wurde, spielt sicher mehr oder weniger eine Rolle. Ein Erfolgsfaktor jedoch, der häufig übersehen wird und der in diesem Buch hervorgehoben werden soll, ist der Lead-Markt. Der Lead-Markt ist in der Regel ein Land, das eine Führungsrolle bei der Etablierung einer Innovation einnimmt. Was im Lead-Markt akzeptiert wird, hat eine hohe Wahrscheinlichkeit, auch international angenommen zu werden. Genauer gesagt: Der internationale Erfolg einer bestimmten Innovation kann unter anderem mit den Führungseigenschaften desjenigen Landes erklärt werden, in dem diese Innovation zuerst erfolgreich war. In diesem Kapitel soll die Definition eines Lead-Marktes entwickelt werden und zu diesem Zweck zunächst eine Reihe von Beispielen vorgestellt werden. Im nächsten Kapitel werden dann die Führungseigenschaften von Lead-Märkten erklärt.

Als Erstes ist eine Beobachtung wichtig: International erfolgreiche Innovationen haben oft gar keinen „globalen“ Charakter, sie sind nicht kulturunspezifisch; man verbindet sie in der Regel mit einem Land, z. B. wenn ein Land eine besondere Vorliebe für diese Innovation zeigt. Diese Vorliebe verleiht Innovationen oft einen nationalen oder regionalen Charakter. Personalcomputer und das Internet werden von den meisten als typisch amerikanische Innovationen angesehen. Die meisten Hardware- und Softwarefirmen sind in der Tat amerikanische Firmen wie HP, Dell, IBM, Sun und Cisco, auch wenn die Herstellung in Fernost von Subunternehmen erfolgt. Faxgeräte sind demgegenüber japanisch. So gut wie alle Faxgeräte werden von japanischen Unternehmen produziert. Faxgeräte trugen Ende der 1980er Jahre zu dem erheblichen Außenhandelsüberschuss Japans bei. Der Markt für Infrastruktur und Telefone für den Mobilfunk wird von der schwedischen Firma Ericsson und dem finnischen Unternehmen Nokia dominiert. Die Deutschen sind bei Innovationen rund um das Automobil weltweit bekannt, wie etwa in Bezug auf ABS, Airbag und Direkteinspritzung. Mode ist italienisch, Fast Food amerikanisch und Videospiele kommen wiederum aus Japan. Der nationale Charakter von international erfolgreichen Innovationen kommt auch dadurch zum Ausdruck, dass sie bestimmten Vorlieben oder Eigenarten einzelner Länder besonders entgegenkommen. Personalcomputer kommen der Individualität der Amerikaner entgegen. Faxgeräte sind besonders praktisch, wenn man Bilder versenden will oder die Sprache piktografischer Natur ist, wie die Kanji-Zeichen der Japaner. Und Antiblockierbremsen bremsen vor allem beim regnerischen Wetter Deutschlands besser. Der Nutzen von Innovationen ist also von Land zu Land unterschiedlich. Damit hat man schon einen ersten Hinweis darauf, warum bestimmte Innovationen in einem Land früher genutzt werden als in anderen Ländern. Diejenigen Länder adoptieren eine Innovation zuerst, die den höchsten Nutzen davon haben – oder besser gesagt, das beste Kosten-Nutzen-Verhältnis.

Vorlieben führen auch dazu, dass man in jedem Land Technologien auf höchstem und auf niedrigem Stand nebeneinander entdeckt. Die Amerikaner mögen die leistungsstärksten Computer bevorzugen, in anderen Bereichen, z. B. in der Gebäude- und Haustechnik, wird jedoch eher eine veraltete Technik verwendet. Auch in den Hochtechnologieländern Deutschland und Japan ist nicht alles auf dem neuesten Stand der Technik; vor allem im Dienstleistungsbereich liegen die meisten Unternehmen gegenüber den USA im Rückstand.

In der Tat reflektiert der Handel zwischen den Ländern eine internationale Arbeitsteilung, in der sich jedes Land auf bestimmte Güter spezialisiert hat. Die übliche Erklärung dieser nationalen Handelsvorteile bei innovativen Produkten ist jedoch nicht die nationale Vorliebe, sondern ein technischer Vorsprung, abgesichert durch Patente und Markenschutzrechte. Daraus wird dann abgeleitet, dass es für ein Land das Wichtigste sei, den wissenschaftlich-technischen Fortschritt so schnell wie möglich voranzutreiben, um im internationalen Wettbewerb einen Vorsprung zu erzielen. Dieses Argument wird dabei unabhängig von nationalen Vorlieben verwendet, d. h., ein Land könnte grundsätzlich in jeder Industrie Wettbewerbsfähigkeit durch Forschungsanstrengungen erlangen.

Gegen diese *Technology-Gap*-These sprechen drei Argumente. Erstens finden die Entdeckung und die erste Anwendung von neuem technischem Wissen in Form von neuen Produkten und Produktionsverfahren oft gar nicht am selben Ort statt. Der erste vom Computermuseum in Boston anerkannte Personalcomputer ist der im Jahr 1973 von dem Vietnamesen André Thi Truong und seiner französischen Computerfirma R2E entwickelte *Micral*, der auf dem Intel-8008-Mikroprozessor basierte. Das erste amerikanische Pendant, der *Altair*, kam zwei Jahre später auf den Markt oder besser gesagt, in die Bastlerecke, denn er musste vom Nutzer vorher zusammengebaut werden. In der Pionierzeit der Computer Anfang der 1970er Jahre hatte auch der britische Erfinder Sinclair einen billigen PC für den Hausgebrauch entwickelt und angeboten. Allerdings fanden nur amerikanische Modelle Anklang und dominierten schnell auch den internationalen Markt. Schließlich setzte der IBM-kompatible PC zusammen mit einem Betriebssystem von Microsoft einen Standard, der bis heute besteht. Faxgeräte und der zellulare Mobilfunk wurden bei den Bell Laboratorien in den USA entwickelt. Beides setzte sich allerdings am heimischen Markt zunächst nicht durch; das Faxgerät scheiterte jahrzehntelang immer wieder im Markt. Für den Mobilfunk standen aufgrund der Konkurrenz zum terrestrischen Fernsehen in den USA bis in die 1990er Jahre nur wenige Frequenzen zur Verfügung. Erst als ausländischen Unternehmen an ihren jeweiligen Heimatmärkten der Durchbruch gelang, kam der Markt auch in den USA in Schwung. Allerdings war es dann bereits für die amerikanischen Unternehmen zu spät, die Marktführerschaft zu übernehmen. Die ausländischen Unternehmen hatten sich bereits beim technischen Wissen des Pioniers bedient und dieses für Eigenentwicklungen für den heimischen Markt genutzt. Der Marktvorsprung dieser ausländischen Unternehmen, im Falle des Faxgeräts die japanischen und im Falle des Mobilfunks die nordischen Unternehmen in Europa, wog letztlich höher als die technische Pionierleistung der Amerikaner. Im Lead-Markt erlangt ein Unternehmen eine nahe Fühlung zum Markt, in dem eine Innovation früh akzeptiert und angewendet wird, nimmt die Kundenpräferenzen war, die Hinweise vom Markt, was verbessert werden muss, sammelt Erfahrungen in der Produktion. Dies alles führte zu einem Wettbewerbsvorsprung, der zur internationalen Marktbeherrschung ausreicht, nachdem die Innovation sich auch international verbreitet.

Das zweite Argument gegen die These, dass technologische Vorsprünge für die Wettbewerbsfähigkeit von Ländern verantwortlich sind, ist die Abhängigkeit des Nutzens einer bestimmten Innovation von den Marktbedingungen in einem Land. Sind Markt und Umfeld von Land zu Land unterschiedlich, so ist es auch die jeweils beste Technik. Eine bestimme technische Ausprägung einer Innovation ist meist nicht in allen Ländern auch die beste Lösung. Optimal für ein Land ist in der Regel eine spezifisch auf die lokalen Marktbedingungen ausgerichtete technische Spezifikation. Für ein Land mag aufgrund der dortigen Topologie und Besiedlung eine Magnetschwebebahn das beste Transportmittel sein, für ein anderes die traditionelle Rad-Schienen-Kombination und für ein anderes wiederum das Flugzeug. Die Länder, für die das Flugzeug das beste Transportmittel ist, unterscheiden sich wiederum danach, welche technische Spezifikation eines Flugzeugs optimal ist. Aufgrund unterschiedlicher Fahrbedingungen, Nutzungskontexte, Regulierungsvorschriften und Preise für Benzin werden andere Automobildesigns in den USA präferiert als in Europa oder Japan (Altshuler u. a. 1984). Das Faxgerät ist nur dort das beste Kommunikationsmedium, wo die Sprache bildhaften Charakter hat wie in Japan oder China. Für einen Kulturkreis, der eine Schrift nutzt, die aus relativ wenigen Buchstaben besteht, wie die lateinische Schrift, hat ein Fernschreiber Vorteile. Denn einzelne Buchstaben lassen sich in codierter Form sicherer und schneller übertragen als in Form eines Bildelements, das aus einzelnen Bildpunkten zusammengesetzt wird (pro Seite müssen so tausende von Bildinformationen übertragen werden). Ein Vorsprung in einer bestimmten Technik bedeutet deshalb noch nicht, dass die daraus resultierenden Innovationen in anderen Ländern den dort bevorzugten Produkten überlegen sind.

Als drittes Argument kann man die Erfahrungen der soziologischen Technikforschung anführen (z. B. MacKenzie und Wajcman 1999). Diese Forschungsrichtung vertritt eine sozio-ökonomische Gegenposition zu dem „technischen Determinismus", der kurz nach dem Zweiten Weltkrieg das Bild des technischen Fortschritts dominierte. Als technischer Determinismus wird die Annahme bezeichnet, die technische Entwicklung werde unabhängig von der Kultur exogen vorgegeben. Diese Vorstellung vom technischen Fortschritt betrachtet die Technik als nicht aufhaltbare Abfolge von wissenschaftlichen Entdeckungen und technischen Durchbrüchen. Die Wissenschaft bringe neue Produkte und Verfahren hervor, gegen die sich die Gesellschaft zunächst wehre, die sie letztlich dann aber akzeptiere oder akzeptieren müsse. In den 1960er Jahren kam die These des nachfragegetriebenen technischen Fortschritts auf, des *demand pull*. Hier wurde argumentiert, dass die Gesellschaft keineswegs hinter der Technik hinterher hinke, sondern bestimmte Anforderungen an die Technik stelle. Die Unternehmen versuchen dann mit Forschungs- und Entwicklungstätigkeit, diesen Marktanforderungen zu entsprechen.

Erkenntnisse aus der soziologischen Technikforschung, die die gesellschaftliche Nutzung von Technologie untersucht, verweisen auf die aktive Mitwirkung der Nutzer beim technischen Fortschritt. Die genutzte Technik wird nämlich der Gesellschaft selten aufgedrückt, sondern die Technik wird von der Gesellschaft geprägt.[3] Der Mobilfunk war z. B. in den 1980er Jahren von der Telekommunikationsindustrie gar nicht für den Massenmarkt vorgesehen, sondern nur für ein kleines Segment von Nutzern. Entsprechend wurde auch die Mobilfunktechnik für einen kleinen Nutzerkreis ausgelegt.[4] Erst der Druck vom Markt hat dazu geführt, dass neue Technologien entwickelt wurden, die eine Breite Nutzung von Mobiltelefonen ermöglichten. Technikproduzenten und Techniknutzer kommunizieren im Markt auf verschiedenen Wegen miteinander und im Verlaufe dieses Prozesses werden Technikmöglichkeiten und Nutzeranforderungen miteinander mehr und mehr in Einklang gebracht – wenn auch nicht immer völlig. Die Entscheidung, welche neuen Produkte in Zukunft verwendet werden, wie diese aussehen, welche Merkmale besonders wichtig sind usw., wird in der Regel von der Gesellschaft getroffen, entweder am Markt oder schon zuvor bei der Entwicklung der entsprechenden Innovationen.

Wiederum soll der Personalcomputer als Beispiel dienen. Der PC ist erst in den 1970er Jahren durch die Entwicklung der Mikroprozessoren und vieler anderer technischer Erfindungen ermöglicht worden, die durch die Entdeckung und Erklärung der Halbleiterphysik begleitet wurde. Aber der Personalcomputer ist nicht nur die Folge einer Kette technischer Revolutionen. Ceruzzi (1999) argumentiert, dass der Personalcomputer eine Forderung der Gesellschaft war und nicht der technisch und ökonomisch optimalen Weiterentwicklung der Computertechnik entsprach. Bis in die 1970er Jahre hinein wurden Computer mit Reinräumen und Ingenieuren in weißen Kitteln assoziiert. Computer waren zentrale Großrechner, die sich die Beschäftigten in Firmen oder die Wissenschaftler in Instituten und Universitäten teilten und auf die sie über Terminals Zugriff hatten. Personalcomputer entstanden nicht aus der Weiterentwicklung von Computern bei den Computerherstellern, sondern aus einer „Grassroot"-Bewegung von unten. Hobbybastler nutzten die ersten Mikroprozessoren, die für Taschenrechner entwickelt wurden, um damit ihren eigenen Rechner zusammenzubauen. Ingenieure in den Firmen schafften sich die ersten Personalcomputer an, oft an der zentralen EDV-Abteilung vorbei, um endlich unabhängig vom Timesharing-Verfahren der Großrechner zu sein (Freiberger, Swain 1984). Erst der überraschende Markterfolg der ersten Hobby-PCs bewog Computerhersteller wie IBM, selbst PCs zu entwickeln. Hier hat also ein kulturell basierter Individualismus die Richtung des technischen Fortschritts zumindest beeinflusst. Wenn nun aber die Kultur von Land zu Land unterschiedlich ist, z. B. der Grad an Individualismus, wie das von Hofstede (1980) empirisch gezeigt wurde, dann ist die Richtung, die die Technikentwicklung nimmt,

---

3 Extreme Vertreter dieser Ansicht werden als „soziale Konstruktivisten" bezeichnet. Es wird hier sogar argumentiert, dass selbst der rein wissenschaftliche Fortschritt, d. h. ohne technische Anwendung, von der Kultur und dem sozialen System geprägt wird, siehe z. B. Barnes u. a. (1996), Latour (1987), Bijker u. a. (1987).

4 Für eine detaillierte Darstellung der Entwicklung des Mobilfunks siehe Beise (2001).

auch von Land zu Land verschieden, ohne dass das rein technisch oder durch die Landesbedingungen zu erklären wäre.

Der Innovationserfolg ist also zunächst durch den Nutzen einer Innovation für die lokalen Kunden zu erklären und damit regional begrenzt. Der internationale Erfolg von Innovationen als auch der Erfolg von Unternehmen basiert dann nicht (allein) auf der technischen Pionierrolle von Ländern. Erst der lokale Markterfolg in einem Land ist die entscheidende Grundlage für den internationalen Erfolg.

Die Analyse der Diffusion international erfolgreicher Innovationen zeigt in der Tat, dass global erfolgreiche Innovationen in der Regel nicht weltweit gleichzeitig akzeptiert wurden, selbst wenn sie gleichzeitig in allen Märkten eingeführt wurden. Der globale Erfolg von Innovationen breitet sich von einem oder wenigen Ländern aus, in denen die Innovation unter allen Alternativen das beste Kosten-Nutzen Verhältnis hat. Es gibt Länder, in denen der Marktdurchbruch einer Innovation zuerst erfolgt. Der typische Verlauf der internationalen Diffusion von weltweit erfolgreichen Innovationen stellt sich in der Regel wie in Abbildung 3 dar. Die Diffusion einer Innovation wird in dieser Abbildung als Anteil der Nutzer an allen potenziellen Nutzern jeweils eines Landes über die Zeit hinweg dargestellt. Sie abstrahiert von der Größe eines Landes und offenbart die Intensität oder die Marktdurchdringung der Nutzung einer Innovation in einem Land. Die Diffusionsverläufe der einzelnen Länder sind nach rechts verschoben. Weil wir uns hier vor allem um wirklich international erfolgreiche Innovation kümmern wollen, wird in der Darstellung idealisiert eine Sättigungsgrenze von 100 % für alle Länder erreicht (zu Abweichungen siehe unten).

Die entscheidende Frage ist nun, warum die anderen Länder dem Lead-Markt folgen, d. h. die gleiche Innovation übernehmen wie der Lead-Markt. Die unterschiedlichen Zeitpunkte der Übernahme müssen dabei aus länderspezifischen Faktoren erklärt werden, wenn sie nicht völlig zufällig sind. Der *Lag* zwischen den Ländern, d. h. die Zeit, die vergeht, bis die anderen Länder die gleiche Innovation adoptieren, ist in der Vergangenheit mit einer unterschiedlichen „Innovativität“ der Nachfrage in den Ländern interpretiert worden. Als Innovativität der Nachfrage kann der Grad der Bereitschaft von potenziellen Nutzern bezeichnet werden, Innovationen unabhängig von den kommunizierten Erfahrungen anderer Nutzer auszuprobieren (Midgley, Dowling 1978). Die Konsumenten oder Nutzer in dem Lead-Markt werden in diesem Sinne als „innovationsfreudiger“ (Albach u. a. 1989) oder „technikbegeisterter“ dargestellt, während sie in anderen Ländern als zurückhaltender – im ökonomischen Terminus „risikoavers“ – oder gar als „technikfeindlich“ gelten. Diese Argumentation scheint deshalb so schlüssig, weil der zeitlich verspätete Erfolg der Innovation in den anderen Ländern – und die letztlich genauso intensive Nutzung wie im führenden Markt – ja gerade demonstrieren würde, dass die Innovation in den anderen Ländern den gleichen Nutzen oder das gleiche Kosten-Nutzen-Verhältnis offeriert wie im führenden Markt.

Aber diese Erklärung der Lead-Markt-Funktion mit der Innovationsfreudigkeit von Ländern ist nicht haltbar. Vor allem sind es – abhängig von den betrachteten Produkten – immer andere Länder, die bei bestimmten Innovationen führen oder hinterher hinken. Ein Land ist nicht generell spät oder führend in der Anwendung von Innovationen. Einmal ist die USA führend, ein anderes Mal ein europäisches

Abb. 3: Internationale Diffusion einer Innovation

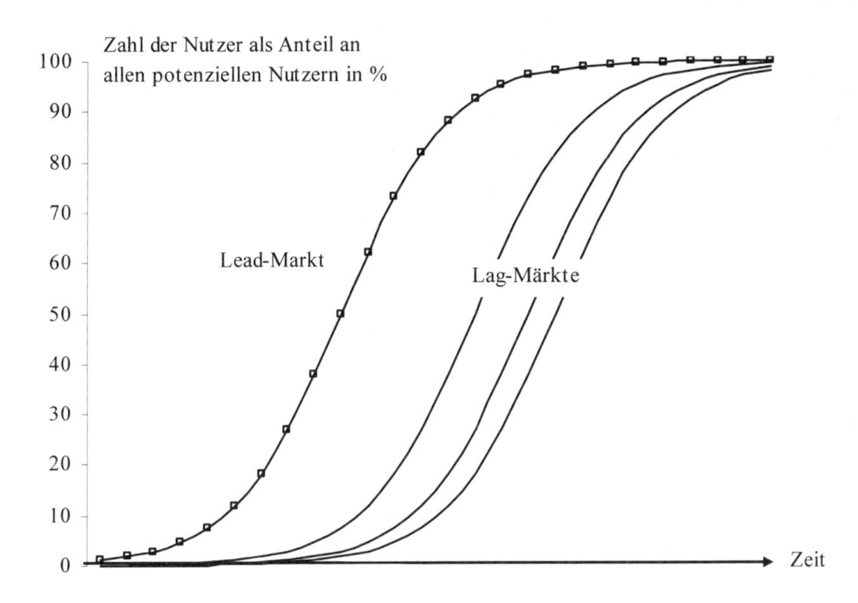

Land oder Japan. Zumindest zwischen den industrialisierten Ländern findet man wenige Hinweise darauf, dass ein Land grundsätzlich risikobereiter oder stärker dem Risiko abgeneigt ist. Denn die Führungsrolle eines Landes ist produktspezifisch, was eigentlich nicht mit einem kulturell bedingten Innovationsverhalten zu erklären ist. Wenn man z. B. sagt, dass die Amerikaner eben innovationsfreudiger bei Computern seien, bei Mobiltelefonen aber nicht, hat man im Grunde nichts wirklich erklärt. Zwar kann eine begünstigende Wirkung einer generell höheren Aufgeschlossenheit der Nachfrage nach Innovationen in einzelnen Ländern nicht ausgeschlossen werden; relevant als Erklärung für das produktspezifische Lead-Markt-Muster der globalen Diffusion von Innovationen ist sie indes nicht.

Wiederum spricht die Beobachtung gegen das Argument der unterschiedlichen Innovationsfreudigkeit von Ländern, dass unterschiedliche Länder zunächst unterschiedliche Innovationsdesigns bevorzugen. Oft greift ein Land nur deshalb eine globale Innovation erst später auf, weil es vorher eine andere Innovation favorisiert hat, die die gleiche Funktion erfüllt, aber eine unterschiedliche technische Spezifikation aufweist. Der Marktflop des Faxgerätes in Europa und den USA war nämlich nicht mit einer geringeren Bereitschaft der potenziellen Nutzer, Innovationen aufzugreifen und zu testen, verbunden, sondern mit den Nachteilen des Faxgerätes im westlichen Kulturkreis. Letztlich hat das Faxgerät nach dem Marktdurchbruch in Japan allerdings auch in der westlichen Welt das Rad zu seinen Gunsten gedreht und das Telex verdrängt. Diese Beobachtung wird letztlich zu unserem Ausgangpunkt für das Lead-Markt-Modell. Die zeitliche Verzögerung bei der Nutzung einer bestimmten Innovation wird nicht mit unterschiedlichen

Graden der Innovationsfreudigkeit interpretiert, sondern ist das Ergebnis des Wettbewerbs zwischen den regional favorisierten Innovationen um die globale Dominanz einer Innovation. Denn durch die unterschiedlichen Marktbedingungen präferieren Länder zunächst ja unterschiedliche technische Ausprägungen einer Innovationsidee, die man als Innovationsdesigns bezeichnen kann. Der Begriff des Innovationsdesigns bezeichnet eine ganz konkrete technische Umsetzung einer Funktion oder eines Funktionsbündels (siehe den Kasten am Ende des Abschnitts zum Begriff des Innovationsdesigns). Produkte eines Innovationsdesigns zeichnen sich aus durch einen technischen Standard oder eine gemeinsame Produktwahrnehmung. Innovationsdesigns können aber auf unterschiedlichen Ebenen definiert werden. Der Begriff wird daher hier sehr flexibel verwendet. Das Faxgerät und das Telex sind unterschiedliche Designs der elektronischen Übertragung von Text; zellulare Mobiltelefone, Satellitentelefone und Pager sind unterschiedliche Designs der Mobiltelefonie.

Lokale Unternehmen passen bei ihrer Produktentwicklung die technischen Spezifikationen einer Innovation an die lokalen Verhältnisse optimal an. Somit etablieren sich von Land zu Land unterschiedliche Innovationsdesigns. Auf der anderen Seite ist die Beobachtung von „globalen“ Industrien, in denen offensichtlich nur global standardisierte Produkte vorkommen, oft allein nur den hohen Kosten der Produktentwicklung geschuldet, die eigene Modelle für die einzelnen regionalen Bedingungen verbieten. Der zivile Flugzeugbau z. B. wird als globale Industrie bezeichnet. Aber nicht deshalb, weil die regionalen Märkte alle homogen sind, sondern weil die Entwicklungskosten so hoch sind, dass nur weltweit standardisierte Flugzeuge erwickelt werden können. Dass regionale Unterschiede bestehen, wird anhand der Geschichte neuer Flugzeugmodelle klar. Amerikanische und britische Düsenflugzeuge unterschieden sich am Anfang dadurch, dass die Triebwerke bei den britischen Modellen in den Flügeln eingebaut wurden, während die amerikanischen Hersteller die Triebwerke an die Flügel anhängten. Beide Designs waren technisch anspruchsvoll und qualitativ hochwertig. Der Grund für das unterschiedliche Design bestand darin, dass in den USA die Arbeitskosten höher waren und das dortige Design die Reparatur- und Wartungszeiten verringerte. In Großbritannien dagegen waren die Lohnkosten geringer, die Flugbenzinpreise damit aber relativ (im Vergleich zu den Lohnkosten) höher. Deshalb hatte das britische Design eine bessere Aerodynamik, um den Verbrauch zu reduzieren (Cateora, Graham 2002, S. 382). Wie bereits in der Einleitung angemerkt, spiegelte ja auch der erste europäische Airbus die besondere Situation in Europa wider. Ein besonders hohes Verkehrsaufkommen zwischen den Hauptstädten rief die Entwicklung eines großen Kurzstreckenflugzeuges auf den Plan. In der Tat erwies sich dieses innovative Design als eine Marktlücke, die die amerikanische Flugzeugindustrie bisher übersehen hatte, weil es dafür in den USA keinen Bedarf gab. Für die Pharmaindustrie kann bei oberflächlicher Betrachtung auch eine internationale Homogenität des Weltmarktes erwartet werden. Bei näherem Hinsehen jedoch erkennt man Unterschiede in den Marktbedingungen, die zu unterschiedlichen Übernahmemustern führen können. National unterschiedliche Arzneimittelordnungen, unterschiedliche Gesundheitssysteme und Rahmenbedingungen für die Zusammenarbeit zwischen Pharmafirmen und Krankenhäusern in der klinischen

Forschung führen zu unterschiedlichen Zeitpunkten der Zulassung und damit der Diffusionsverläufe (Reger u. a. 1999). Hinzu kommen Unterschiede in den Präferenzen. Während sich in Deutschland pflanzliche Arzneimittel einer besonderen Beliebtheit erfreuen, setzt der US-amerikanische Markt voll auf pharmakologische Präparate. In China wiederum ist der Glaube an die traditionelle chinesische Medizin auch auf die MTV-Generation übergegangen.

Es gibt noch eine Vielzahl anderer Gründe für ein unterschiedliches Nutzungsmuster bei Innovationen. In Ländern mit einem hohen Pro-Kopf-Einkommen können sich mehr potenzielle Nutzer ein neues Produkt leisten als in Ländern mit geringerem Einkommen. In den 1950er Jahren wurden in den USA viele Innovationen im Haushalt, von der elektrischen Waschmaschine über Klimaanlage bis zur Mikrowelle, vom Massenmarkt angenommen, einfach weil sich die amerikanischen Haushalte schon damals diese technischen Hilfen leisten konnten. Ein anderer wichtiger Einflussfaktor ist der Preis. In Ländern, in denen eine Innovation besonders billig ist im Vergleich zum jeweiligen Preis in anderen Ländern, ist die Nachfrage nach dieser Innovation entsprechend höher. In der Tat ist der frühe Erfolg des Mobilfunks in den nordischen Ländern mit den schon geringeren Preisen für Gespräche und Mobiltelefone zu erklären. In allen anderen Ländern wurden die Preise so hoch gesetzt, dass sich nur eine kleine Minderheit, vor allem Geschäftsleute, Mobiltelefone leisten konnten. Politische Anreize zur Nutzung können ebenfalls dazu führen, dass bestimmte Innovationen in einem Land genutzt werden, z. B. Subventionen, die den Preis künstlich niedrig halten. In Frankreich

Abb. 4: Diffusion von Internet im Vergleich zum Minitel 1983-2000

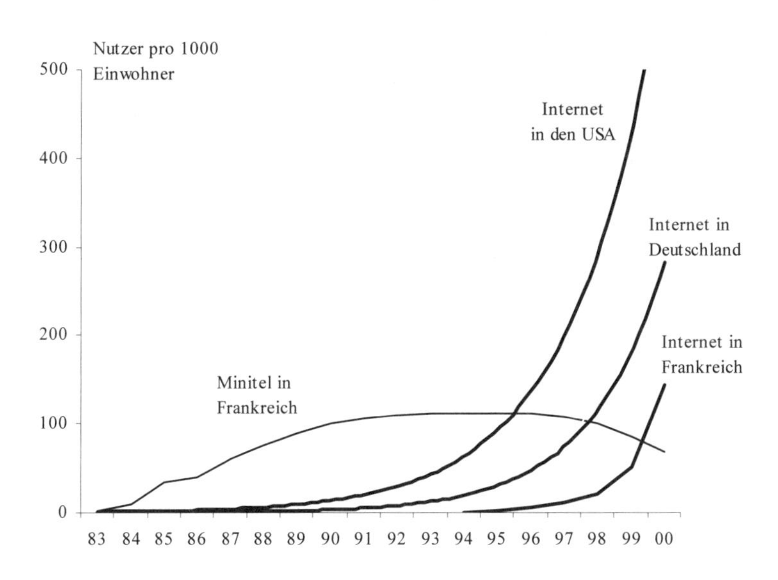

Minitel: Anzahl Terminals ohne Internetzugang

Quelle: Eigene Schätzungen auf Basis verschiedener Quellen

wurde Anfang der 1980er Jahre das dortige BTX-System, ein Telefon-Online-System über Bildschirm, das dort Minitel genannt wurde, so stark subventioniert, dass nach einigen Jahren über 60 % aller Haushalte mit einem BTX-Terminal ausgestattet waren.

Länder nehmen oft das weltweit erfolgreiche Innovationsdesigns erst sehr spät an, weil der Wechsel vom bevorzugten Design zum weltweit sich durchsetzenden Design verzögert wird, da er mit Kosten verbunden ist, den so genannten *switching costs* also Kosten, die mit den nötigen Umbauten und dem Umlernen der Nutzer verbunden sind. Investitionen in das heimische System gehen verloren. So wurde der Online-Service Minitel in Frankreich letztlich erst spät durch das Internet in Frankreich verdrängt (Abb. 4). Der einmalige Erfolg des Minitel hat zum Ergebnis, dass Frankreich bis heute bei der Nutzung des Internets anderen Länder hinterher hinkt. Die Wettbewerbsposition von Ländern hängt also nicht nur von der Aufnahmebereitschaft der lokalen Nachfrage für Innovationen generell ab, sondern entscheidend von der frühen Nutzung *weltmarktfähiger* Innovationen, die sich auch international durchsetzen können.

2.2 Das Lead-Markt-Modell

Um den Erfolg von Innovationen zu verstehen, muss der internationale Wettbewerb zwischen Innovationsdesigns betrachtet werden. Abb. 5 stellt das um konkurrierende Innovationsdesigns erweiterte Muster der internationalen Diffusion von Innovationen dar. Zunächst präferieren und adoptieren zwei Länder unterschiedliche Innovationsdesigns mit der gleichen oder ähnlichen Funktion. Ein Land, das hier als Lead-Markt bezeichnet wird, favorisiert Design B, das andere Design A. Umgekehrt ist das jeweils andere Design in beiden Ländern zunächst nur wenig erfolgreich. Nach einer Weile setzt sich aber das Innovationsdesign B international durch und wird also vom anderen Land angenommen. Dieses Land kann als Lag-Markt bezeichnet werden. Der Lag-Markt wechselt von seiner frühen Präferenz über zum anderen Design, das damit in beiden Ländern dominiert. Schaut man sich nur das international erfolgreiche Innovationsdesign B an, wird das Muster der nach rechts verschobenen Diffusionskurven einer weltweit erfolgreichen Innovation rekonstruiert (Abb. 3). Um zu demonstrieren, dass unterschiedliche Innovativität der Nachfrage keine Rolle spielt, nutzt der Lag-Markt in diesem Beispiel sein favorisiertes Innovationsdesign sogar zeitlich etwas vor dem Lead-Markt.

Dieses Muster demonstriert ein prinzipielles Modell der internationalen Diffusion. Zwar zeichnen sich nicht alle erfolgreichen Innovationen zwangsläufig durch den Wettbewerb physisch vorhandener konkurrierender Innovationsdesigns aus. Es reicht für das Modell, wenn Länder am Anfang prinzipiell unterschiedliche Innovationsdesigns favorisieren. Das Modell kann zudem weiter verallgemeinert werden, indem wir ein etabliertes Produkt, das bisher die Funktion der Innovation eingenommen hat, zu der Gruppe der miteinander konkurrierenden Innovationsdesigns hinzuzählen. Denn eine Innovation muss sich nicht nur gegen konkurrieren-

Abb. 5: Internationales Diffusionsmuster konkurrierender Innovationsdesigns

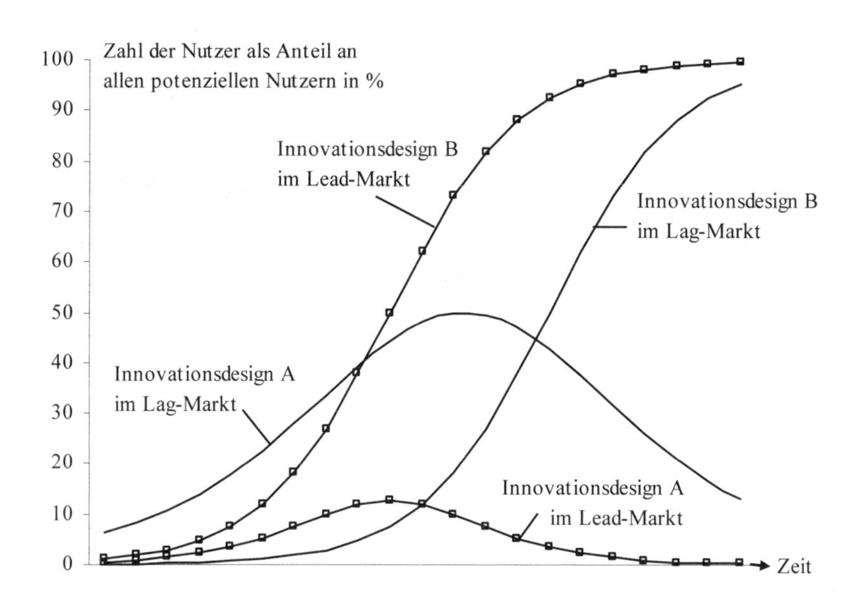

de Innovationsdesigns behaupten, sondern auch gegen ein etabliertes Produkt, das es ablösen will. So konkurrieren Digitalkameras gegen traditionelle Filmkameras. In diesem Sinne entspricht die (zeitweise) Ablehnung einer (später globalen) Innovation in einem Land der Präferenz für das etablierte Produkt, z. B. der Filmkamera. Die Ablehnung einer Innovation (= etabliertes Produkt wird bevorzugt) kann also mit der Bevorzugung eines konkurrierenden Innovationsdesigns gleichgesetzt werden, auch weil wir davon ausgehen, dass die Länder grundsätzlich bereit sind Innovationen auszuprobieren. In beiden Fällen wird die Innovation, die später global angenommen wird, zunächst gegenüber Alternativen abgelehnt. Dass in einem Land bisher eine globale Innovation noch nicht angenommen wurde, heißt ja gerade, dass ein genügender zusätzlicher Nutzen der Innovation (oder ein günstiges Kosten-Nutzen-Verhältnis) gegenüber dem Status quo zunächst nur im Lead-Markt gegeben ist.

Es ist das Prinzip dieses hier vertretenen Ansatzes, dass Innovationen, die sich zuerst begrenzt nationaler Beliebtheit erfreuen, sich in anderen Ländern gegen dortige lokale Bedingungen durchsetzen müssen, und zwar entweder gegen alternative Innovationsdesigns oder gegen die bisher genutzten Produkte oder Produktionsverfahren, die dort deshalb bevorzugt wurden, weil sie den lokalen Bedingungen besser entsprechen als die Innovation.

Bei der Erklärung des Lead-Lag-Musters der internationalen Diffusion von Innovationen muss also grundsätzlich erklärt werden, warum sich ein Innovationsdesign, das von einem bestimmten Land präferiert wird und sich deshalb dort zuerst durchsetzt, anschließend international durchsetzt. Es ist also gar nicht mehr so relevant, warum ein Land ein bestimmtes Innovationsdesign favorisiert. Das hatten wir ja mit den spezifischen Marktbedingungen in diesem Land erklärt, die dazu führen, dass dieses Innovationsdesign in diesem Land ein besonders hohes Kosten-Nutzen-Verhältnis aufweist. Diese Erklärung ist aber in der Regel nicht relevant für die Erklärung, warum andere Länder von einem Innovationsdesign zum anderen überwechseln oder eine Innovation aufgreifen, die sie zuvor abgelehnt haben. Da letztlich international erfolgreiche Innovationsdesigns vorher z. T. schon in anderen Ländern angeboten und von diesen Märkten zunächst nicht angenommen wurden, wie im Fall des Faxgeräts, heißt das, dass erst durch den lokalen Marktdurchbruch auch die Grundlage für den internationalen Erfolg geschaffen worden sein muss. Ein Modell des Lead-Marktes rückt deshalb die Charakteristiken eines Lead-Marktes als Grund nicht für den lokalen, sondern vor allem für den *weltweiten* Markterfolg einer Innovation ins Blickfeld.

Das führende Land ist weder der Hort der technischen Erfindung oder die Quelle technischen Wissens noch der Markt, der als erster irgendein Innovationsdesign einer technischen Idee gebraucht. Der Lead-Markt ist ein Markt, *vom dem aus* die Initialzündung für den weltweiten Erfolg eines bestimmten Innovationsdesigns ausgeht, das sich als internationaler Standard durchsetzt. Lead-Märkte sind so gesehen regionale Brutstätten globaler Innovationsdesigns. Denn diese Märkte formen letztlich aus dem neuen technischen Konzept ein weltmarktfähiges Innovationsdesign. Der Lead-Markt präferiert dabei zunächst ein Innovationsdesign, das zwar den Bedingungen im Inland am besten entspricht, aber anschließend auch in anderen Ländern akzeptiert wird.

Beim Lead-Markt gehen wir also davon aus, dass ihm zuerst ein national dominantes Innovationsdesign entspringt und anschließend ein international dominantes Design. Es kommt zuerst zu einer Reduktion der Designvielfalt innerhalb von Ländern und anschließend zwischen den Ländern. Für eine vorausgehende nationale Standardisierung gibt es drei theoretische Argumente. Erstens sind die Kunden innerhalb von Ländern aufgrund gemeinsamer Kultur, staatlicher Ordnung und Regulierung, Traditionen und meist auch Umweltbedingungen homogener als zwischen den Ländern. Zweitens wirken Standardisierungskräfte stärker innerhalb von Ländern als zwischen Ländern, weil der Austausch und die Kommunikation zwischen den Nutzern innerhalb von Ländern viel intensiver sind. Drittens ist es meist weniger aufwendig, unterschiedliche länderspezifische Standards durch Schnittstellen an den Ländergrenzen miteinander zu verbinden, als die Standards international zu vereinheitlichen. So können unterschiedliche Telefon- oder Eisenbahnnetze zweier Ländern an Auslands-Relaisstellen überbrückt werden, so dass ein Austausch zwischen zwei Ländern mit unterschiedlichen Standards möglich ist.

Zusammenfassend ergibt sich die hier verwendete Definition von Lead-Märkten[5]:

---

[5] Der Begriff des Lead-Marktes wird in der Literatur unterschiedlich verwendet, z. T. nachfrageseitig z. T. technologieseitig. Der hier verwendete Begriff geht auf die Arbeiten von Bartlett und Ghoshal (1990) am MIT zurück. Auch Porter (1986) und Johannsson und Roehl (1994) beschreiben die Funktion von „leading markets“ von der

Lead-Märkte sind regionale Märkte – in der Regel Länder –, die ein bestimmtes Innovationsdesign früher als andere Länder nutzen und über spezifische Eigenschaften (Lead-Markt-Faktoren) verfügen, die die Wahrscheinlichkeit erhöhen, dass in anderen Ländern das gleiche Innovationsdesign ebenfalls breit angenommen wird.

Im Gegensatz zu Lead-Märkten stehen die nachfolgenden Märkte, so genannte Lag-Märkte. Lag-Märkte sind alle anderen Länder, die erst später das Innovationsdesign, das im Lead-Markt genutzt wurde, aufgreifen und anwenden. Unter den Begriff Lag-Märkte fallen Ländermärkte, die zunächst an einem etablierten Produkt festhalten und erst nach einiger Zeit die Innovation aufgreifen. Es fallen auch Märkte darunter, in denen zu einem frühen Zeitpunkt Innovationsdesigns präferiert und angewendet werden, die aber in Zukunft in anderen Ländern nicht akzeptiert werden. Diese Länder können wir als idiosynkratisch innovative Länder, innovative Einzelgänger oder als Außenseitermärkte charakterisieren. Sie greifen Innovationen auf, ohne dass andere Länder ihnen folgen würden. Außenseitermärkte wechseln häufig erst nach längerer Zeit zum Lead-Markt-Design über – werden also zu Lag-Märkten – oder sie bleiben ganz bei ihrem eigenen Innovationsdesign. So haben einige amerikanische Mobilfunkbetreiber in den 1990er Jahren zunächst ein eigenes digitales Mobilfunksystem aufgebaut, aber fast zehn Jahre danach damit angefangen, dieses System gegen das europäische zellulare Mobilfunksystem GSM auszutauschen. Japan dagegen bleibt meist seinen eigenen Systemen treu, selbst wenn sie nur in Japan erfolgreich sind und von keinem anderen Land eingeführt werden. Außenseitermärkte sind für multinationale Unternehmen meist nur dann interessant, wenn sie groß genug sind, wie die USA oder Japan, und damit auch als isolierte Märkte profitabel sein können. Von ihnen gehen aber keine Impulse für die weltweite Wettbewerbsfähigkeit der Unternehmen aus. Verhängnisvoll ist es in der Regel, wenn ein Unternehmen in einem Außenseitermarkt beheimatet ist. Denn der lokale Markt ist in der Regel so wichtig für ein Unternehmen, dass es den dortigen Signalen der Entwicklung und dem Design von Innovation folgen muss. Durch die Außenseiterrolle wird es aber dadurch auf einen Innovationspfad geführt, der international eine Sackgasse darstellt. Es hat zwar in diesem Markt zunächst Erfolg. Aber erstens kann es die Innovationen nicht exportieren. Und zweitens ist die Gefahr groß, dass die eigenen Innovationen selbst im Heimatmarkt von den Lead-Markt-Innovationen verdrängt werden.

Mit unserer Definition eines Lead-Marktes können wir nun auch umgekehrt formulieren, dass der Misserfolg einer Innovation damit erklärt werden kann, dass sie im Lead-Markt des jeweiligen Produktbereichs nicht erfolgreich war. Es liegt also nicht immer an technischen Gründen, sondern auch daran, dass der Weltmarkt einem regionalen Markt folgt, und in diesem Markt die Innovation aus verschiedenen Gründen, die vielleicht auch vorherzusehen waren, nicht ankommt. In den 1970er Jahren haben japanische Unternehmen auf LCD-Anzeigen bei Uhren

Nachfrageseite her. In der Studie von Gerybadze u. a. (1997) werden Lead-Märkte als Standort von FuE-Aktivitäten multinationaler Unternehmen hervorgehoben. Eine theoretische Fundierung fehlte allerdings bisher.

gesetzt. Diese Anzeigen haben sich aber bei Armbanduhren nicht durchgesetzt. Aus dem Lead-Markt-Modell kann man nun die Begründung ableiten, dass Japan bei Uhren keine Lead-Markt-Rolle spielt. Hier wird auch deutlich, dass der Lead-Markt eigentlich für Produktkategorien definiert ist und nicht für eine bestimmte Technologie. Zwar gibt es kulturelle Gründe dafür, dass LCD-Displays in Japan bevorzugt werden, nämlich u. a. wiederum zur Darstellung von Schriftzeichen. Die Frage, welcher Markt der Lead-Markt für LCD-Anzeigen ist, ist aber eigentlich nicht die richtige Frage. Vielmehr sollte man fragen, was der jeweilige Lead-Markt für die Produkte ist, die LCD-Anzeigen verwenden könnten, also Computer, Fernsehgeräte, Taschenrechner und Armbanduhren. Anschließend kann man überlegen, ob diese Märkte das LCD-Display favorisieren oder andere Anzeigen. Japan ist z. B. der Lead-Markt für Taschenrechner und Fernsehgeräte, und hier setzten oder setzen sich LCD-Anzeigen in der Tat weltweit durch.

Um zu erklären, warum sich trotz nationaler Unterschiede bestimmte Innovationsdesigns international durchsetzen und weltweit angenommen werden, können mehrere Faktoren („Lead-Markt-Faktoren") herangezogen werden. Diese landesspezifischen Faktoren werden im nächsten Kapitel erläutert. Sie bewirken, dass entweder die nationalen Unterschiede mit der Zeit geringer oder durch Vorteile eines international gleichen Innovationsdesigns aufgewogen werden.

Dieses Aufwiegen von internationalen Unterschieden geschieht allerdings nicht immer völlig. Es kommt häufig vor, dass das Durchdringungsniveau in der Sättigung im Lead-Markt nicht von allen nachfolgenden Ländern erreicht wird (Abb. 6). Das heißt, dem Lead-Markt wird gefolgt, aber nicht in dem gleichen Ausmaß.

Abb. 6: Diffusionsmuster mit unterschiedlichen Sättigungsgrenzen

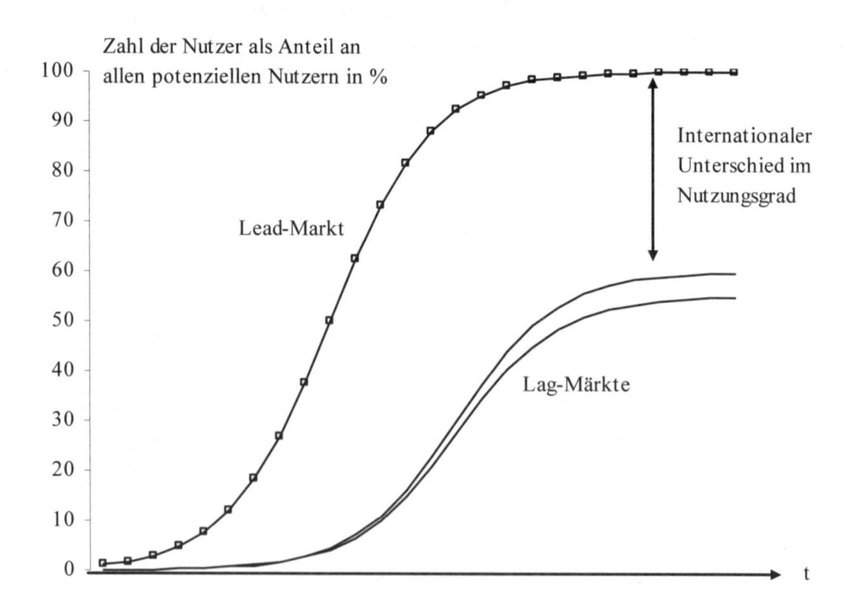

Der Lead-Markt weicht also insgesamt oder in bestimmten Marktsegmenten dauerhaft von allen anderen Märkten ab. Je kleiner der Unterschied zwischen der Sättigung im Lead-Markt und der Sättigung in den anderen Märkten, desto mehr gelingt es dem Lead-Markt, die internationalen Marktunterschiede (Präferenzen, Budgets, Faktorkosten usw.) zu kompensieren. Ob man nun von einem internationalen Erfolg des Innovationsdesigns aus dem Lead-Markt sprechen kann, hängt davon ab, wie groß letztlich der Auslandsmarkt im Vergleich zum Inlandsmarkt ist und ob das Innovationsdesign aus dem Lead-Markt die in anderen Ländern favorisierten Designs verdrängt.

Bevor die einzelnen landesspezifischen Faktoren beschrieben werden, die dafür verantwortlich sein können, dass ein Land ein Lead-Markt wird, sollen zunächst historische Beispiele international erfolgreicher Produkte die Bedeutung des Lead-Markt-Phänomens demonstrieren. Abb. 7 vermittelt einen Eindruck über die regionale Verbreitung einiger bisher von uns identifizierter Lead-Märkte. Die Abbildung illustriert, dass Lead-Märkte zwar besonders häufig in den USA, Japan und Europa liegen, aber nicht ausschließlich. Fast in jeder Region, auch in Entwicklungsländern, lassen sich heute Lead-Märkte für bestimmte Produkte, Dienstleistungen oder Herstellungsprozesse ausmachen. Nach dem Zweiten Weltkrieg bis etwa Anfang der 1970er Jahre waren die USA der dominierende Lead-Markt. In diesem Zeitraum wurden fast alle neuen Technologien in den USA zuerst eingeführt, bevor sie – in gleicher Bauart – in anderen Ländern breit angewendet wurden: Halbleiterbauelemente, Computer, Atomreaktoren, Mikrowellenherde usw. Das lag vor allem an den weit höheren Pro-Kopf-Einkommen in den USA im Vergleich zu allen anderen Ländern. In den 1970er Jahren hatten die europäischen Länder und in den 1980er Jahren Japan dann soweit beim Pro-Kopf-Einkommen an die USA aufgeschlossen, dass dieser eindeutige Kaufkraftvorsprung der Amerikaner neutralisiert wurde. Nun konkurrieren vor allem die Länder der Triade um die Rolle des Lead-Marktes bei neuen Produkten und Dienstleistungen. Allerdings sind auch die aufstrebenden Schwellenländer in Asien schon lange dazu fähig, führende Marktbedingungen für neue Produkte und Prozesse zu bieten. Der Hafen von Singapur z. B. ist nicht nur der größte, sondern auch der modernste Hafen der Welt. Die Agrotechnik trifft in Israel auf führende Marktbedingungen. Thailand ist führender Markt für neue Shampoos. Er fungiert als Testmarkt neuer Produkte von großen Körperpflegeunternehmen (Kilburn 1997). Deutschland ist vor allem bei neuer Elektronik für Automobile der führende Markt, allerdings nicht für neue Autotypen selbst. Die Anforderungen an neue Autos in Deutschland führen zu vielen Innovationen, die sich anschließend auch in anderen Ländern vermarkten lassen. Neuartige Autotypen werden demgegenüber vor allem in den USA entdeckt, die traditionell der führende Markt für das Auto sind. Der Massenmarkt für Sport-Utility-Vehicles, also große, geländegängige Fahrzeuge, wurde ebenfalls in den USA entdeckt. Und die Idee des New Beetle von Volkswagen wurde nicht in Wolfsburg, sondern im speziellen Umfeld Kaliforniens geboren. Deutschland ist aber auch der führende Markt für pflanzliche Arzneimittel und eine Reihe von Umweltgütern.

Eine weitere Frage, wie lange nämlich ein Land ein Lead-Markt für ein Produkt oder eine Produktgruppe ist, wird hier ebenfalls schon angedeutet. In der Regel bleibt ein Land über mehrere Generationen eines Produktbereiches hinweg Lead-Markt. Die USA z. B. sind der Lead-Markt für Computer, vom Großrechner bis zum Internetserver. Allerdings kann die Lead-Markt-Rolle auch wechseln. Der Südosten der USA war auch lange aufgrund von Prohibition und heißem Klima der Lead-Markt für Softdrinks (Economist 1999, S. 81). Diese Rolle hat ihm Japan über die Zeit hinweg abgenommen. In Japan wird alljährlich eine Großzahl an neuen Getränkekreationen von Chrysanthementee bis kalter Kaffee in Dosen auf dem Markt getestet (Markides 1997). Unter all diesen neuen Mischungen wird hin und wieder ein Geschmack identifiziert, der weltweit Anklang findet. So, wie der universelle Appeal des Cola-Geschmack aus einer Vielzahl von Geschmacksrichtungen Ende des 19. Jahrhunderts in den USA entdeckt wurde, wurde in Japan die neue Getränkekategorie taurinhaltiger Energiedrinks entdeckt. Im Folgenden werden weitere Beispiele für Lead-Märkte detailliert beschrieben.

Zum Begriff des dominanten Innovationsdesigns

Der Begriff des Innovationsdesigns ist wichtig für das Verständnis von Lead-Märkten. Der Wettbewerbsvorsprung eines Unternehmens entsteht in der Regel nicht durch einen Wissensvorsprung bei einer Innovation allgemein, sondern aus einem Erfahrungsvorsprung in Produktion (learning-by doing) und Anwendung (learning-by-using) eines ganz bestimmten Innovationsdesigns, das sich international durchgesetzt hat.
Der Begriff des Innovationsdesigns wurde von Utterback und Abernathy (1975) eingeführt und anschließend verfeinert (Anderson, Tushman 1990). Ein Innovationsdesign ist die technische Spezifikation einer Innovationsidee. Bei der Untersuchung der Entstehung neuer Industrien finden Utterback und Abernathy ein typisches Muster: Zunächst werden verschiedenen technische Spezifikationen einer Innovation auf dem Markt ausprobiert. Nach einem Ausleseprozess im Markt setzt sich ein Design schließlich durch, das in Massenfertigung produziert wird. Dieses Design nennen Utterback und Abernathy „dominantes Design". Das Konzept des dominanten Designs wurde bei vielen neuen Technologien beobachtet (Utterback 1994). So hat sich in der Automobilindustrie der Verbrennungsmotor durchgesetzt, nachdem eine Zeit lang verschiedene Antriebsysteme miteinander konkurrierten. Schreibmaschinen haben alle die gleiche Tastaturanordnung, und im Mobilfunk setzte sich der europäische Standard des zellularen Funksystems gegenüber Satellitentelefonen und anderen Systemen durch. Hier soll der Designbegriff noch weiter ausgedehnt werden, z. B. auf Rezepturen bei Nahrungsmitteln oder Softdrinks, eine bestimmte Software, ein Produktionsverfahren oder eine bestimmte Dienstleistung, wie etwa Auszahlungen über Geldautomaten, Kreditkarten oder Franchising. Auch kann eine bestimmte Technologie als dominantes Design bezeichnet werden, z. B. digitaler vs. analoger Mobilfunk. Selbst ein bestimmter Entwicklungspfad einer Technik, eine Trajektorie (Lundvall 1982), kann dominant werden. So basierte dic organische Chemie in Deutschland bis in die 1960er Jahre hinein auf der Kohle, während die USA wegen ihrer großen Ölindustrie die organische Chemie auf der Basis der Petrolchemie entwickelten (Ruttan 1997). Auch in der Windenergie oder der Atomenergie haben einige Länder zunächst verschiedene Entwicklungspfade von Generatorgeneration zu Generatorgeneration eingeschlagen, bevor ein Entwicklungspfad dominant geworden ist.
Ein Innovationsdesign, das sich in allen Ländern durchgesetzt hat, kann als global dominantes Design bezeichnet werden. Trotz dieser Vielfalt national präferierter Designs setzt sich häufig nach einiger Zeit ein Design, eine Technologie oder Trajektorie international durch. Die angeführten Beispiele zeigen, dass das dominante Design, die Technologie oder Trajektorie häufig in einem Land zuerst präferiert wurde und sich erst anschließend international durchgesetzt hat.

Abb. 7: Die Welt der Lead-Märkte

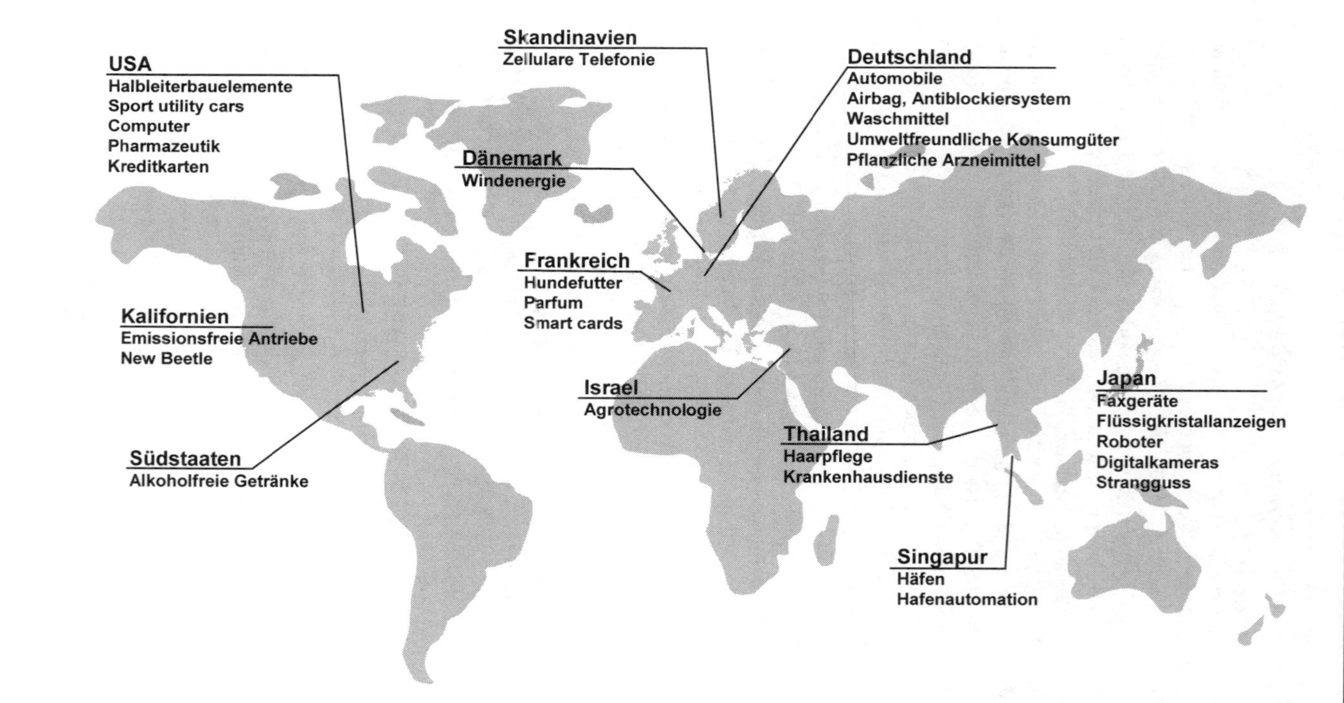

2.3 Beispiele

Für viele international erfolgreiche Innovationen lässt sich das beschriebene Lead-Markt-Muster identifizieren. In diesem Abschnitt wird eine Reihe von Beispielen für Lead-Märkte vorgestellt. Als Erstes werden die schon zitierten Innovationen Faxgerät, Mobilkommunikation und Antiblockierbremse unter die Lupe genommen. Es folgt eine Reihe von Beispielen international erfolgreicher Produkte und Prozesse, zum Teil historischer aber auch aktueller Natur wie die Digitalkamera und der Fernseher mit Flachbildschirm. Die Beispiele sollen mehrere Charakteristiken von Lead-Märkten verdeutlichen. Erstens soll belegt werden, dass die Diffusion international erfolgreicher Innovationen in den relevanten Ländern zu unterschiedlichen Zeitpunkten erfolgte. Zweitens soll erläutet werden, dass und warum ein Land eine Innovation oder ein Innovationsdesign als erstes genutzt hat und andere Länder entweder das etablierte Produkt oder ein konkurrierendes Innovationsdesign favorisiert haben. Drittens soll gezeigt werden, dass es keinen technologischen Vorsprung des führenden Landes (bei der Nutzung eines später international erfolgreichen Innovationsdesigns) gab. Aus der Darstellung gehen hier und da auch Gründe hervor, warum sich eine Innovation international durchgesetzt hat. Alle Gründe werden im nächsten Kapitel in ein System der Lead-Markt-Faktoren integriert.

2.3.1 Das Faxgerät

Das Faxgerät oder genauer Faksimiliergerät tastet ein Bild Punkt für Punkt ab und überträgt entsprechende elektrische Signale über eine normale Telefonleitung an einen Empfänger, der das Bild wiederum Punkt für Punkt rekonstruiert. Beim Marktdurchbruch des Faxgeräts im Verlauf der 1980er und 90er Jahre ist das Lead-Markt-Muster der internationalen Diffusion deutlich zu erkennen (Abb. 8). Über die gesamte Zeit hinweg blieb Japan immer das Land mit den höchsten Durchdringungsraten weltweit. Seit Mitte der 1980er Jahre wuchs das Faxgerät von einem Nischenprodukt zu einem Massenmedium der Text- und Bildübertragung heran, zuerst in Japan und mit einigen Jahren Verzögerung auch in den USA und Europa. Es hat dabei seinen Weg von der reinen Bildübertragung über die Bürokommunikation in die Privathaushalte gefunden und ist heute in vielen Ländern ein Standard.

Es wird schnell klar, dass ein technologischer Vorsprung Japans das Diffusionsmuster nicht erklärt. Denn das technische Wissen über die Faksimilier-Technik war in den 1980er Jahren in den USA, Japan und Deutschland gleich weit verbreitet (Peterson 1995). Die Geschichte der Faksimilier- oder Bildtelegrafietechnik geht dabei weit in das 19. Jahrhundert zurück. Die ersten Bildtelegraphen scannten das Bild durch den Kontakt zwischen einer Metallspitze und einer mit leitfähiger Tinte beschriebenen Platte ab. Der Einsatz blieb aber aufgrund ihrer Unhandlichkeit auf Regierungsstellen beschränkt. Mit der Entdeckung der Photozelle durch Arthur Korn in den ersten Jahren des 20. Jahrhunderts wurde das Abscannen eines Bildes mit Licht ermöglicht, das bis heute die übliche Technik ist. Die ersten Ge-

Abb. 8: Internationale Diffusion des Faxgeräts 1981-2000

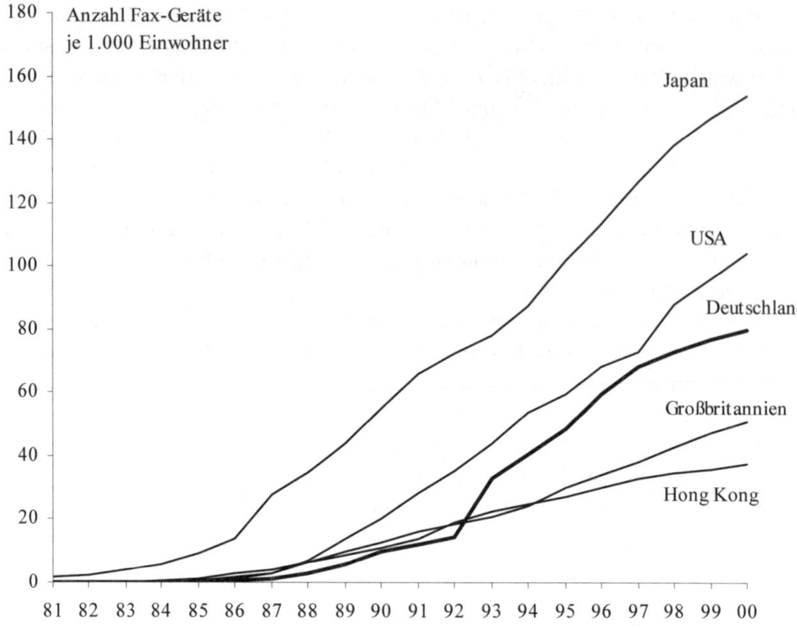

Quelle: ITU, eigene Berechnungen.

räte wurden wenige Jahre danach vorgestellt. Kommerzielle Modelle wurden dann in den 1920er Jahren von amerikanischen Firmen wie den Bell Laboratorien und europäischen Unternehmen vertrieben – allen voran Siemens in Deutschland, die ein Prinzip von Prof. August Karolus von der Universität Leipzig verwendete (Abb. 9). Nach und nach boten eine große Anzahl von etablierten, aber auch neu gegründeten Firmen, Faxgeräte am Markt an.

Mit der Erfindung der elektrischen Übertragung eines Bildes boomte die Bildberichterstattung der Zeitungen, die nun Nachrichtenbilder aus aller Welt abdrucken konnten. Die Bildübertragung von Reportern an Zeitungen blieb das wichtigste Anwendungsgebiet für viele Jahre. Versuche, den Markt für Faxgeräte zu erweitern, blieben fruchtlos. So scheiterte 1930 die Idee eines Zeitungsversandes an Abonnenten durch Faksimiliergeräte (Coopersmith 1993). In den 1950er Jahren kündigte sich an, dass die große Zeit des Bildjournalismus durch das Fernsehen abgelöst werden würde. Siemens stieg deshalb aus der Technik aus und überließ dem Erfinder des Hellschreibers, einem Vorläufer des Faxgeräts, Rudolf Hell, Weiterentwicklung und Vermarktung von Bildübertragungsgeräten innerhalb des Zeitungsmarktes. Siemens setzte dagegen auf den Fernschreiber oder Telex (teletypewriter exchange), für den sich ein größerer Markt im Bürobereich erwarten lies. Denn seit den 1930er Jahren wurden parallel zum Telefonnetz auch Daten-

Abb. 9: Einrichtungen für die Bildtelegrafie von Siemens-Karolus-Telefunken (1927)

Quelle: SiemensForum, München.

übertragungsnetze für die Übertragung von Schreibmaschinenschrift in codierter Form aufgebaut.

Noch in den 1960er Jahren war das Faxgerät nur in einigen Nischenmärkten etabliert. Im Laufe der Zeit wurde zwar die Technik verbessert, unter anderem von Rudolf Hell, dessen Firma 1971 von Siemens übernommen wurde, allerdings ohne die grundsätzlichen Mängel zu beheben. Als Siemens in den 1970er Jahren die Markteinführung der weiterentwickelten Faxtechnologie als Bürokommunikationsgerät plante, waren die Aussichten hinsichtlich einer erfolgreichen Produkteinführung in Europa gering.

Trotz der erheblichen Fortschritte in der Elektronik stellten sich Faxgeräte noch immer als reichlich unhandliche Geräte heraus. Texte und Bilder wurden in schlechter Qualität übertragen, kleine Schrift oder Zahlen waren gar unleserlich. Es wurde auf einem Papier minderer Qualität und unter Verbreitung eines unangenehmen Geruches gedruckt. Die Übertragung einer A4-Seite dauerte bis 1976 noch sechs Minuten, danach immer noch drei Minuten. Durch die Telefonkosten waren die Geräte teuer im Unterhalt. Obwohl schon 1968 die Faxübertragung in-

Abb. 10: Der vollelektronische „Fernschreiber 1000" in der Endmontage in Berlin (1978)

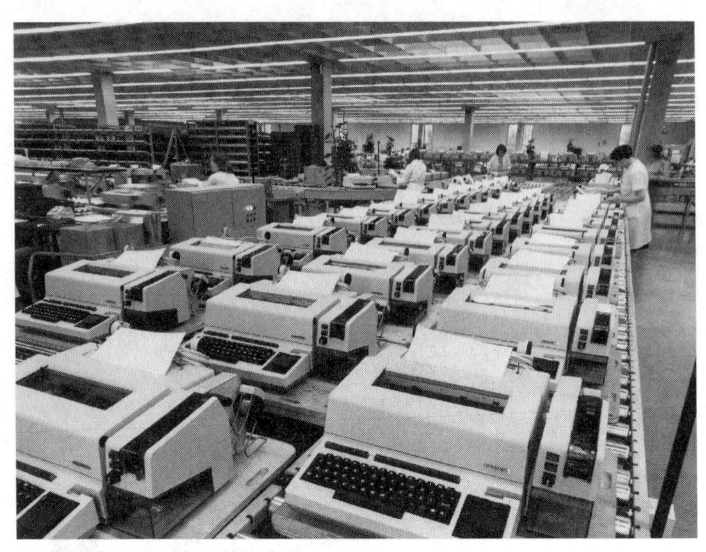

Quelle: SiemensForum, München.

ternational standardisiert wurde und firmeneigene Faxgeräte direkt an das Telefonnetz angeschlossen werden durften, blieb der Durchbruch aus. Das Fax war auch deshalb erfolglos, weil die Fernschreiber- oder Telex-Technologie im Vergleich zur Bildpunkt-Übertragung des Fax weit überlegen erschien. Die meisten Schrifttypen – im Gegensatz zu Bildern – lassen sich leicht codieren und dadurch äußerst schnell auf elektronischem Weg übertragen. Entsprechende Telexnetze wurden bereits weltweit aufgebaut und die Übertragung erwies sich selbst in Entwicklungsländern als äußerst sicher. Fernschreiber erfreuten sich deshalb schon einer weiten Verbreitung im Bürobereich.

Die geringe europäische Nachfrage nach Faxgeräten bzw. die Präferenz der westlichen Welt für den Fernschreiber veranlasste Siemens dazu, der Weiterentwicklung der Telextechnologie vor der Faksimiliertechnik den Vorzug zu geben. So entwickelte Siemens Ende der 1970er Jahre einen modernen, mit 8 integrierten Schaltkreisen und Pufferspeicher ausgestatteten vollelektronischen Fernschreiber mit kompakten Ausmaßen (Abb. 10). Alle führenden europäischen und amerikanischen Hersteller von Telekommunikation zogen allein ihren Heimatmarkt als Indikator für den Erfolg einer weltweiten Einführung von Produkten heran. Den japanischen Markt hatte keiner auf seiner Rechnung. Im Gegensatz zum westlichen Kulturkreis favorisierte nämlich der japanische Markt das Faxgerät. Der bildhafte Charakter und die Vielzahl der Sprachzeichen machten das Faxgerät zu einem begehrten Hilfsmittel im Schriftverkehr. Japanische Schreibmaschinen oder Fernschreiber sind unhandliche Geräte, die nur von besonders ausgebildeten Fachkräften bedient werden können. So wurde fast der gesamte Schriftverkehr in Japan mit der Hand geschrieben. Mit einem Faxgerät jedoch kann jedermann per Hand geschriebene Schriften schnell an den Adressaten übertragen. Schon Anfang der 1970er Jahre waren in Japan schätzungsweise mehr Faxgeräte in Betrieb als in den USA (Scherer 1992). Die japanischen Unternehmen spürten natürlich das riesige Marktpotenzial und die klare Überlegenheit des Faxgerätes für die japanische Schrift und investierten viel in die Forschung und in die Entwicklung digitaler Signalübertragung – mehr als in den USA oder Europa. Durch die technischen Fortschritte wurde der Durchbruch am japanischen Markt Anfang der 1980er Jahre geschafft. Ein dynamischer Massenmarkt entstand, der durch die Kostenreduzierung in der Produktion unterstützt wurde und mit Hilfe staatlicher Regulierung die Schleusen öffnete. So wurden Unterschriften per Fax als rechtskräftig erklärt. Mitte der 1980er Jahre nutzten alle japanischen Großunternehmen Faxgeräte.

Durch den Massenmarkt in Japan erhöhte sich die Beliebtheit des Faxgerätes auch in anderen Ländern. Das Telex, das sich noch bis Mitte der 1980er Jahre einer wachsenden Verbreitung erfreute, sah sich der wachsenden Konkurrenz des Faxgerätes gegenüber, der es sich nicht gleichermaßen mit Produktverbesserungen und Preisreduzierungen erwehren konnte. Das Telex wurde plötzlich vom Faxgerät substituiert und sah einem rasanten Abgang zum Nischenprodukt entgegen. In Abb. 11 ist dieser Substitutionsprozess anhand der Nutzerzahlen von Telex und Faxgerät eindrucksvoll dokumentiert. Die Telextechnologie wurde fast vollständig vom Markt verdrängt. Ende der 1980er Jahre überstieg in Deutschland die Anzahl der Faxgeräte die der Telexgeräte, die anschließend rapide sank. Das Faxgerät etablierte sich auch in den anderen Ländern zum dominierenden Design der Textübertragung in der Telekommunikation.

Abb. 11: Verdrängung des Telex durch das Faxgerät 1970-1996

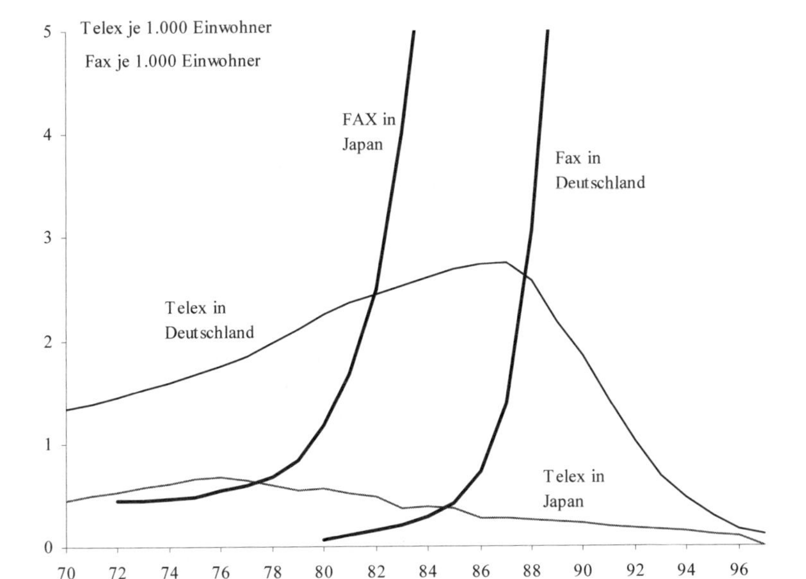

Quelle: ITU, Scherer (1992), Yoffie (1997), eigene Schätzungen.

Durch den Vorsprung des Heimatlandes bei der Anwendung dominierten japanische Firmen schnell den Weltmarkt für Faxgeräte mit über 90 % Marktanteil (Yoffie 1997, S. 33). Hersteller von Geräten der Telekommunikation, wie NEC, Ricoh und Sharp, wuchsen so zu weltweit bedeutenden Unternehmen. Faxgeräte machen den überwiegenden Anteil Japans im Export von Telekommunikationstechnik aus.

Die Anstrengungen der japanischen Unternehmen am heimischen Markt, das Faxgerät zu verbessern, führten auch zu einer technischen Überlegenheit japanischer Faxgeräte. Aber es war nicht die technische Weiterentwicklung, die den Marktdurchbruch in den USA und Europa brachte, sondern vor allem die erhebliche Kostensenkung durch die Massenfertigung in Japan. Entscheidend für den internationalen Erfolg war der stark gesunkene Preis eines Faxgerätes. Das Potenzial, Kosten durch die Massenfertigung zu reduzieren, war so groß, dass der Preis von Faxgeräten zwischen 1980 und 1992 auf ein 1/30 sank (Scherer 1992, S. 101, Coopersmith 1993, S. 48). Da das Telexgerät nicht den gleichen Erfolg in Europa und den USA hatte wie das Faxgerät in Japan und keinen Massenmarkt erreichte, wurde Fax relativ zu Telex sehr viel preiswerter. Dieser Preisvorteil und technische Verbesserungen führten tatsächlich zu der weltweiten Verbreitung von Faxgeräten. Abb. 12 verdeutlicht sehr anschaulich, wie preiswert das Faxgerät werden musste, um seine Qualitätsnachteile in der westlichen Welt über den Preis zu kompensieren und weltweit erfolgreich zu sein.

Das hohe Marktwachstum und die steigende Durchdringung im japanischen

Abb. 12: Preisverfall und Nutzung des Faxgeräts 1978-1992

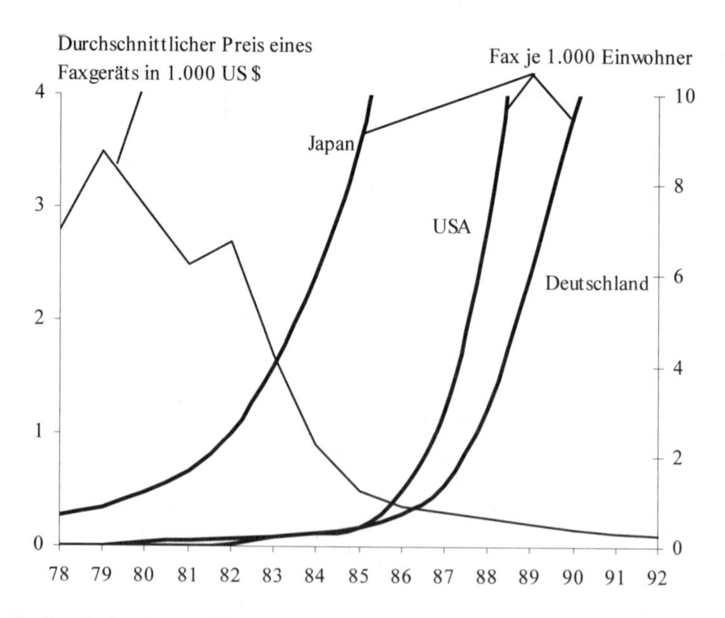

Quelle: Preise: Economides, Himmelberg (1995), Penetrationsraten: ITU, eigene Berechnungen.

Markt brachten den japanischen Unternehmen noch einen weiteren Wettbewerbsvorteil. Während die amerikanischen Hersteller von Faxgeräten noch auf große integrierte Geräte setzten, da der US-Markt noch auf die großen Firmen konzentriert war, fingen die japanischen Unternehmen verstärkt an, Tischgeräte für Kleinunternehmen und kleinere Büros zu entwickeln (Scherer 1992). Die hohen und steigenden Durchdringungsraten zeigen, dass neue Nutzergruppen im Markt als Nachfrager auftreten, deren besondere Anforderungen an Qualität, Größe und Preis als Erstes von den japanischen Unternehmen erkannt und erfüllt wurden. Diese Geräte waren nach einer Weile wiederum so ausgereift und preiswert, dass auch in den westlichen Ländern die gleichen Kundenpotenziale erschlossen werden konnten.

Interessanterweise erwies sich der Fernschreiber, der durch das Faxgerät abgelöst wurde, in einer anderen Anwendung als zukunftsweisend. Denn die Telexnetze entwickelten sich zu Paketdatennetzen, auf denen letztlich das Internet und die Übertragung von E-Mails beruhen. So gesehen hatte Siemens Recht. Die Rolle des japanischen Marktes als Lead-Markt stand aber dieser rein technikbasierten Argumentation zwei Jahrzehnte lang entgegen.

2.3.2 Zellulare Mobilkommunikation[6]

In der Mobilkommunikation ist ein ähnliches Muster wie beim Faxgerät zu erkennen. Nur, dass dieses Mal europäische Länder an der Spitze der Marktdynamik stehen (Abb. 13). Das technische Konzept der zellularen Mobilkommunikation ist eine Radioverbindung eines mobilen Telefons über eine Antenne mit dem Festnetz innerhalb von wabenförmigen geografischen Räumen, die während eines Gesprächs verlassen und betreten werden können. Es wurde in den 1940er Jahren wiederum bei den Bell Laboratorien in den USA entwickelt. Es waren allerdings noch erhebliche technische Durchbrüche nötig, vor allem bei den integrierten Schaltungen, um dieses Konzept schließlich auch praktisch umzusetzen. In den 1970er Jahren wurden die ersten zellularen Systeme entwickelt. Führend waren wiederum amerikanische Firmen. So wurde bei Motorola schon 1973 an der Vision eines ersten echten „Handy“ gearbeitet (Abb. 14). Ende der 1970er Jahre gingen die ersten zellularen Mobilfunkdienste ans Netz, und zwar zuerst in Japan. Als dynamischste Märkte erwiesen sich allerdings die nordischen Länder in Europa. Hier wurde der Massenmarkt entdeckt, der sich in den 1990er Jahren mit der Einführung des digitalen Mobilfunks schließlich weltweit etablierte und eine neue bedeutende Industrie schuf.

Die nordischen Länder halten seit Einführung des zellularen Mobiltelefons fortan eine Führungsrolle bei der Marktdurchdringung. Inzwischen deutet sich dort an, dass in wenigen Jahren eine Sättigungsgrenze erreicht werden wird, die bei fast 100 % der Bevölkerung liegt. In den meisten anderen Industrieländern wie Deutschland, Frankreich oder den USA wurden die ersten Netze Mitte der 1980er Jahre installiert, aber mit geringen Teilnehmerzahlen. Es wurde nämlich allgemein erwartet, dass das Marktpotenzial vergleichsweise gering ist und die Netze dem-

---

6 Diese Fallstudie basiert im Wesentlichen auf Beise (2001).

Abb. 13: Diffusion zellularer Mobiltelefonie in ausgewählten Ländern 1980-2003

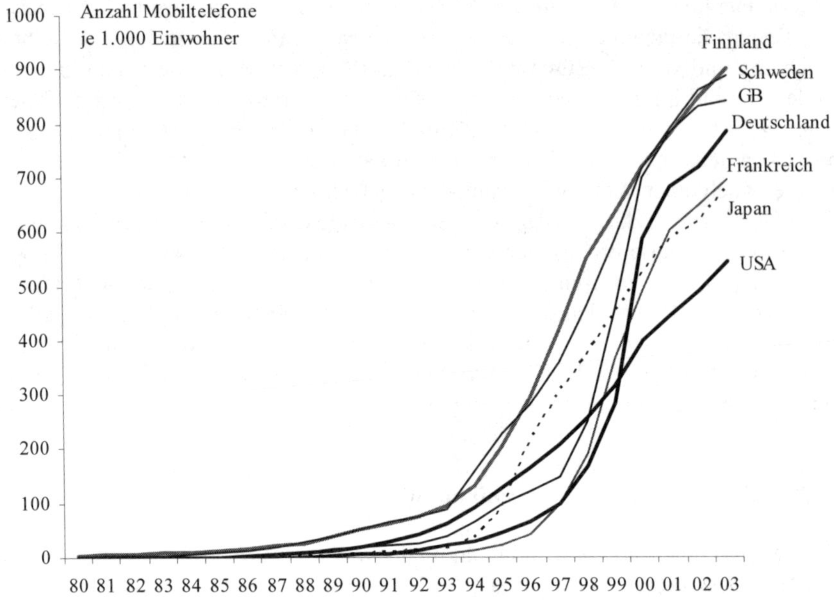

Quelle: ITU, eigene Berechungen.

entsprechend klein dimensioniert werden konnten. Da die Zahlungsbereitschaft der Zielgruppe der Geschäftsleute hoch ist, konnten die Preise auch entsprechend hoch angesetzt werden.

Die hohe Marktdynamik in den europäischen, insbesondere den nordischen Ländern, bewirkte verstärkte Anstrengungen der europäischen Telekommunikationsanbieter, den Mobilfunk weiterzuentwickeln. Hier bedienten sich die Europäer am technischen Wissensschatz der Amerikaner, der vor allem durch die hohen Anforderungen des militärischen Mobilfunks gespeist wurde. Denn von den technischen Grundkonzepten her beruhten die ersten analogen Mobilfunksysteme wesentlich auf dem von AT&T in den 1970er Jahren entwickelten AMPS-System. Beim digitalen Mobilfunk, der Anfang der 1990er Jahre eingeführt wurde, entwickelten die europäischen Telekommunikationsgesellschaften einen gemeinsamen Standard, das GSM. In den USA und in Japan wurden konkurrierende digitale Standards entwickelt und eingeführt. Im Ergebnis hat sich allerdings das gemeinsame europäische Mobilfunksystem als weltweiter Standard durchgesetzt. Viele Länder außerhalb Europas entschieden sich für das europäische System. Und nach fast einem Jahrzehnt wechselten sogar einige große Netzwerkbetreiber in Südamerika und den USA vom amerikanischen zum europäischen Standard über. Zudem gehören Unternehmen aus Finnland, Schweden und Dänemark zu den weltweit führenden Anbietern von Mobilfunktechnik und Mobiltelefonen, obwohl sie noch

Abb. 14: Martin Cooper von Motorola mit dem ersten Handy-Prototyp (1973)

Quelle: FCC

in den 1980er Jahren darauf nicht spezialisiert waren, sondern technisches Know-how aus dem Ausland einkaufen mussten.

Der zellulare Mobilfunk ist dabei keineswegs eine geradlinige Entwicklung des Mobilfunks. Er musste sich weltweit gegen andere konkurrierende Designs durchsetzen, die zunächst in anderen Ländern aufgrund unterschiedlicher Siedlungsstrukturen präferiert oder als *die* Zukunftstechnik angesehen wurden. So wurden die besonders in den dicht besiedelten Städten aus technischen Gründen bevorzugt eingesetzten Pager-Systeme – also Geräte, mit denen man mobil alphanumerische Zeichen empfangen kann – Mitte der 1990er Jahre vom zellularen Mobilfunk verdrängt (Abb. 15). Andere konkurrierende Systeme blieben auf einzelne Länder begrenzt – wie das Personal Handyphone System (PHS) in Japan[7] – oder erwiesen sich als gigantische Fehlinvestitionen wie die Satellitentelefonie (Grimes 2000). Satelliten wurden als besonders nützlich für die Abdeckung dünn besiedelter Gebiete gesehen, also Bedingungen, wie sie in den USA auftreten. Viele amerikanische Unternehmen setzten deshalb auf Satelliten als Kommunikationsknoten für Mobiltelefone und investierten mehrere Milliarden in verschiedene Satellitensysteme. Nach ein paar Jahren konnte der Mobilfunk mittlerweile auch dünner besiedelte Gebiete ökonomisch abdecken. Aufgrund der hohen Kosten und der Konkurrenz des zellularen Mobilfunks mussten fast alle Satellitenunternehmen Konkurs anmelden.

Über den Erfolg des zellularen Mobilfunks und hierbei vor allem des europäischen Systems ist viel spekuliert worden – so sprach man von der Technikbegeisterung der Finnen, von Mobiltelefonen in Blockhütten und gar vom Erfolgsbeispiel eines industriepolitischen Dirigismus. Eine genaue Analyse zeigt letztlich, dass eher rein ökonomische Grundmechanismen der Mobilkommunikation zum Durchbruch verhalfen. Denn in den nordischen Ländern wurden wie in keiner anderen Region die Voraussetzungen für die Entdeckung eines Massenmarktes gelegt. Der Mobilfunk hatte in Finnland und Schweden eine reiche Tradition. Schon die pre-zellularen Mobilfunksysteme[8] waren dort in den 1970er Jahren sehr er-

---

[7] Japan Inc, April 2001, „What's Wrong With PHS? Enough with i-mode, already. PHS – Japan's neglected mobile phone service – is in many ways better".

[8] Diese Netze sind die Vorgänger des zellularen Mobilfunks. Die Kommunikation war jeweils nur über eine zentrale Antenne innerhalb einer bestimmten Region möglich, ohne dass der Benutzer den Sprechbezirk während eines Gespräches verlassen konnte. In Deutschland betrieb die Post in den 1970er Jahren das so genannte B-Netz.

Abb. 15: Zellulare Mobiltelefonie verdrängt den Pager

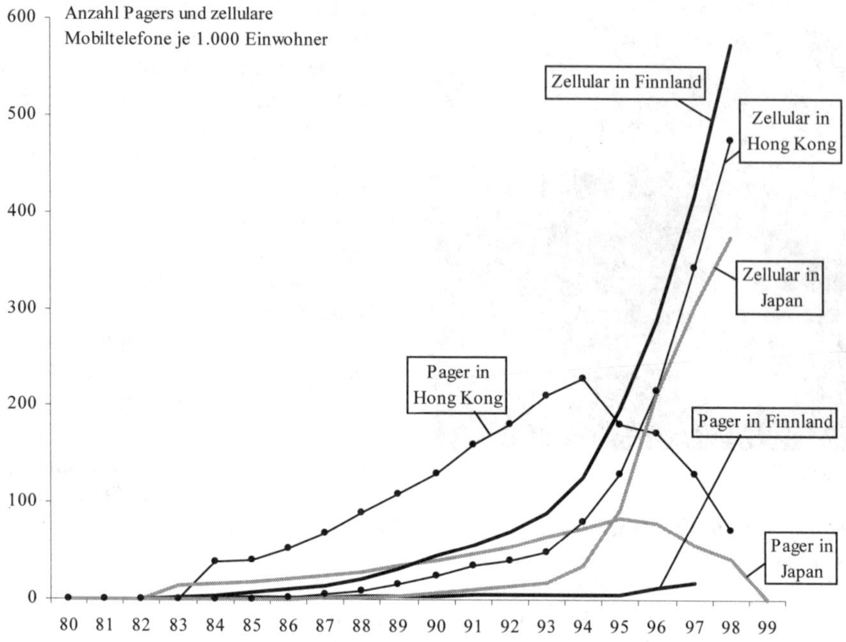

Quelle: ITU, eigene Berechnungen.

folgreich. Dort existierten damals die weltweit größten Netze, d. h. man wusste damals schon weit besser, dass ein viel größerer Teil der Bevölkerung Interesse an Mobilfunk zeigte.

Der GSM-Standard wurde von der Vereinigung der europäischen Telekomgesellschaften und einer deutsch-französischen Initiative gestartet. Allerdings setzte sich der allzu industriepolitisch motivierte deutsch-französische Vorschlag nicht durch. Stattdessen wurde der skandinavische Ansatz verfolgt, der eher aus ökonomischen Prinzipien wie z. B. einer effizienteren Frequenzbandnutzung abgeleitet wurde und dadurch eine größere Menge an Teilnehmerzahlen ermöglichte. Der Erfolg des europäischen Systems liegt damit in einer Entwicklungslinie mit dem schon früher erfolgreichen skandinavischen analogen Mobilfunksystem NMT. Europa hatte das Glück, von den Lead-Märkten in den nordischen Ländern zu profitieren und einen weltmarktfähigen Standard zu etablieren.

Zudem gab es in den nordischen Ländern von Anfang an einen Wettbewerb zwischen Telefondienstanbietern. Die Preise für Mobilfunk waren entsprechend niedrig und zogen eine große Gruppe von Teilnehmern an. Da in den anderen Ländern der Telefonmarkt Stück für Stück liberalisiert wurde, gingen auch dort die Preise in den Keller und machten den Mobilfunk für alle erschwinglich.

Zum anderen waren die nordischen Hersteller auf den Weltmarkt orientiert, was von den nationalen Post- und Telekommunikationsbehörden sogar gefordert wurde, um die Preise für die Infrastrukturtechnik niedrig zu halten. Im Gegensatz dazu verlangten amerikanische, deutsche und japanische Telekomdienstleister eigene technische Lösungen, die den nationalen Eigenheiten und Normen entsprachen. Hinzu kam die günstige Mittellage Europas was die Siedlungsstruktur betrifft. Die zellulare Mobilkommunikation hat sich letztlich an alle Besiedlungsdichten anpassen können, große Skaleneffekte produziert und damit die Kosten und das Risiko der Nutzung in anderen, vor allem auch Entwicklungsländern, gesenkt. Von der Übernahme des europäischen Standards profitierten vor allem europäische Telekomausrüster, allen voran Ericsson aus Schweden und Nokia aus Finnland.

2.3.3 Antiblockierbremse für Pkws

Die Antiblockierbremse ist eine der vielen erfolgreichen Innovationen, die ihren Ausgangspunkt in Deutschland hatte. In den 1960er Jahren wurde das heute weit verbreitete Antiblockiersystem (ABS) von deutschen Unternehmen entwickelt und zur Serienreife geführt. Es setzte sich im Laufe der Zeit zum Standard bei elektrischen Blockierverhinderern in Straßenfahrzeugen durch.

Abruptes Bremsen eines Fahrzeuges führt normalerweise zum Blockieren der Räder. Das Blockieren senkt zwar den Bremsweg, das Fahrzeug kann dann aber nicht mehr gelenkt werden und damit keine Hindernisse umfahren. Blockieren kann auch zum Ausbrechen des Fahrzeugs und so zu schweren Unfällen führen. Dieses Problem tritt besonders bei nasser und eisglatter Fahrbahn auf. Da dies ein grundsätzliches Problem aller Straßenfahrzeuge ist, arbeiteten quasi seit Beginn des Automobils die Entwickler der Automobilunternehmen in vielen Ländern an entsprechenden Blockierverhinderern.[9] In den 1930er Jahren wurden bei Flugzeugen, Schienenfahrzeugen und Personenkraftwagen die ersten Blockierregler eingesetzt. Nach dem Zweiten Weltkrieg wurden Blockierverhinderer von US-amerikanischen und britischen Unternehmen vor allem für Flugzeuge und Rennwagen entwickelt. Einen technischen Vorsprung der deutschen Unternehmen gab es also zunächst nicht. Da in Deutschland das Problem des Blockierens durch die hiesigen Wetterverhältnisse und die hohe Fahrgeschwindigkeit besonders stark wahrgenommen wurde, erwarteten die heimischen Hersteller eine unfangreiche Nachfrage nach Abhilfen. Die ersten Entwicklungsschritte der deutschen Unternehmen wie Daimler-Benz und Teldix – eine Tochter der US-amerikanischen Firma Bendix, die seit den 1940er Jahren Blockierverhinderer für Flugzeuge entwickelte – bestanden darin, „die vorhandenen [ausländischen] Blockierverhinderersysteme zu testen" (Bingmann 1993, S. 776). Aufgrund unzureichender Zuverlässigkeit dauerte es jedoch noch bis Ende der 1970er Jahre, dass ein – nun elektronisches – System als Sonderausstattung für Luxusklassefahrzeuge am Markt eingeführt werden konnte. In Deutschland war ABS in der Tat dann auch erfolgreich und wurde in mehr und mehr Fahrzeugtypen eingesetzt. Andere Länder folgten diesem

---

[9] Für eine detaillierte Darstellung der Geschichte der Antiblockierbremse siehe Bingmann (1993).

Abb. 16: Internationale Diffusion der Antiblockierbremse 1985-2002

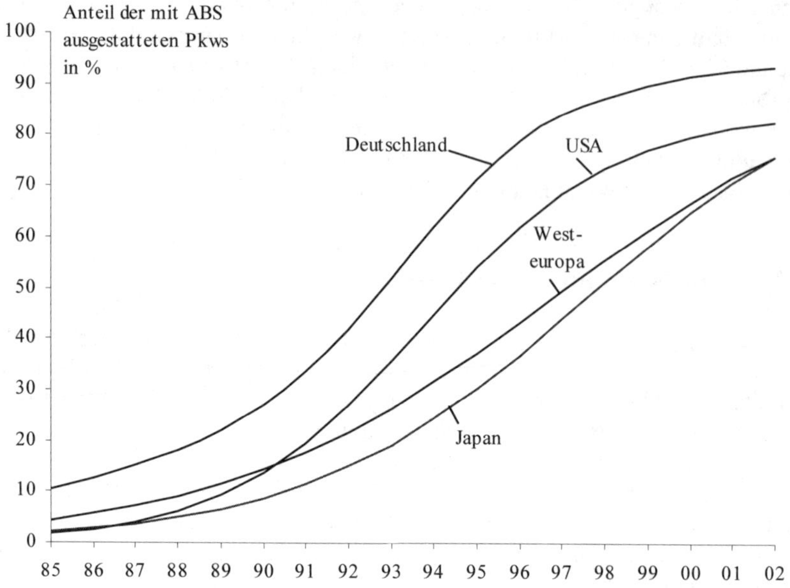

Anteil der mit ABS ausgestatteten Pkws in %

Deutschland

USA

West-europa

Japan

Quelle: Geschätzter Verlauf auf der Grundlage von Daten von Bosch, DAT und Opel. Als Sättigungsgrad wurde 95 % für Deutschland, Japan und Westeuropa und 85 % für die USA gewählt.

Trend. Abbildung 16 zeigt den geschätzten Verlauf der Diffusion von ABS in Personenkraftwagen in Deutschland, Westeuropa, den USA und Japan.

Der Diffusionsverlauf in Deutschland ist vom Marketing und den Preisentscheidungen der Pionier-Unternehmen (Daimler-Benz, BMW) sowie einem hohen Wettbewerb geprägt. Zunächst wurde der Aufpreis unter den Selbstkosten gehalten, um ABS am Markt zu etablieren. Durch die Nutzung von Größenvorteilen mit dem Aufbau automatisierter Produktionsanlagen bei den Zulieferern Bosch und Teves konnten die Preise noch weiter gesenkt werden. In der Zwischenzeit hatten auch andere Firmen Blockierverhinderer entwickelt, was den Wettbewerb anheizte. Bosch war also kein Monopolist auf dem Markt, denn dadurch, dass das ABS aufgrund spezieller Umstände nicht patentiert werden konnte, breitete sich das Know-how der Technik schnell aus.

In den USA entwickelte sich der Markt für ABS mit einer Verzögerung von rund zwei Jahren. Denn in den USA war der Nutzen eines Blockverhinderers aufgrund der generellen Begrenzung der Geschwindigkeit und des trockeneren Klimas zunächst geringer als in Europa, so dass erst dann die Marktdurchdringung gelang, als der Kostenvorteil der Massenfertigung niedrigere Preise für ABS ermöglichte. Zudem leidet der US-amerikanische Markt für Automobile generell unter der strengen Produzentenhaftung. Die US-Automobilhersteller sind bei der Einführung von Sicherheitsinnovationen zurückhaltend, weil jede zusätzliche Elektronik im Fahrzeug – wenn auch in extrem wenigen Fällen – durch Fehlfunktionen oder -bedienung zu zusätzlichen Unfällen führt.[10] Die US-Automobilhersteller warten daher in der Regel Erfahrungen in Europa ab, bevor sie selbst die Innovation in ihren Fahrzeugen anbieten. Die schleppende Diffusion in Japan wird mit zu hohen Aufpreisen für das ABS im Verhältnis zum Grundpreis des Fahrzeugs erklärt (Bingmann 1993, S. 796).

Aufgrund des Vorlaufs bei der Nutzung, Marktdurchdringung und Produktion in Deutschland beherrschen deutsche Unternehmen, vor allem Bosch, bis heute den Weltmarkt für Pkw-Blockierverhinderer. Dieser nationale Vorteil hat sich auch bis dato bei allen Weiterentwicklungen des elektronischen Bremsmanagements (z. B. ASR, ESP, Sensotronik) erhalten.

2.3.4 Personalcomputer

Die internationale Diffusion der Personalcomputer ist ein weiteres schönes Beispiel für Lead-Märkte, das schon hier und da im ersten Teil genannt wurde. Personalcomputer sind im Gegensatz zu Großrechnern Computer, die nur von einer Person zur gleichen Zeit benutzt werden. Wie Abbildung 17 zeigt, hat die breite Diffusion der Personalcomputer im Markt seit Anfang der 1980er Jahre eingesetzt und hat mittlerweile sehr hohe Durchdringungsraten erreicht, ist von der Sättigung aber noch recht weit entfernt. Nach gut 20 Jahren besitzen zwischen 20 und 60 % der Bevölkerung in den industrialisierten Ländern einen PC. Über all die Jahre führen die USA dabei den Diffusionsprozess kontinuierlich an. Dahinter folgen die nordeuropäischen Länder. Japan liegt bei den Durchdringungsraten eher zurück. Obwohl die USA aktuell noch immer eine weit höhere Durchdringungsrate haben, folgen die meisten anderen Länder doch dem gleichen Diffusionsmuster.

Dabei war der PC als solcher keine rein amerikanische Erfindung. Die breite Massenanwendung entstand aber dort. Der PC entstand in den 1970er Jahren aus dem Mikrocomputer. Der Mikrocomputer wiederum basierte auf einem Mikroprozessor von Intel, dem 8008. Ein Mikroprozessor vereinigt alle wesentlichen Elemente eines Computers auf einem Chip. Der erste Mikroprozessor wurde von Intel im Jahre 1971 im Auftrag eines japanischen Herstellers für den Einsatz in programmierbaren Taschenrechnern entwickelt. Es wurde aber kurz darauf einer Reihe von Bastlern klar, dass man mit diesem Prozessor auch einen simplen Computer bauen konnte (Freiberger, Swaine 1984). Computer waren damals Großrechner, an denen Ingenieure in weißen Kitteln in laboratoriumsartigen Räumen arbeiteten. Mikrocomputer wurden auch von einer Reihe von Computerherstellern entwickelt, waren aber zunächst nicht für den breiten Markt vorgesehen, da ihre Funktionalität gering war.

---

[10] So verlängert ABS den Bremsweg auf trockenem Grund. Ein weiteres Beispiel ist der Airbag, bei dem befürchtet wurde, dass Fehlzündungen zu Verletzungen des Fahrers führen (siehe 2.2.7). Schon wenige Unfälle können durch extrem hohe Schadensersatzzahlungen zu Verlusten aus der Einführung einer Innovation führen.

Abb. 17: Internationale Diffusion des Personalcomputer 1981-2004

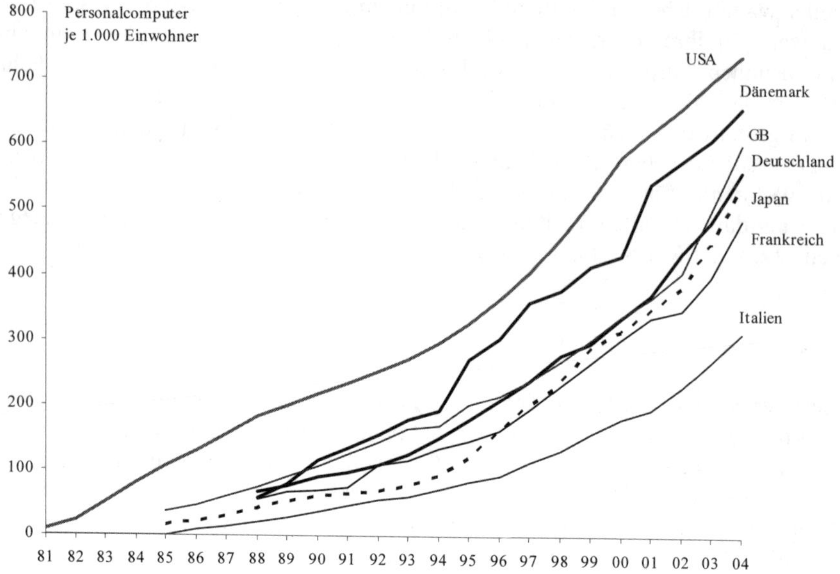

Quelle: ITU.

Wie schon erwähnt, wurde der in Frankreich 1973 für das französische Institut für landwirtschaftliche Forschung entwickelte Mikrocomputer Micral vom Boston Computer Museum als erster Personalcomputer klassifiziert (Abb. 18). Er war aufgrund geringer Einsatzmöglichkeiten, aber auch aufgrund des Preises von 1760 US$, kein Erfolg. Die ersten Markterfolge von Personalcomputer ereigneten sich ab 1975 in den USA im Hobbymarkt. Diese äußerst einfachen Computer basierten wie der Micral auf den ersten Intel-Mikroprozessoren. Den Beginn der PC-Ära in den USA läutete der Altair 8800 von der amerikanischen Firma MITS ein. Einen größeren Erfolg mit einem Bastler-Computer hatte allerdings eine weitere neue Firma: Apple. Um 1979 war der PC als kleine Nische im Computermarkt etabliert. Außerhalb der USA boten Olivetti in Italien und Sinclair in England Computer für den Hausgebrauch an, sogar mit niedrigeren Preisen als in den USA. Der amerikanische Markt war allerdings von Anfang an besonders aufgeschlossen gegenüber dem PC. Der Markt bestand zunächst aus einer großen Anzahl von Bastlern, die in ihrer Freizeit mit Computern arbeiten wollten. Konkrete Anwendungen gab es nicht. Als einfache technische Anwendungen, wie Berechungen, Textverarbeitung und Tabellenverarbeitung, durch entsprechende Software ermöglicht wurden, wurde der PC auch für den Einsatz in Unternehmen interessant. Ende der 1970er Jahren fingen Ingenieure in Entwicklungslabors von Großunternehmen an, für kleine Aufgaben auf PCs zurückzugreifen. Denn man wollte nicht ständig von den Großrechnern abhängig sein, deren Kapazität man sich mit vielen teilen musste

(Freiberger, Swaine 1984; Cringely 1992). Die Ausbreitung von Personalcomputern war zwar zunächst eine technische Revolution, aber sie war auch eine soziale. Personalcomputer wurden zum individuellen Haushaltsgerät. Dies kam sicher besonders dem Individualismus in den USA entgegen, aber er begleitete auch einen weltweiten Trend zu einer mehr individuellen Gesellschaft.

Ermutigt von dem aufkommenden Markt für PCs in Haushalten und Unternehmen trat der größte Computerhersteller 1981 in den PC Markt ein. Mit IBM wurde der anarchische Charakter des PCs beendet und der PC als ernsthafte Alternative für unabhängige betriebliche Anwendungen etabliert. Der IBM-PC mit Intel-Prozessor und dem Microsoft-Betriebssystem verdrängte schnell andere PC-Designs und wurde zum internationalen Standard. Der Begriff „PC" wurde seitdem als Synonym des IBM-kompatiblen Personalcomputers verwendet.

Abb. 18: Der erste Personalcomputer mit Mikroprozessor kam aus Europa: der Micral (1973)

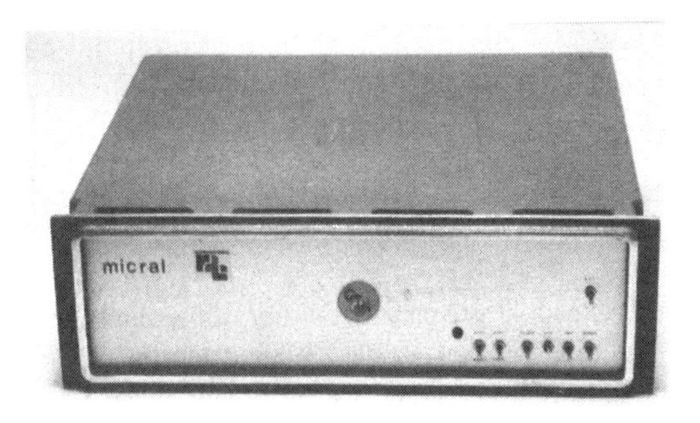

Quelle: Michel Volle

Es gibt eine Reihe von Untersuchungen zu dem Wettbewerb der einzelnen Computerdesigns, der letztlich zur Wahl eines dominanten PC-Design führte (z. B. Gandal u. a. 1999). Für die Lead-Markt-Analyse ist der Selektionsprozess des Marktes selbst allerdings weniger relevant. Maßgebend ist, dass in den USA entschieden wurde, welcher Computertyp dominieren würde. Alle anderen Länder waren für das Ergebnis mehr oder weniger irrelevant, denn in anderen Ländern wurde der amerikanische Standard übernommen. Die Geschichte zeigt wiederum, dass sich der US-Markt nicht durch technische Vorsprünge der Unternehmen zum führenden Markt entwickelt hat. Die ersten PCs waren keine technischen Wunderwerke. Zwar wurde der Mikroprozessor in den USA entwickelt, die Rechte daran lagen aber einige Jahre bei einem japanischen Taschenrechnerunternehmen. Danach waren Prozessoren weltweit frei verfügbar. Alle Computerhersteller hätten im Grunde zur gleichen Zeit den Personalcomputer entwickeln können.

Das Beispiel des Personalcomputers demonstriert eine weitere Eigenschaft eines Lead-Marktes: die zeitliche Persistenz. Ein Lead-Markt bleibt oft über mehrere Produktgenerationen hinweg bestehen. Die USA waren für die ersten Großrechner in den 1950er Jahren, die Minicomputer in den 1960er Jahren wie auch die Mikrocomputer und PCs in den 1970er und 80er Jahren und die neuen Netzwerk- und Internetcomputer der 1990er Jahre der führende Markt. Die Lead-Markt-Rolle der USA bestand also auch darin, immer neue dominante Designs in der Sparte der Computer zu finden.

Eine weitere Lead-Markt-Eigenschaft ist hier ebenfalls von Bedeutung: Die PC-Industrie wird seit Ausbreitung des Massenmarktes in den USA von amerikanischen Unternehmen beherrscht. Obwohl mit der Standardisierung und Modulisierung der PC einfach nachzubauen war, behielten amerikanische Unternehmen über den gesamten Zeitraum seit der Einführung des Personalcomputers die Marktführung. Im Jahr 1990 lag der Marktanteil der US-Unternehmen noch immer bei über 60 % (Yoffie 1997). Obwohl Billiganbieter aus Fernost den Markt mit kompatiblen PCs versorgen können, entfielen im Jahr 2000 noch immer knapp 40 % des weltweiten PC Marktes auf die vier amerikanischen Computerunternehmen (nach Angaben der Marktforschungsagentur IDC). Der Wettbewerbsvorteil ist aber nicht etwa unternehmens-, sondern landesspezifisch. Innerhalb der USA wechseln die Marktanteile kontinuierlich. Neue Unternehmen wie Compaq in den 1980er Jahren und Dell in den 1990er Jahren können den etablierten Anbietern wie IBM erhebliche Marktanteile abjagen. Die Markteintrittsbarrieren sind niedrig und der Wettbewerb hoch. Verloren haben Unternehmen, die sich vor allem auf den europäischen oder japanischen Markt orientierten wie z. B. Commodore, Siemens, Olivetti oder NEC. In diesen Lag-Märkten fehlte es an Innovationsimpulsen für den Weltmarkt. Stattdessen übernahmen sie die Standards, die sich in USA herauskristallisierten.

2.3.5 Roboter

Roboter haben wohl unter allen neuen Produktionsprozessen die größte Aufmerksamkeit in der Öffentlichkeit erlangt. Sie wurden in den 1980er Jahren oft als Schlüsseltechnik bezeichnet und als einer der Auslöser des so genannten 5. Kondratieff-Zyklus, ein Innovationsschub, der nach einer bestimmten zeitlichen Regelmäßigkeit für das Ende des 20. Jahrhunderts erwartet wurde (Freeman, Soete 1997). In keiner Science-Fiction-Darstellung fehlen Roboter als moderne Haushaltsgeräte, seitdem Karel Capek und Isaak Asimov den Begriff „Roboter" in den 1920er bzw. 1940er Jahren prägten. Sie gehören damit wohl zu den am längsten antizipierten Zukunftstechnologien. Obwohl Roboter (noch) nicht diesen großen Einfluss auf den menschlichen Alltag ausgeübt haben, sind sie doch ein wichtiger Teil der Automation der Produktion. Formal ist ein Roboter definiert als ein automatisch gesteuertes, re-programmierbares Mehrzweck-Handhabungsgerät mit drei oder mehr Achsen (IfR 1999). Roboter werden vor allem im industriellen Produktionsprozess eingesetzt. Deshalb wollen wir die Verbreitung der Roboter in der Industrie durch die Anzahl von Robotern pro Industriebeschäftigten messen. Es gibt zwar schon eine Reihe von Anwendungen im Dienstleistungsbereich, z. B. bei Reinigungs- und Überwachungstätigkeiten. Deren Verbreitung ist im Vergleich zum Industrieroboter aber relativ gering.

In Abbildung 19 sind die Diffusionskurven des Roboters in verschiedenen Ländern abgetragen. Japan ist deutlich als führender Markt zu erkennen. Im Industriesektor befindet sich der Robotereinsatz in Japan bereits in der Sättigungsphase. Allerdings sind die Abstände zu den folgenden Ländern Deutschland, Italien und Schweden so groß, dass man Zweifel daran haben muss, ob die anderen Länder

Abb. 19: Internationale Diffusion von Robotern 1974-2000

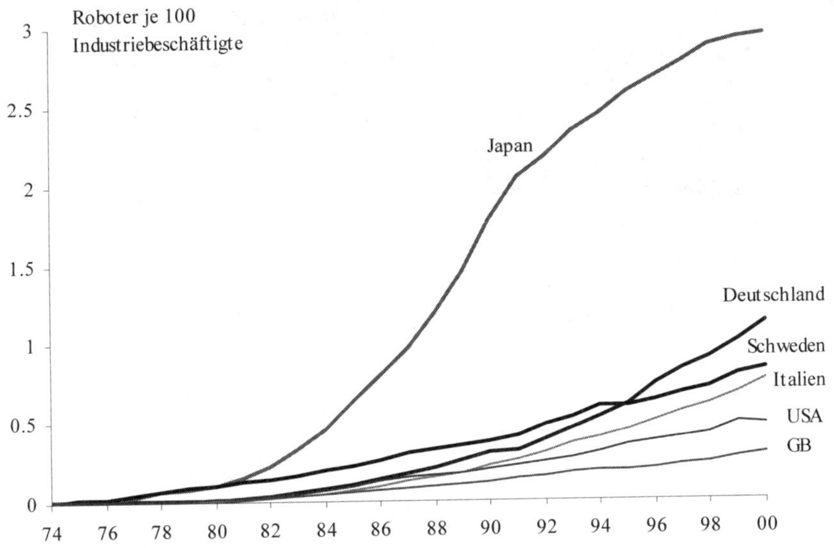

Quelle: IfR, OECD, Flamm (1986), Edquist, Jacobsson (1988), eigene Berechnungen.

wirklich in Zukunft an das japanische Sättigungsniveau aufschließen können. Denn noch immer entfallen über 50 % des weltweiten Roboterbestandes auf Japan. Roboter sind damit ein Beispiel für den in Abbildung 6 dargestellten Fall eines Lead-Marktes, dem andere Länder nicht in vollem Ausmaß folgen. Bei der Gegenüberstellung der Anzahl der Roboter muss auch beachtet werden, dass in Japan aufgrund von traditionellen Affinitäten sehr viel mehr Roboter für Anwendungen verwendet werden, die in anderen Ländern durch andere Maschinen gelöst werden. Dies führt zu einer weit höheren Marktdurchdringung von Robotern in Japan. Allerdings werden in Japan nicht grundsätzlich andere Roboter eingesetzt, sondern einfach nur eine höhere Anzahl. Obwohl also in den Ländern mit unterschiedlicher Häufigkeit genutzt, ist der in der Fertigung heute übliche Roboter ein international dominantes Design.

Japan ist oft als „roboterverrückt" bezeichnet worden (Schodt 1988). Roboter spielen in der Kulturgeschichte Japans ein besondere Rolle. Es werden immer neue ernsthafte aber auch mehr spielerische Anwendungen von Robotern im häuslichen Bereich vorgestellt, die allerdings auch in Japan noch keine große Verbreitung erfahren haben. So bietet Sony seit etlichen Jahren den Aibo, einen Spielzeughund, im Markt an. Für die japanische Landwirtschaft, die sehr von kleinflächigen Reisfeldern und hohen Löhnen geprägt ist, werden Ernteroboter entwickelt. Honda arbeitet seit längerer Zeit an der Weiterentwicklung eines humanoiden Roboters, der an die Vision von Asimov anknüpft. Aber in der Breite hat der Roboter auch in Japan noch nicht die Fertigungshalle verlassen. Das alles stärkt

Abb. 20: Ein Unimate Roboter in einer Verpackungsanlage von General Electrics (1961)

Quelle: Stäubli Faverges

allerdings den Eindruck, dass Japan tatsächlich ein Lead-Markt für Roboter auch in Zukunft ist. Japan wäre nämlich erst dann kein Lead-Markt, wenn bestimmte neuartige Robotertypen in Japan einen breiten Erfolg am inländischen Markt hätten, während der internationale Erfolg ausbliebe.

Aber zurück zur Vergangenheit. Die ersten Roboter wurden Anfang der 1960er Jahre in den USA von der Firma Unimation entwickelt, aber zunächst nur zum Umsetzen von Werkstücken eingesetzt (Abb. 20). Unimations Gründer Joseph F. Engelberger gilt bis heute als der Vater der Robotertechnik. In Skandinavien wurde die Idee entwickelt, Roboter mit Werkzeugen auszustatten und bestimmte Arbeitsschritte durchführen zu lassen, z. B. Lackieren oder Schweißen. Der Markterfolg war zunächst gering, denn die ersten Roboter waren zu teuer und zu unzuverlässig für die vorgesehene industrielle Anwendung (Schodt 1988). Der technische Durchbruch wurde 1969 mit der Erfindung des sechsarmigen Roboters von Victor Scheinman von der Universität Stanford gelegt. Dadurch wurde es möglich, beliebige Wege abzufahren und damit komplizierte Arbeitsschritte bei der Montage und beim Schweißen durchzuführen. Der erste Mikroprozessor-gesteuerte Roboter wurde 1974 von der US-amerikanischen Firma Milacron Corporation auf den Markt gebracht. Zu diesem Zeitpunkt waren Unimation und Milacron weltweit die Marktführer.

Ende der 1960er Jahre begannen japanische Unternehmen damit, Roboter von den amerikanischen Herstellern Unimation und AMF sowie dem norwegischen Hersteller Trallfa in Lizenz herzustellen (Flamm 1986). Sie verbesserten diese ers-

Abb. 21: Durchschnittliche Roboterpreise und Roboterdichte 1982

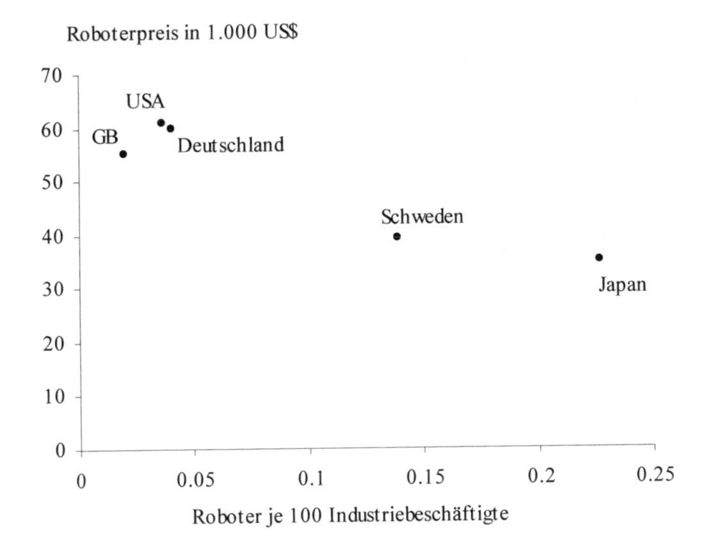

Quelle: Flamm (1986), IFR (1999).

ten ausländischen Roboterdesigns im Hinblick auf die Zuverlässigkeit und senkten den Preis. Die Kosten für die Kunden wurden auch dadurch gesenkt, dass Roboter von den Herstellern an Industrieunternehmen vermietet wurden. Mitte der 1970er Jahre setzte eine überaus dynamische Marktdurchdringung in Japan und Schweden ein. Deutschland rückte in den 1990er Jahren an den anderen Ländern vorbei auf Platz zwei vor. Heute sind japanische, schwedische und deutsche Unternehmen die führenden Hersteller von Robotern. Eine besondere Rolle nimmt dabei Japan ein, wo mehr als 40 meist große Unternehmen wie Kawasaki, Fanuc, Mitsubishi, Hitachi Roboter anbieten. Der amerikanische Marktführer Unimation wurde nach vielen Rückschlägen letztlich 1988 von der französisch-schweizerischen Firma Stäubli Faverges SCA übernommen.

Die eindeutige Führungsrolle der Japaner beim Einsatz von Robotern hat eine Reihe von Untersuchungen beschäftigt, die unterschiedliche Faktoren hervorheben. So betonen einige Autoren die langfristige Investitionsbereitschaft (Mansfield 1989a/b) und die allgemeine Roboterbegeisterung der Japaner. Es ist aber für den internationalen Erfolg von Robotern viel bedeutsamer, dass Japan an der Spitze von Trends steht, und zwar bei der Automation selbst und bei den Preisen von Robotern. Automation ist ein internationaler Trend in der Industrieproduktion, der vor allem durch steigende Arbeits-Kapitalkosten-Relationen und den Übergang zur Massenfertigung gefördert wurde. Ein oft zu wiederholender Prozess wird in der Regel durch Automation effizienter, die Qualität beständiger. Parallel zum Anstieg der Arbeitskosten sind die Preise von Robotern kontinuierlich gefallen

(IfR 1999). Deshalb wurden Roboter in Ländern eingesetzt, die von Massenfertigung und hohen Arbeitskosten gekennzeichnet sind. Zwar waren die Arbeitskosten in Japan in den 1970er Jahren noch relativ niedrig, allerdings wurden schon damals Arbeitkräfte knapp. Gleichzeitig lagen die Preise für Roboter in Japan unter denen in allen anderen Ländern (Flamm 1986), was durch das Leasinggeschäft und einfachere Ausführungen sowie durch eine höhere Wettbewerbsintensität in Japan zu erklären ist (Schodt 1988). Abbildung 21 zeigt, dass in der Tat die Unterschiede in den durchschnittlichen Preisen für Roboter einen großen Teil der Unterschiede in den Durchdringungsraten in einzelnen Ländern erklären können. Mit dem Sinken des allgemeinen Preisniveaus von Robotern über alle Länder hinweg hat Japan damit einen Vorsprung. Japan nimmt die Investitionsbedingungen also international vorweg.

Ein weiterer Faktor ist in den besonderen Marktbedingungen im Fahrzeugbau zu erkennen. Japanische Autohersteller haben die Automatisierungstechnik anders als westliche Hersteller am Anfang nicht nur zur Automatisierung von immer gleichen Arbeitsschritten eingesetzt, sondern auch zur Flexibilisierung (Kodama 1995). Der hohe Bedarf an Flexibilisierung hat auch dazu geführt, dass Japan ein führendes Land für numerisch gesteuerte Werkzeugmaschinen (NC-Maschinen) ist. Die Flexibilisierung wurde benötigt, um die immer höhere Modellvielfalt in der Produktion zu bewältigen. Zwar gab es auch eine hohe Produktvielfalt bei den US-amerikanischen Autokonzernen. Der Unterschied lag aber darin, dass im größeren US-Markt jedes Modell auf einer eigenen Fertigungsstraße gefertigt werden konnte, während im kleineren Japan versucht wurde, mehrere Modelle auf einer Straße zu kombinieren. Die Modellvielfalt in Japan stellte höhere Anforderungen an die Hersteller, weil die Importrestriktionen dazu führten, dass im Wesentlichen zwei japanische Hersteller die hohe Produktvielfalt bereitstellen mussten, die vom japanischen Markt mehr und mehr gefordert wurde (Beise 2005). Roboter und NC-Maschinen eignen sich dabei besonders zur Flexibilisierung der Produktion. Der weltweite Trend zur Flexibilisierung in der Produktion führte im Gegenzug dann zur internationalen Verbreitung eines hohen Robotereinsatzes in der Fertigung.

2.3.6 Kreditkarten und Smart Cards

Kreditkarten und Geldkarten, so genannte Smart Cards, sind kleine Plastikkarten, die die Zahlung von Gütern anstelle von Bargeld mittels spezieller Schreib-Lesegeräte gestatten. Kreditkarten enthalten dabei in der Regel nur Informationen wie Name des Karteninhabers, Kreditkartennummer und Gültigkeit, zum einen als Prägung in der Karte und zum anderen in einem Magnetstreifen. Smart Cards dagegen sind mit einem Chip ausgestattet, der zusätzliche Informationen enthalten kann, die bei Benutzung verändert werden können. So kann eine Smart Card einen bestimmten Geldbetrag speichern, von dem die Kaufsumme bei Zahlung mit der Karte abgezogen wird. Beides sind unterschiedliche Designs der Funktion des mobilen bargeldlosen Zahlungsverkehrs. Beide sind mittlerweile in vielen Ländern verbreitet, allerdings von Land zu Land unterschiedlich. In einigen Ländern ist die Kreditkarte dominierendes Zahlungsmittel, in anderen hat sich die Smart Card durchgesetzt. Es handelt sich hier um eine Situation konkurrierender Designs, die für eine lange Zeit parallel existieren und jeweils in unterschiedlichen Funktionen oder bei bestimmten Nutzergruppen dominieren. Es ist nicht abzusehen, ob das eine das andere vollständig verdrängt oder ob beide auch in Zukunft bestehen werden. Beide Zahlungssysteme haben unterschiedliche Lead-Märkte. Für die Kreditkarte ist der US-Markt der Lead-Markt, die Smart Card wurde in Frankreich zuerst breit angewendet.

Die Kreditkarte ist nicht nur in den USA am weitesten verbreitet, sondern auch eine amerikanische Erfindung. Die erste Karte, Diners Club, wurde in den 1950er Jahren in den USA eingeführt. Wenngleich die erste Karte nur einem exklusiven Nutzerkreis vorbehalten war, weiteten die neuen Kreditkartenunternehmen im Laufe der Zeit den Nutzerkreis und die Intensität von Kreditkarten erheblich aus (Mandell 1990). Das Kreditkartengeschäft beherrschten bald zwei große amerikanische Organisationen, Visa und Mastercard. Etwa in den 1980er Jahren begann sich die Kreditkarte auch in Europa und Japan durchzusetzen (Abb. 22). Im führenden Land ist Ende der 1990er Jahre schon eine Sättigung zu erkennen, während alle anderen Länder noch hohe Wachstumsraten aufweisen.

Allerdings scheint auch in diesem Fall in den USA ein Niveau erreicht worden zu sein, das in anderen Ländern wohl nicht nachvollzogen wird. Denn der Grund, warum die Kreditkarte in den USA so überaus beliebt ist (viele Amerikaner besit-

Abb. 22: Internationale Diffusion von Kreditkarten 1960-2000

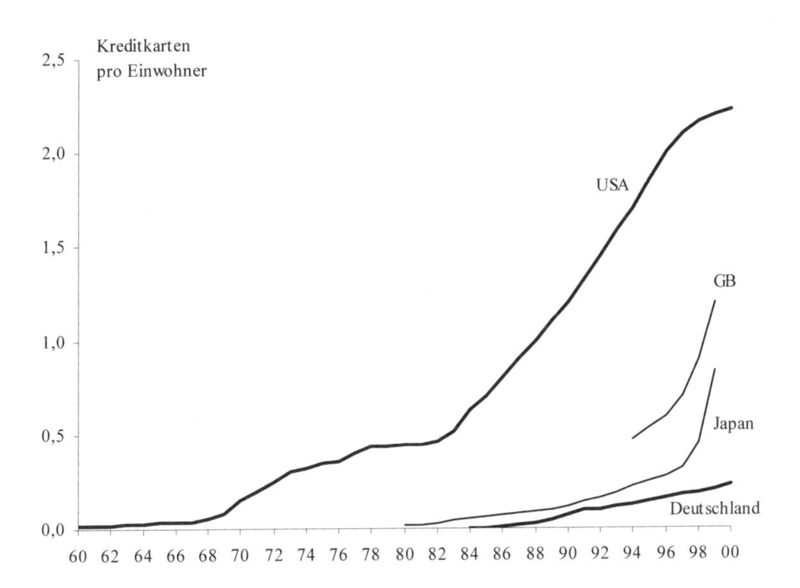

Quelle: Euro Kartensysteme, Visa, JCB, Mandell (1990), Ritzer (1995), Evans, Schmalensee (1999), eigene Schätzungen.

zen mehrere Kreditkarten), findet sich in den meisten anderen Ländern nicht. In den USA wird die Kreditkarte nämlich tatsächlich zur Aufnahme eines Kredits verwendet, da das Geschäft mit Konsumentenkrediten bei den Banken nicht so entwickelt ist wie z. B. in den europäischen Ländern. In Japan ist die Nachfrage für Konsumentenkredite generell gering. In den meisten Ländern wird überwiegend die bargeldlose Zahlungsfunktion der Kreditkarte genutzt (Evans, Schmalensee 1999). Da die Kreditlinie mit jeder zusätzlichen Karte erhöht wird, macht es in den USA Sinn, mehrere Kreditkarten zu besitzen, in anderen Ländern nicht.

Trotz der speziellen Situation in den USA hat sich die Kreditkarte international als ein beliebtes Zahlungsmittel etabliert. Der erste Schritt in die Globalisierung war sicherlich die Nachfrage, die der amerikanischen Geschäfts- und Urlaubstourismus bildete. Die Akzeptanz von Kreditkarten außerhalb der USA startete in Business-Hotels und in Orten, die viele US-Touristen frequentieren (Mandell 1990).

Während neben Schecks die Kreditkarte als Zahlungsmittel in den USA favorisiert wird, ist die Smart Card stärker in Europa und einigen asiatischen Ländern verbreitet. Für die Smart Card ist Frankreich der führende Markt. Der Rest von Europa folgte in der zweiten Hälfte der 1990er Jahre (Abb. 23). Als dominantes Design setzte sich das Ein-Chip-Design mit Mikroprozessor und Speichermedium durch, das in Frankreich beim Computerhersteller Bull entwickelt wurde. Am Anfang des Produktlebenszyklus Ende der 1980er Jahre wurden Smart Cards vor allem als Telefonkarte genutzt, die das Kleingeld beim Telefonieren von öffentlichen Telefonen aus ablösen sollten. Später kamen andere Einsatzgebiete als Zahlungsfunktion und als reiner Datenträger hinzu, z. B. als Krankenversicherungskarte.

Auch bei dieser Innovation zeigt sich kein Technologievorsprung. Wie bei vielen Technologien wurden Prototypen gleichzeitig in den USA, Europa und Japan entwickelt (Ugon o.J.). Die ersten Patente für kartenbasierte elektronische Zahlungssysteme wurden ab Ende der 1960er Jahre erteilt. Der Vorläufer der Smart Card ist das Ergebnis einer Kooperation zwischen der französischen Computerfirma Bull und dem amerikanischen Chipherstellers Motorola im Jahr 1979. Das dominante Ein-Chip-Design war im Jahr 1983 serienreif. Seitdem wird die Smart Card hauptsächlich in Europa und zunächst von öffentlich-rechtlichen Unternehmen, vor allem den Telefongesellschaften z. B. in Form von Telefonkarten, genutzt. Auch hier – wie im Fall des Minitel – hat der französische Staat die Verbreitung begünstigt. So wurde eine Smart Card auch als Autorisierung und Speichermedium in den digitalen Mobilfunktelefonen des europäischen GSM-Standards eingesetzt.

Während fast alle internationalen Kreditkartenorganisationen in den USA beheimatet sind, beherrschen französischen Unternehmen als Folge ihres Heimatmarktvorteils den Weltmarkt für Smart Cards. Ihr Weltmarktanteil liegt bei gut zwei Dritteln. Ende der 1990er Jahre hält das führende Unternehmen Gemplus einem Marktanteil von 37 %. Es wurde in den 1980er Jahren von Ingenieuren des französischen Elektronikherstellers Thomson gegründet. Das ebenfalls französische Unternehmen Schlumberger hält einen Marktanteil von knapp 30 %. Der Rest teilt sich auf deutsche (15 %) und schweizerische Firmen (6 %) auf.

Abb. 23: Internationale Diffusion von Smart Cards 1984-2000

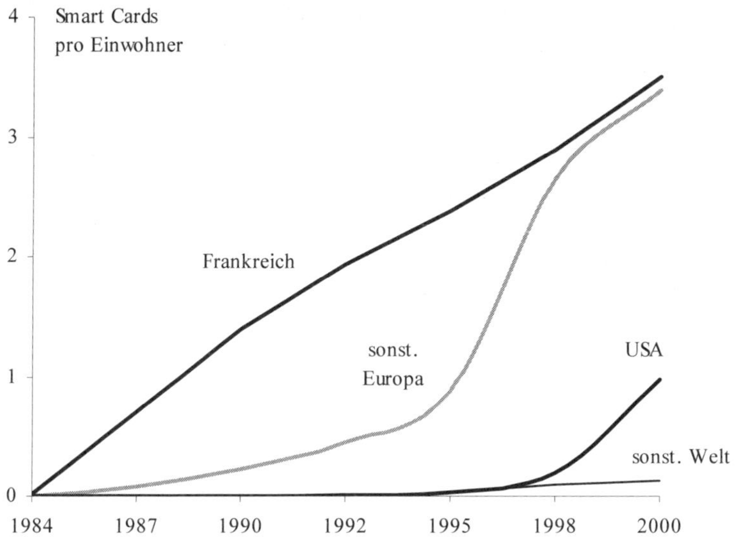

Quelle: Gemplus, Philips Communication Systems, eigene Schätzungen.

Die Smart Card konnte allerdings die Kreditkarte nicht ablösen, wie zunächst erwartet wurde. Der Nachteil von Kreditkarten ist, dass der Missbrauch sehr weit verbreitet ist (Evans, Schmalensee 1999). Der Schaden wird überwiegend von Versicherungen abgedeckt. Um den Missbrauch der Kreditkarte zu reduzieren, wird bei jeder Zahlung mit einer Kreditkarte mittels Autorisierung geprüft, ob das Kreditlimit erreicht wurde oder die Karte wegen Verlust oder Diebstahls gesperrt wurde. Dies erfolgt seit den 1990er Jahren über einen Terminal und Telefonleitung bei der Verkaufstelle. Zwar wurde damit der zuvor erhebliche Missbrauch eingedämmt, es fallen aber Investitionen und Telefonkosten für den Händler an. Der Vorteil der Kreditkarte ist ihr einfacher und universeller Einsatz, weil die Übertragung der Kreditkartendaten leicht über Telefon und Internet erfolgen kann. Da das Bezahlen auch im Ausland möglich ist, hat die Kreditkarte eine weitaus stärkere Internationalisierungswirkung.

Der Vorteil der Smart Card ist die höhere Sicherheit für die Banken oder Versicherungen. Eine Smart Card erfordert keine telefonische Autorisierung, weil das zur Verfügung stehende Budget im Mikrochip eingegeben ist. Der Schaden bei Verlust der Karte ist auf den jeweiligen Budgetbetrag der Karte begrenzt, liegt aber beim Karteninhaber. Es sind allerdings auch hier ein POS-Terminal beim Händler – allerdings ohne Telefonanschluss – und ein Terminal zum Wiederaufladen der Karte bei Banken erforderlich. Diese Infrastruktur für die Smart Card als Zahlungsmittel ist in vielen europäischen Ländern bereits aufgebaut worden wie auch in Hongkong, wo eine einheitliche Karte für den gesamten öffentlichen Verkehr inklusive Parkgebühren und im Einzelhandel eingeführt wurde.

Die relative hohen Telefonkosten und die geringere Bereitschaft der Banken, das Missbrauchsrisiko zu übernehmen, führten dazu, dass in Europa die Smart Card favorisiert wurden. Zudem konnten in Europa weniger Nutzer in den Besitz einer Kreditkarte gelangen als in den USA. Der Trend geht allerdings hin zu einer größeren Verbreitung der Kreditkarte. In den USA setzt sich umgekehrt die Smart Card nur langsam durch. Zwar bietet die Smart Card als Substitut zur Kreditkarte Sicherheitsvorteile für die Kartenorganisation, nicht aber für den Kreditkartenhalter. Da die Telefongebühren in den USA bisher sehr viel geringer waren als in anderen Ländern, spielen die Kosten der Autorisierung eine geringe Rolle. Die Telefonkosten gehen aber in fast allen anderen Ländern ebenfalls zurück, so dass der Nachteil der Kreditkarte gegenüber der Smart Card international abnimmt.

Ein weiterer Faktor, der zu einer stärkeren Nutzung der Kreditkarte gegenüber der Smart Card geführt hat, ist die Kommerzialisierung des Internet. Zahlungen für Bestellung auf einer Internetseite können einfach durch die (verschlüsselte) Übertragung der Kreditkarteninformationen erfolgen. Kreditkarten und elektronischer Handel haben sich damit gegenseitig gefördert. In Ländern, in denen die Kreditkarte mehr verbreitet ist, wird auch das Internet mehr kommerziell genutzt (Economist 1998a). Für beides ist die USA der Lead-Markt. Internet und Kreditkarten sind quasi komplementär zueinander: Die internationale Verbreitung einer der beiden Innovationen fördert auch die Internationalisierung der jeweils anderen Innovation.

Noch ist nicht klar, ob es zu einer Verdrängung und parallelen Existenz beider Kartensysteme kommt. Die einfache Gegenüberstellung zweier konkurrierender Innovationsdesigns deutet aber schon an, dass zwar beide Technologien in unterschiedlichen Ländern Vorteile haben, dass aber die Internationalisierung die Kreditkarte amerikanischen Stils stärker begünstigt als die Smart Card.

2.3.7 Der Airbag[11]

Der Airbag ist ein Sicherheitssystem im Auto, das sich seit Ende der 1980er Jahre weltweit als Standardausstattungsmerkmal durchsetzt. Ein Airbag ist ein sich automatisch aufblasendes Luftkissen, das als Aufprallschutz für Autoinsassen dient (Schlott 1996). Hinter der relativ simplen Idee steht ein kompliziertes System aus Elektronik und Pyrotechnik. Eine Auslöseelektronik misst dabei zunächst die Verzögerung des Fahrzeugs, um zwischen schweren und leichten Unfällen oder rauen Fahrbedingungen zu unterscheiden. Nur bei einem schweren Aufprall des Fahrzeugs zündet ein Gasgenerator, der durch den Abbrand eines pyrotechnischen Feststofftreibsatzes Stickstoffgas freisetzt und dadurch einen Nylonluftsack auf der Fahrer- oder Beifahrerseite innerhalb von 40 Millisekunden aufbläst. Mittlerweile werden Airbags auch an den Seiten des Fahrzeugs eingesetzt.

Aufgrund der nahe liegenden Vorteile wird das Prinzip des Airbags seit den 1950er Jahren bei den großen Automobilherstellern diskutiert. Im Jahr 1952 und

---

[11] Diese Fallstudie basiert weitgehend auf Interviews mit Entwicklern von Daimler-Benz, Autoliv und TRW.

Abb. 24: Internationale Diffusion des Airbags 1987-2001

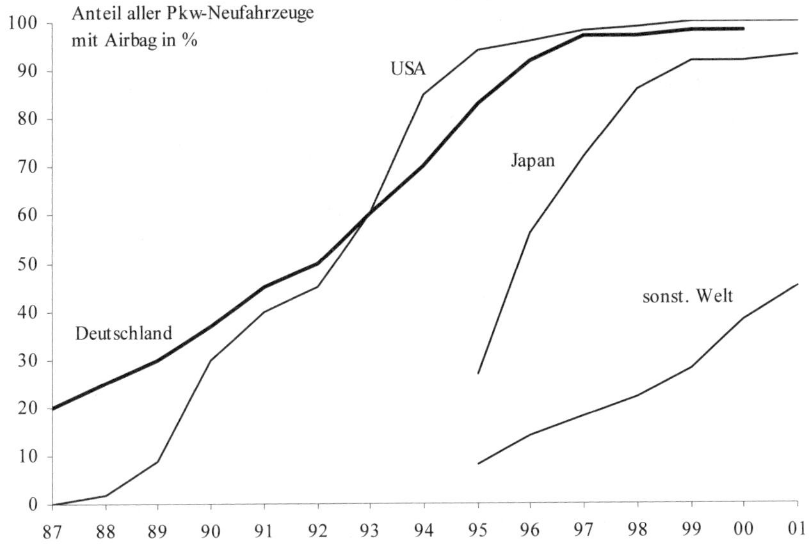

Quelle: Insurance Institute, DAT, Autoliv, eigene Schätzungen.

1953 wurden die ersten Patente für das Prinzip eines Sicherheitsluftkissens vergeben, eine praktikable Realisierung war jedoch in weiter Ferne. Seit dieser Zeit wird in den USA, Deutschland und in Japan an der Entwicklung verschiedener Airbagsysteme gearbeitet. Eine Gesetzesinitiative des amerikanischen Kongresses zur Entwicklung passiver Rückhaltesysteme Ende der 1960er Jahre gab den Entwicklungsarbeiten für den Airbag Auftrieb. Wegen der geringen Gurtanschnallbereitschaft in den USA galt ein Luftkissen als geeignete Technik zur Senkung der Kopfverletzungen bei Unfällen. Allerdings wurde erst 1980 der erste Airbag angeboten, und zwar nicht den USA, sondern in Deutschland als Sonderausstattung für alle Fahrzeuge der Oberklasse von Daimler-Benz. Die Entwicklung dauerte mehrere Jahrzehnte, da zum einen die Anforderungen an einen Airbag sehr komplex sind, zum anderen musste ein fehlerhaftes Auslösen der Airbags ausgeschlossen werden, da der Fahrer dadurch verletzt werden könnte. Im Laufe der Zeit boten auch andere Fahrzeughersteller Airbags an. Ende der 1980er gelang der internationale Marktdurchbruch und in den 1990er Jahren erfolgte schließlich die Marktsättigung, die den Airbag als Serienausstattungsmerkmal für die Oberklassen und nach und nach auch für Kleinwagen international etablierte. Noch heute ist das technische Prinzip, das damals bei Daimler-Benz entwickelt wurde, internationaler Standard aller Airbag-Systeme, das dominante Design.

Die Diffusionskurven nach Ländern zeigen, dass Deutschland in der Tat der Lead-Markt für den Airbag war (Abb. 24). Anfang der 1990er Jahre schlossen die

USA auf und überholten Deutschland, was jedoch mit einer Verordnung in den USA zu erklären ist, die Airbags vorschrieb. Der langsame Anstieg in Deutschland (wie in Europa insgesamt) hängt zudem mit der geringeren durchschnittlichen Fahrzeuggröße zusammen, denn für den in Europa beliebten Kleinwagen konnten erst in der zweiten Hälfte der 1990er Jahre Airbags zu einem relativ zum Fahrzeugpreis realistischen Preis angeboten werden. In Japan, wo zudem die Durchschnittsgeschwindigkeiten der Autos sehr viel geringer sind, setzte sich der Airbag erst mehrere Jahre später durch.

Die Lead-Markt-These besagt, dass die Reihenfolge der Länder bei der Nutzung des Airbags die verschiedenen Marktbedingungen widerspiegelt, bei denen der Markt in Deutschland eine Führungsrolle übernimmt. Aufgrund der Marktsituation könnten die amerikanischen Autohersteller zurückhaltender bei der Entwicklung und Vermarktung von Autos mit Airbags gewesen sein und die japanischen wiederum noch zurückhaltender. Bei der Beschreibung der Airbagentwicklung liegt jedoch auch die Gegenhypothese nahe, dass die unterschiedlichen Nutzungszeitpunkte mit der Monopolstellung von Daimler-Benz zusammenhängen. Dies könnte dazu geführt haben, dass der Airbag zuerst nur in Deutschland angeboten worden ist und erst später in den USA.

Bei der These des Innovationsvorsprungs muss beachtet werden, ob die Unternehmen unterschiedliche Anreize hatten, in die Forschung und Entwicklung für den Airbag zu investieren oder ob es sich tatsächlich um einen Innovationswettlauf handelte. Die Entwicklung von Airbags wurde Ende der 1960er Jahre von mehreren amerikanischen, europäischen und Anfang der 1970er auch von japanischen Automobilherstellern als Reaktion auf die Bestrebungen in den USA, Airbags in Zukunft als Ersatz für Gurte vorzuschreiben, forciert. Es wurden erhebliche technische Durchbrüche zur Erreichung der nötigen Wirksamkeit, Zuverlässigkeit und Sicherheit des Airbags benötigt, die seine Entwicklung lange Zeit verzögerten. Das größte technische Problem war die verschwindend geringe Zeit, die zwischen Kollision und Aufblasen des Luftsacks vergehen durfte. Zunächst wurde lange Zeit versucht, Gas aus Druckflaschen zu verwenden, was allerdings nicht die Zeitvorgaben erfüllen konnte. In Deutschland wurde schließlich in einer Kooperation von Daimler-Benz, dem Raketentreibstoffspezialisten Bayern-Chemie und MBB ein Gasgenerator entwickelt, der die verschiedensten Probleme löste und zuverlässig war. Der deutsche Lenkradhersteller Petri setzte die Airbag-Module zusammen.

Daimler-Benz besaß zwar die Patente an dem letztlich erfolgreichen Airbag-Design und konnte durch die Monopolstellung bei diesem Design die Attraktivität des Airbags voll ausnutzen. Allerdings kann die internationale Diffusion des Airbags nicht mit der zeitlich unterschiedlichen Verfügbarkeit von Airbags von Land zu Land erklärt werden. Denn Airbags wurden auch von Daimler-Benz zunächst für den Export in die USA vorgesehen, wo Gurte weniger häufig genutzt wurden als in Europa. Der objektive Nutzen des Airbags war also zunächst in den USA höher. Daimler-Benz kooperierte dazu sogar in den USA mit der Firma Morton bei der Entwicklung eines zusätzlichen Airbagsystems. Zudem war Daimler-Benz nicht das einzige Unternehmen, das einen wirksamen Airbag entwickelt hatte und auf dem Markt anbot. Konkurrierende Airbag-Designs wurden von einigen Firmen

Abb. 25: Airbagtest bei Mercedes-Benz 1969

Quelle: DaimlerChrysler

in den 1970er Jahren entwickelt und schon in Fahrzeugen in den USA eingebaut. Der Amerikaner Allen Breed, dessen Firma bis heute Airbags produziert, war einer dieser Pioniere der Airbag-Entwicklung. Er entwickelte 1968 den ersten elektromechanischen Airbag. Im Vordergrund standen hier militärische Anwendungen. Auch die japanischen Autofirmen Honda und Nissan waren bereits in den 1970er Jahren dabei, Airbags zu entwickeln. Das Argument des technischen Vorsprungs der Deutschen ist auch vor dem Hintergrund der reicheren Erfahrungen der Amerikaner bei militärischen Anwendungen, bei Elektronik und Treibstoffen, also den Herzstücken des Airbags, nicht überzeugend. In diesen Bereichen hatte Deutschland eben gerade keinen technologischen Wettbewerbsvorsprung gegenüber den USA (im Gegensatz z. B. zur Motorentechnik).

Es ist vielmehr nahe liegend, dass das geringe Engagement der amerikanischen und japanischen Automobilfirmen der wesentliche Grund war, warum der Airbag in den USA und Japan nicht mit der gleichen Entschlossenheit zur Serienreife geführt wurde. Denn das Funktionsrisiko der ersten Airbags war hoch. Fehlzündungen hätten auftreten können, die zu erheblichen Verletzungen des Fahrers führen können. Das amerikanische Produkthaftungsgesetz sieht empfindliche Schadensersatzzahlungen im Falle von Fehlfunktionen vor. Außerdem könnten die Fahrer die höhere Sicherheit zu risikoreicherem Fahren benutzen, was für die Autoversicherungen gegen den Airbag sprach. So konnte die Autolobby in den USA das Gesetzgebungsverfahren in den USA verzögern und zunächst auf passive Gurtsysteme lenken. Erst die Demonstration der Zuverlässigkeit in Deutschland brachte den US-Gesetzgeber dazu, die Airbagentwicklung aktiv zu fördern und Airbags vorzuschreiben. Im Jahr 1991 wurde die stufenweise Einführung von Airbags in den USA verabschiedet, was den starken Anstieg der Verbreitung des Airbags in den 1990er Jahren erklärt. Hätte es die Regelung nicht gegeben, wäre die Diffusion in den USA viel schleppender verlaufen.

Die regulativen Rahmenbedingungen der Märkte waren also weit einflussreicher für das Diffusionsmuster als der Technikwettlauf. Dennoch ist der Lead-Markt Deutschland ja gerade nicht durch gesetzgeberische Vorschriften etabliert worden, sondern durch die Bereitschaft der Kunden, für eine Sonderausstattung mehr zu bezahlen. Die Sicherheitsausstattung eines Autos entwickelte sich in Deutschland und einigen anderen europäischen Ländern im Laufe der 1980er Jahre zu einem wichtigen Verkaufsargument. Die Einstellung der Käufer zum Airbag als Sicherheitsausstattung zusätzlich zum Gurt war positiv. Das Angebot der Fahr-

Abb. 26: Marktanteile der führenden Airbag-Hersteller 2001

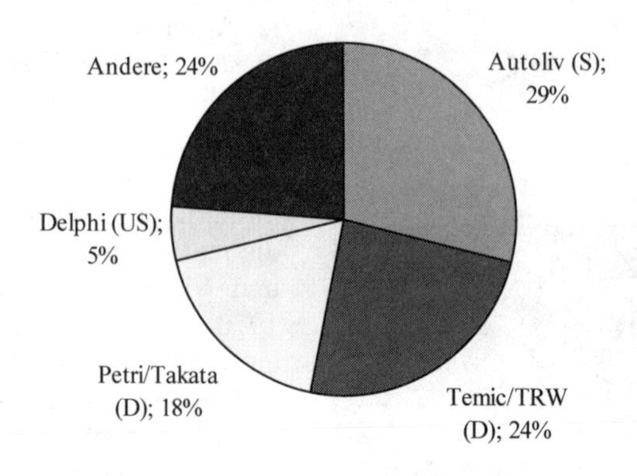

Quelle: Providata

zeughersteller richtete sich auch nach der Nachfrage nach Sicherheitsmerkmalen. Mannering und Winston (1995) haben anhand einer umfangreichen empirischen Untersuchung zeigen können, dass das Angebot von Airbags in den USA klar mit der Zahlungsbereitschaft der Kunden zusammenhängt. Die Zahlungsbereitschaft für Airbags war in den USA zunächst sehr gering und stieg erst, als die erhöhte Sicherheit für den Fahrer bei Unfällen demonstriert wurde und sich unter den Konsumenten herumsprach. Die Automobilhersteller haben also auch auf den Markt reagiert und der war in den USA eben nicht so sehr auf Sicherheitsmerkmale ausgerichtet wie in Deutschland. Letztlich ist also der jeweilige Ländermarkt für die unterschiedliche Nutzung von Airbags verantwortlich zu machen.

Der internationale Erfolg des Airbags kam deshalb, weil bei Airbags der internationale Demonstrationseffekt besonders hoch ist. Der erfolgreiche Einsatz des Airbags in Deutschland demonstrierte den Nutzen und überzeugte andere Konsumenten davon, das gleiche Design nachzufragen. Da auch den Marktteilnehmern in anderen Ländern die Vorteile und die Sicherheit des Airbags nicht verborgen blieben, war der Erfolg des Airbags nicht nur auf Deutschland begrenzt. Gleichzeitig sanken mit der Massenfertigung des Airbags Ende der 1980er Jahre die Stückkosten und damit der Aufpreis des Airbags.

Nutznießer der weltweiten Diffusion des Airbags deutschen Designs waren nicht nur die Automobilhersteller, die frühzeitig Airbags anboten, sondern auch die Hersteller von Komponenten von Airbags. Der weltweite Markt für Airbags wird mittlerweile auf 3,2 Mrd. US$ geschätzt und von drei Firmen beherrscht, die alle einen starken Bezug zum deutschen oder schwedischen Markt haben (Abb. 26): die schwedische Autoliv (29 % Marktanteil), in der der Airbag-Pionier Morton aufgegangen ist, die japanische Takata-Gruppe, die den deutschen Airbag-

Hersteller Petri übernommen hat (18 %) und der amerikanische Auto-Zulieferer TRW Inc. (24 %), der die deutsche Bayern-Chemie (später Temic Bayern Chemie) akquiriert hat. Noch immer wird in Deutschland ein großer Teil der Komponenten von Airbags für den Weltmarkt produziert. Aufgrund der hohen Kompetenz der ehemaligen Bayern-Chemie hat TRW Anfang 2002 die weltweite Forschungs- und Entwicklungsverantwortung für die gesamte Gasgeneratorentechnologie im Konzern auf die deutsche Tochterfirma konzentriert.

Das Beispiel des Airbags zeigt, dass Forschung und Entwicklung eine Grundlage für die Entwicklung von Innovationen ist, dass aber ein anspruchsvoller und aufnahmefähiger lokaler Markt das zusätzliche Quäntchen darstellen kann, das die Unternehmen dazu antreibt, mit Engagement in die Serienentwicklung einer neuen Technologie zu investieren. Die technische Entwicklung hin zur Serienreife ist zudem auch von der Unterstützung von anderen Institutionen abhängig. Diese systemische Einheit eines Marktes wird auch als nationales Innovationssystem bezeichnet. In Deutschland z. B. traf das Engagement der Oberklassehersteller auf aufgeschlossene Partner in den Zulassungsbehörden. Der Airbag stellt durch seine Abstammung von Raketentriebwerken eine neue risikoreiche Innovation im Automobilbau dar, die nur durch die Kooperation mit der Bundesanstalt für Materialprüfung, Gewerbeaufsicht, Berufsgenossenschaft und dem TÜV realisiert werden konnte. Bei risikoreichen Innovationen hat diese nationale Risikoreduktion eine positive Wirkung auf den internationalen Erfolg. Nur so waren die Automobilhersteller in Deutschland nicht mit einer untragbaren Produkthaftung belastet wie in den USA. Gleichzeitig steigt der Anreiz für andere Länder, die gleiche Innovation aufzugreifen.

2.3.8 Hochdruck-Diesel-Direkteinspritzung

Eine weitere bedeutende Innovation im Fahrzeugbau der letzten Jahre ist die Hochdruck-Dieseldirekteinspritzung mit einem extrem hohen Druck. Der internationale Erfolg der Hochdruck-Diesel-Direkteinspritzung ging wie bei vielen Innovationen in der Automobilindustrie wiederum von Deutschland aus (Abb. 27). Der Dieseldirekteinspritzer wurde ursprünglich entwickelt, um den Treibstoffverbrauch von Lastwagen zu senken. Zunächst waren sie für Pkws zu laut. Audi schaffte es 1989 erstmals, eine an den Pkw angepasste Variante zu konstruieren. Wegen des zugeschalteten Abgasturboladers wurde die Entwicklung TDI (Turbodiesel Direct Injection) genannt. Der TDI erreichte eine Effizienzsteigerung von 15 % gegenüber der indirekten Einspritzung. Der Vorteil des Direkteinspritzers liegt in einem höheren Wirkungsgrad durch den kleineren Brennraum und das Fehlen einer zusätzlichen Verwirbelung des Kraftstoffs. Dadurch wird Kraftstoff eingespart bei gleichzeitiger Erhöhung des Drehmomentes bei unteren Drehzahlen. Die Weiterentwicklung der Dieseldirekteinspritzung ist die Hochdruckeinspritzung, die den Verbrennungsvorgang noch effizienter macht und den Partikelausstoß und die Emission von NO_x reduziert. Bei der Hochdruck-Dieseldirekteinspritzung wird der Treibstoff mit einem Druck von über 900 bar in den Verbrennungsmotor eingespritzt. Die schwache Beschleunigungsleistung war bisher das

Abb. 27: Internationale Diffusion der Hochdruck-Dieseleinspritzung

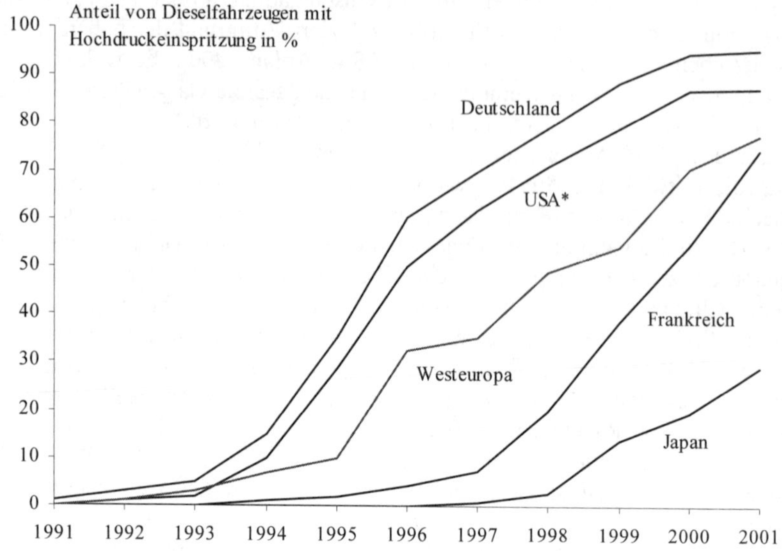

Anteil von Dieselfahrzeugen mit Hochdruckeinspritzung in %
Deutschland
USA*
Westeuropa
Frankreich
Japan
0 10 20 30 40 50 60 70 80 90 100
1991 1992 1993 1994 1995 1996 1997 1998 1999 2000 2001

* Überwiegend Kleintransporter.

Quelle: Bosch, eigene Schätzungen.

größte Verkaufshindernis des Dieselmotors. Die Hochdruckeinspritzung hat dies geändert. Dadurch wird der Diesel auch von Verbrauchern akzeptiert, die hohe Anforderungen an die Fahrdynamik haben und zur Grundlage ihrer Kaufentscheidung machen.

Allerdings lässt sich auch bei dieser Innovation kein eindeutiger technischer Vorsprung eines Landes ausmachen. Deutschland war eines von vielen Ländern, in denen moderne Einspritzsysteme entwickelt wurden, auf jeden Fall nicht das erste. Der italienische Autobauer Fiat entwickelte in den 1990er Jahren ein Common-Rail-Hochdruckeinspritzsystem. Bei diesem System wird laufend dafür gesorgt, das in einem zylinderförmigen Verdichter („rail") ein hoher Druck bereitgestellt wird, der unabhängig von der Umdrehung ist, so dass schon bei niedrigen Umdrehungen Dieselgemisch mit hohem Druck eingespritzt werden kann. Der deutsche Automobilzulieferer Bosch übernahm 1997 die Rechte an dem System und fertigt seit dem in hoher Stückzahl. Weitere Eigenentwicklungen kamen von der britischen Lucas, mittlerweile Tochter des US-Zulieferers Dephi, und von Denso, einer Tochter von Toyota. Denso betont gern, im Jahr 1995 der erste Hersteller von Common-Rail-Modulen für Lkws gewesen zu sein. VW hatte indes das so genannte Pumpe-Düse-System aus dem TDI entwickelt.

Das Common-Rail-System kann mittlerweile als dominantes Design bezeichnet werden, denn es wird von vielen Fahrzeugherstellern eingebaut. Er wird bei Mercedes als CDI, bei Opel als DTI, bei Peugeot als HDI und bei Renault als dCi geführt. Diesel-Hochdruckdirekteinspritzsysteme werden vor allem von Bosch für mehrere Fahrzeughersteller in Europa in hoher Stückzahl gefertigt (2000: 3,6 Mio. Stück). Obwohl Bosch kein System selbst entwickelt hat, erreicht es mittlerweile einen Weltmarktanteil von über 50 %. Lucas und Denso aus Japan folgen mit 21 % bzw. 11 %. Siemens ist kürzlich in den Markt eingetreten. Der Erfolg von Bosch geht nach eigenen Angaben auf die Fähigkeit zurück, hohe Stückzahlen mit hoher Fertigungsgenauigkeit zu produzieren. Das Common-Rail-System wird heute in allen Fahrzeugkategorien eingesetzt und hat sich als äußerst erfolgreich erwiesen. Er ist mittlerweile Standard bei Diesel-Neufahrzeugen.

Die Diffusion der Hochdruck-Diesel-Direkteinspritzung ist in Europa innerhalb weniger Jahre weit fortgeschritten. Zum einen ist die Diffusion innerhalb der Gruppe der Dieselfahrzeuge schon im Jahr 2001 fast vollständig abgeschlossen (Abb. 27), d. h. so gut wie alle neuen Dieselfahrzeuge sind mit einer Hochdruck-Einspritzung ausgestattet. Zum anderen nimmt der Anteil von Dieselmotoren bei Personenkraftwagen stetig zu. Da Dieselmotoren einen um 30 % geringeren Verbrauch aufweisen und Dieselkraftstoff billiger ist als Benzin, gibt es in Europa einen höheren Anreiz, ein Fahrzeug mit Dieselmotor zu betreiben als in anderen Ländern. In Frankreich entfielen im Jahre 2001 50 % aller Neufahrzeuge auf Autos mit Dieselmotoren und in Deutschland betrug der Anteil ein Viertel.

Es hat sich jedoch gezeigt, dass die Kraftstoffeffizienz nicht der einzige Erfolgsfaktor der Direkteinspritzung war, sondern die bessere Fahrdynamik. Autos mit einer Energiespartechnik, die zu Lasten der Leistungswerte geht, hatten sich in der Vergangenheit als wenig erfolgreiche Modelle erwiesen (Hoffman 2002). Die Fahrzeughersteller investierten daher nicht mehr in Umweltinnovationen, die die Fahrdynamik reduzieren würden, sondern konzentrierten ihre Forschungsanstrengungen auf die gleichzeitige Verbesserung von Leistungskennwerten und Verbrauch. Die Direkteinspritzung hat diese Anforderungen erfüllt und in der Tat mit höheren Beschleunigungswerten und einer erhöhen Elastizität die Käufer überzeugt, und zwar nicht nur in Ländern mit besonders hohen, sondern auch in Ländern mit moderaten oder niedrigen Kraftstoffpreisen. Man kann also argumentieren, dass Deutschland bei der Direkteinspritzung der Lead-Markt ist, nicht allein wegen der hohen Kraftstoffpreise, sondern auch aufgrund der extremen Anforderungen an die Fahrdynamik.

Da die Hochdruckeinspritzung Vorteile bei der Fahrdynamik hat, wurde die Hochdruckeinspritzung in der Markteinführungsphase schnell als Sonderausstattung angenommen, trotz des höheren Preises. Da das Einspritzsystem bis zu 40 % der Motorkosten ausmacht, war der Mehrpreis zunächst erheblich. Allerdings förderte der frühe Markt vor allem in Deutschland den Einstieg von Zulieferern wie Bosch, die durch ihre Erfahrungen in der Massenfertigung die Kosten der Direkteinspritzung erheblich reduzieren konnten. Dies ermöglichte nach ein paar Jahren die Annahme des Common-Rail-Systems auch in Ländern, in denen die Kunden zunächst nicht bereit waren, den Mehrpreis zu tragen.

Durch die Verbrauchseffizienz ist der bis dahin von der Politik eher als Umweltbelastung charakterisierte und in einigen Ländern sogar höher besteuerte Dieselmotor als ein Mittel zur Senkung des durchschnittlichen Kraftstoffverbrauchs und der im Kyoto-Protokoll vertraglich festgelegten CO_2-Emissionen neu ins Bewusstsein der Politik gerückt. Er wird seit mehreren Jahren zunehmend von staatlichen Regulierungen begünstigt. So wurde in Italien die (Straf-)Steuer auf Dieselfahrzeuge reduziert, in vielen anderen Ländern werden hoch effiziente Dieselfahrzeuge steuerlich begünstigt.

In den USA und Japan werden dagegen nur sehr wenige Personenkraftwagen mit Dieselmotor angetrieben. Zuletzt hatte der größte US-amerikanische Autokonzern GM Anfang der 1980er Jahre den Markteintritt versucht. Er scheiterte aber darin, den Dieselmotor als Nischenmarkt zu etablieren, da in den USA den Nachteilen eines Dieselmotors nur geringe Vorteile gegenüberstanden. So verkaufen bisher nur wenige Tankstellen Dieselkraftstoff. Zudem ist der Benzinverbrauch aufgrund der niedrigen Benzinpreise ein eher unbedeutender Entscheidungsfaktor. Der Anteil von Geländewagen mit besonders hohem Kraftstoffverbrauch ist in den 1990er Jahren sogar stark angestiegen. Ein weiterer Unterschied zu den USA ist die Abgasgesetzgebung. Die staatlichen Aufsichtsämter in den USA legen den Schwerpunkt auf die Verminderung von Stickoxiden (NO_x) im Abgas, während in Europa die CO_2-Belastung im Vordergrund steht. Da der Dieselmotor einen höheren NO_x-Ausstoß hat, wird er in den USA staatlicherseits benachteiligt, in einigen Bundesstaaten wie Kalifornien ist er durch besonders strenge Grenzwerte sogar praktisch verboten.

Durch diese unterschiedlichen Marktbedingungen gehen die Anstrengungen der Automobilunternehmen in Europa, Japan und den USA in unterschiedliche Richtungen. In Europa zielt der technische Fortschritt auf einen geringeren Verbrauch ab. Da der Dieselmotor theoretisch effizienter ist als der Benzinmotor, und damit weniger CO_2 ausstößt, setzen die Fahrzeughersteller in Europa vor allem auf die Weiterentwicklung des Dieselmotors. In den USA favorisiert die Politik völlig neue Antriebskonzepte, wie z. B. die Brennstoffzelle, um den Luftbelastung mit dem Schadstoff NO_x drastisch zu senken. Der Dieselmotor wird deshalb als kontraproduktiv angesehen, da er beim NOx-Ausstoß am schlechtesten unter allen Antriebsalternativen abschneidet. In Japan schließlich macht aufgrund der dortigen Fahrbedingungen der Hybridmotor, eine Kombination aus Benzin und Elektromotor, umweltpolitisch am meisten Sinn (Beise, Rennings 2004). Hier deutet sich also ein Wettbewerb zwischen den unterschiedlichen regionalen Technikkonzepten auf dem Weltmarkt an, wobei offen ist, welches Land bzw. welche Region sich als Lead-Markt für die Antriebsart der nächsten Generation durchsetzen wird. Dies wird u. a. davon abhängen, wie sich die die Chancen des Dieselmotors auf dem US-Markt entwickeln. Nur 1 % aller Neufahrzeuge in den USA haben Dieselmotoren. Dies sind zudem überwiegend Geländewagen. Bisher bietet nur VW Dieselmotoren für Mittelklassefahrzeuge in den USA an, und neuerdings auch wieder Mercedes-Benz.

2.3.9 Windenergie[12]

Die Windenergie wird seit Jahrhunderten zur dezentralen mechanischen Energieerzeugung genutzt. Sie stellte in vielen Ländern einen hohen Anteil an der Energiegewinnung. Mit der Entdeckung der industriellen Nutzung fossiler Energieträger wie Kohle, Erdöl und Uran wurden jedoch die traditionellen natürlichen Energiequellen als Energielieferanten fast vollständig verdrängt. Der Lead-Markt für Öl und Atomenergie, die heutzutage in den meisten Industrieländern den größten Anteil an der Energiegewinnung stellen, war die USA. Nach den Ölkrisen in den 1970er Jahren begann man allerdings von staatlicher Seite wieder verstärkt alternative Energien zu fördern. Als besonders aussichtsreich und ökonomisch sinnvoll erwies sich die Nutzung der Windenergie. Seit Ende des 20. Jahrhunderts wird Windenergie in einigen Ländern wieder zunehmend als wichtige Energiequelle zur Erzeugung elektrischen Stromes genutzt. So werden seit Mitte der 1980er Jahre Windparks kommerziell betrieben, die Strom aus Windenergie in das Netz einspeisen.

Eine führende Rolle bei der Windenergienutzung kam dabei Dänemark und Deutschland zu. Zwar wurden die größten Windenergieanlagen in den USA errichtet, als Anteil an der gesamten Stromproduktion liegt die Windenergienutzung

Abb. 28: Internationale Diffusion von Windkraftgeneratoren 1975-2000

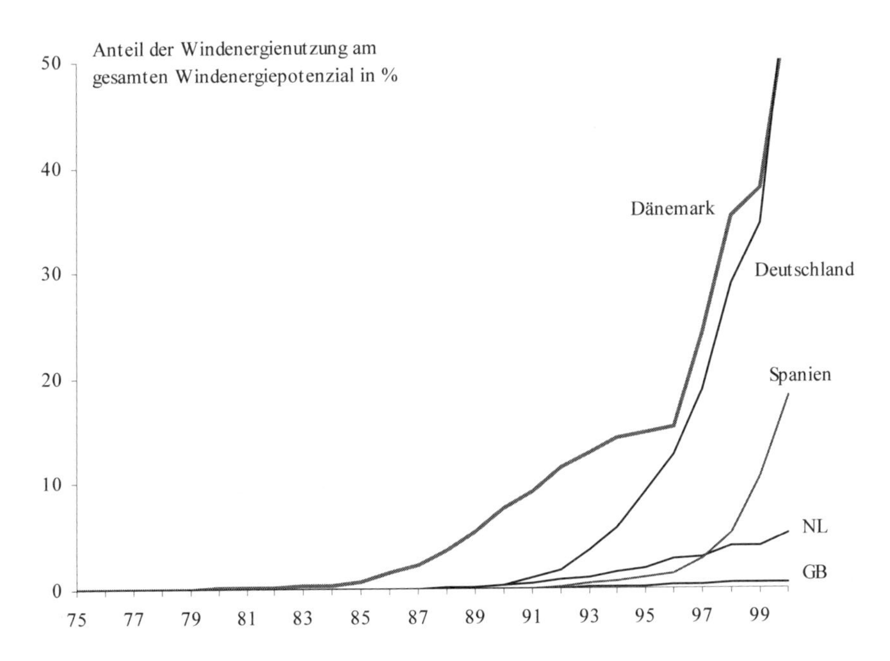

Quelle: OECD, Lehmann, Reetz (1995), eigene Berechungen.

12 Diese Fallstudie basiert auf Beise und Rennings (2005).

allerdings weit unter der in Deutschland oder gar Dänemark. In Dänemark wurden im Jahr 2000 bereits 12 % der elektrischen Energie aus Wind erzeugt, während der Anteil in Deutschland 1,6 % und in den USA 0,1 % beträgt. Als Indikator für den Diffusionsverlauf ist in Abbildung 28 allerdings ein anderes Maß verwendet worden. Denn die Nachfrage nach Strom aus Windenergie kann nicht direkt gemessen werden, weil das Angebot an Wind pro Land begrenzt ist. Der Wind weht eben von Land zu Land unterschiedlich oft und mit unterschiedlicher Stärke. Wir wollen die Nachfrage nach alternativen Energien deshalb danach beurteilen, wie intensiv der vorhandene Wind genutzt wird. Als Marktdurchdringung soll die Ausnutzung des zur Verfügung stehenden Windes – des so genannten Winddargebotes – genommen werden. Lehmann und Reetz (1995) haben das Winddargebot für mehrere Länder geschätzt. Die Schätzung des technisch nutzbaren Potenzials der Windenergie hängt dabei von vielen Faktoren ab. Technisch interessant sind heute Gebiete, in denen die Windgeschwindigkeit 4 bis 5 m/s übersteigt. Das hier verwendete Potenzial wurde anhand der verfügbaren Flächen und unter der Annahme berechnet, dass in den Gebieten mit durchschnittlichen Windgeschwindigkeiten von mehr als 5 Meter pro Sekunde unter Beachtung verschiedener Restriktionen nur 30 % der möglichen Kapazität installiert werden kann.

Gemessen an der Ausnutzung des vorhandenen Winds ist Dänemark der führende Markt, gefolgt von Deutschland und Spanien (Abbildung 28). Die USA ist zwar nicht verzeichnet, da keine Angaben zum Windenergiepotenzial vorliegen. Es darf aber aufgrund der geringen Windnutzung in den USA relativ zur Landesgröße angenommen werden, dass die Durchdringungsraten unter denen der drei führenden Länder liegt. Die Rangfolge der Windenergienutzung deutet schon an, dass die Windnutzung nicht überwiegend mit dem Vorhandensein von Wind verbunden ist. Denn der meiste Wind weht in Großbritannien und Norwegen, während in Deutschland eher weniger Wind bläst. Zweitens ist die Nutzung der Windenergie noch sehr auf wenige Länder konzentriert und es ist noch nicht abzusehen, wie viele Länder dem Beispiel Dänemarks und Deutschlands tatsächlich folgen werden. Allerdings lassen die staatlichen Initiativen in vielen Ländern, auch in Entwicklungsländern, erwarten, dass die Windenergienutzung tatsächlich einen internationalen Trend darstellt.

Nach der Zeit der Windmühlen wurden erst in den 1920er Jahren wieder kommerzielle Windenergieanlagen in den USA, Deutschland und Russland geplant. Allerdings kann erst heutzutage die Windenergie einigermaßen ökonomisch genutzt werden. Denn die Windenergie hat im Vergleich zu anderen Energieträgern, wie z. B. Kohle, Öl und Wasserkraft, erhebliche Nachteile. So weisen Windräder die achthundertfache Größe im Vergleich zu Ölkraftwerken auf, um die gleiche Leistung zu erbringen. Zum anderen wird nur dann Energie erzeugt, wenn der Wind bläst. Im Laufe der Zeit wurde eine Reihe von unterschiedlichen Designs von Windgeneratoren entwickelt und getestet. Einerseits mussten Effizienz und Zuverlässigkeit erhöht werden, so dass Windräder gegenüber anderen Energieformen konkurrieren konnten (Gipe 1995, S. 169). Andererseits haben die großen Energieversorgungsunternehmen ein starkes Interesse daran, die Windenergie, die traditionell dezentral organisiert ist, mehr oder weniger zentral industriell zu nutzen.

Das optimale Design einer Windmühle kann dabei von Land zu Land verschieden sein. Denn die Winddynamik stellt unterschiedliche Anforderungen an das Design einer Windmühle. So ist nicht nur die Windstärke von Land zu Land unterschiedlich, sondern auch das Windprofil innerhalb eines Landes. In einigen Ländern ändert sich die Windrichtung oft, während sie in anderen immer gleich bleibt. In Japan z. B. wurde die Winddynamik eher als ungünstig für die traditionellen Windmühlendesigns eingeschätzt.

Das heißt insgesamt, dass sowohl die ordnungspolitischen Rahmenbedingungen für den Betrieb von Elektrizitätswerken, die Betreiberstruktur von Windenergieanlagen und die Preise des elektrischen Stroms aus fossilen Brennstoffen als auch das Windaufkommen einen Einfluss auf Windmühlendesign und Ausmaß der Windenergienutzung in einem Land ausüben. Zunächst ist also zu erwarten, dass von Land zu Land unterschiedliche Formen der Windenergienutzung entstehen. In der Tat haben die einzelnen Länder zunächst unterschiedliche technische Entwicklungspfade eingeschlagen. Schaut man sich allerdings heute die Windparks in den USA oder Europa an, so erkennt man, dass sich ein einheitlicher Standardtyp, ein dominantes Design, durchgesetzt hat. Von den allermeisten Herstellern von Generatoren zur Nutzung der Windenergie wird ein Standardtyp angeboten: ein Turm mit drei Propellerblättern mit 3-Phasen-Asynchrongenerator, Käfigläufer und Stallregelung. Die Stallregelung dient zur Abwehr von Gefahren bei hohen Windgeschwindigkeiten. Bei hohen Windgeschwindigkeiten entstehen aufgrund des besonderen aerodynamischen Profils der Stall-Rotorblätter Turbulenzen an der dem Wind abgewandten Seite des Blattes, die den Antrieb des Rotors verringert. Dieser Typ wird als „europäischer“ oder „dänischer“ Typ bezeichnet (Gipe 1995).

Die Dänen haben eine lange Tradition im Windanlagenbau. Bereits Anfang des 20. Jahrhunderts unterhielten Stromerzeuger und private Investoren Windkrafträder. In den Jahren 1956-57 baute Johannes Juul an der Gedser Küste im Süden Dänemarks das erste Model, das sich in seinem prinzipiellen Aufbau später als das weltweit dominante Design durchsetzen sollte (Abb. 29).

Man kann dennoch nicht von einem technischen Vorsprung der Dänen sprechen. Die Forschungsprogramme in den USA und Deutschland waren weitaus umfangreicher als die Forschung in Dänemark, wo viele Anlagen aus privaten Initiativen hervorgegangen sind. Der Vorteil in Dänemark lag eher in der Anwendungsorientierung und der beständigen Suche nach einem ökonomischen Windgenerator. Die dänische Entwicklungslinie der Technik ist geprägt von zunächst kleinen dezentralen Windrädern, die nach und nach größer ausgelegt wurden. Die Weiterentwicklung hin zu immer leistungsfähigeren Generatoren erfolgte im Laufe der Zeit entlang dieses Typs. In Deutschland war die Entwicklungslinie dagegen mehr technikorientiert. So versuchte man in den 1980er Jahren – staatlicherseits gefördert – gleich mit einer Großanlage von über 100 Metern Höhe, dem so genannten Growian, zum Durchbruch zu kommen. Die Gründe bestanden vor allem in den theoretisch vorhandenen technischen Vorteilen und dem Interesse der großen Energieerzeuger in Großanlagen. Diese wollten ihre Erfahrung mit Großkraftwerken nutzen. Kleine, dezentrale Einheiten waren weniger attraktiv für sie. Growian erwies sich allerdings technisch als zu komplex und wurde nach einer Testphase stillgelegt. Der technisch-kommerzielle Entwicklungspfad der Dänen sollte sich

Abb. 29: Der erste Windgenerator des „Dänischen Typs" an der Gedser Küste 1956 (links) und ein moderner Windpark mit Windgeneratoren von GE in Colorado (rechts)

Quelle: Technical University of Denmark; Craig Cox, Interwest Energy Alliance

als der optimale herausstellen. Die dänischen Windkrafträder waren auch für andere Länder vorteilhaft, sogar für diejenigen Länder, in denen andere Bedingungen herrschten. Durch die Anwendungsorientierung wurde der Windkraftgenerator schon früh standardisiert, denn dadurch wurde die Zuverlässigkeit erhöht und der Preis einer Anlage gesenkt. Dies wiederum zog Exporte in die USA und andere Länder nach sich, in denen der ökonomische Gesichtspunkt einen mindestens genauso großen Stellenwert hatte wie der ökologische. Auf diesem Wege erreichten die Modelle der dänischen Entwicklungslinie den Rang eines weltweiten Standards für Windenergieparks.

Die Reihenfolge der Länder bezüglich der Windnutzung spiegelt sich letztlich auch beim kommerziellen Erfolg wider. Auf dem Weltmarkt für Windenergieanlagen halten die dänischen Hersteller Ende der 1990er Jahre einen Marktanteil von ca. 50 %, die deutschen einen Anteil von etwa 20 % und die amerikanischen Anbieter ca. 10 % (Quelle: BTM Consult). Die dänische Industrie ist dabei mit einem Exportanteil von 80 % der inländischen Produktion weitaus exportintensiver als die deutsche.

Der Exporterfolg Dänemarks ist zwar für die Wirtschaft Dänemarks von substanzieller Größe, die Windenergie selbst hat sich international aber noch lange nicht so etabliert wie in Dänemark. Noch sind nicht viele Länder mit dem Ausbau der Windenergie den führenden Ländern gefolgt. Damit dies eintritt, müssen die Bedingungen, wie sie in Dänemark und Deutschland herrschen, auch in anderen Ländern gegeben sein. Noch ist die Windenergie nicht in allen Ländern für private Investoren profitabel. Strom aus Windenergie ist in den allermeisten Ländern mit Entstehungskosten verbunden, die den Preis für Strom aus fossilen Energiequellen übersteigen. Die Nutzung der Windenergie ist nicht nur von dem Winddargebot, sondern auch vom Strompreis abhängig. Dänemark hat aus politischen Gründen den höchsten Strompreis weltweit. In anderen Ländern ist der Strompreis weit geringer. Die Höhe der Strompreise hängt neben den heimischen Vorkommen von Öl von der Besteuerung und von dem Grad der Liberalisierung des lokalen Strommarktes ab. Die zunehmende weltweite Liberalisierung der Strombranche führt allerdings zu sinkenden Strompreisen, was gegen die Internationalisierung der Windenergienutzung spricht.

Eine besondere Bedeutung bei der Windenergienutzung kommt deshalb der staatlichen Förderung zu. Denn die Nutzung der Windenergie ist noch immer von staatlicher Förderung abhängig. In Kalifornien führte die steuerliche Begünstigung der Windenergie in den 1980er Jahren zu einem Boom an Windenergieparks, der deutlich zurückging als die Förderung wieder abgeschafft wurde (Gipe 1995). In den europäischen Ländern wurde die Förderung dagegen entweder aufrechterhalten oder eingeführt. Beise und Rennings (2005) haben die unterschiedlichen Fördermodelle wie Einspeisetarife, handelbare Zertifikate und Bidding Systeme untersucht. Sie kommen zum Ergebnis, dass nur die Einspeisevergütung zu einem größeren Aufbau einer nationalen Windenergieindustrie führte. Bei Umweltinnovationen, die erst mit Hilfe von staatlichen Anreizen genutzt werden, setzt der internationale Erfolg die internationale Diffusion der entsprechenden Politikmaßnahmen voraus. Im Falle der Windenergie ist die entscheidende staatliche Förderung die Einspeisevergütung für Strom aus dezentralen Anlagen. Es ist kaum abzusehen, ob die USA eine solche Regelung in Zukunft einführt.

2.3.10 Kunstfasern[13]

Kunstfasern sind chemisch erzeugte Fasern auf Basis von pflanzlichen Bestandteilen (Zellulose) oder chemischen Stoffen (Synthesefasern). Synthesefasern werden seit den 1940er Jahren industriell hergestellt. Ihr Anteil an der weltweiten Textilproduktion steigt seitdem kontinuierlich, während Zellulose gewissermaßen eine Faser des Übergangs war (Abb. 30). Seit Ende der 1990er Jahre übersteigt der Anteil der synthetischen Fasern den der natürlichen Fasern. Naturfasern und Polymere aus pflanzlichen Rohstoffen, z. B. Viskose, spielen vor allem noch bei Alltagsbekleidung, Autoreifen und zu einem geringen Teil bei Filtermedien eine – allerdings ebenfalls schrumpfende – Rolle.

Zellulosefasern sind die ersten künstlich erzeugten, allerdings auf Naturprodukten basierenden Fasern. Sie wurden Ende des 19. Jahrhunderts in Frankreich und den USA erfunden und werden seit Anfang des 20. Jahrhunderts in der Textilwirt-

[13] Die Fallstudie basiert auf Beise, Cleff, Heneric, Rammer (2002).

Abb. 30: Anteil synthetischer Fasern in der weltweiten Textilproduktion 1900-2000

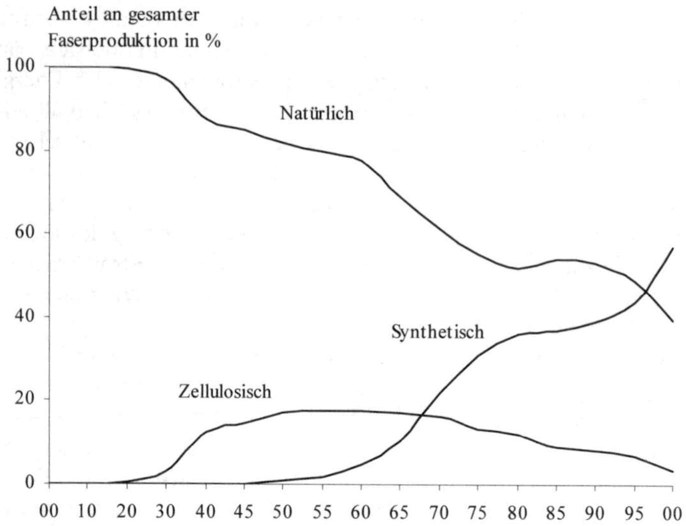

Anteil an gesamter Faserproduktion in %

100
80
60
40
20
0

Natürlich
Synthetisch
Zellulosisch

00 10 20 30 40 45 50 55 60 65 70 75 80 85 90 95 00

Quelle: CIRFS.

schaft eingesetzt. Nachdem ihr Anteil Mitte des Jahrhundert fast 20 % an der gesamten Produktion von Fasern erreichte, wurden sie bis Ende des Jahrhunderts fast vollständig von den synthetischen Fasern verdrängt, obwohl noch in den 1990er Jahren neue Zellulosefasern wie Lycocell entdeckt und am Markt eingeführt wurden. Die erste synthetische Faser, das Nylon, wurde in den 1930er Jahren bei DuPont in den USA und in Deutschland erfunden. Nach und nach wurden neue Chemiefasern entdeckt und für verschiedene Anwendungen verwendet. Unter den synthetischen Fasern hat der Polyester seit den 1970er Jahren den größten Anteil (Abb. 31). Polyester wurde 1941 in England entdeckt und wird in allen Bereichen der Textilwirtschaft eingesetzt. Sein Anteil scheint Ende der 1990er Jahre den Zenit bei rund 60 % aller Chemiefasern überschritten zu haben. Amide und Acryle sind mengenmäßig die nächstwichtigsten Chemiefasern. Aber auch deren Anteile sinken wieder. Amide, vor allem das Nylon, werden wegen ihrer Festigkeit und ihrem hohen Schmelzpunkt in vielen technischen Anwendungen bevorzugt. Acryle haben den höchsten Schmelzpunkt und werden daher z. B. in Filtern für Rauchgasanlagen verwendet.

In den 1990er Jahren ist die Produktion von Olefinen erheblich ausgeweitet worden. Ihre spezifischen Eigenschaften (Leichtigkeit, elektrische Leitfähigkeit) und die geringen Herstellungskosten haben Olefine zu den wachstumsstärksten Fasern gemacht. Die durchschnittliche jährliche Wachstumsrate lag in den letzten 20 Jahren bei 9 %. Sie werden vor allem bei Filtern, in der Medizintechnik, in Teppichen und bei Geotextilien sowie in der Autoindustrie eingesetzt und gelten als Grundsubstanz für die kommenden so genannten „intelligenten“ Textilien. Das sind Textilien, die bestimmte zusätzliche Eigenschaften aufweisen wie z. B.

Abb. 31: Anteil von Polymerarten an der Weltproduktion von Chemiefasern 1970-2000

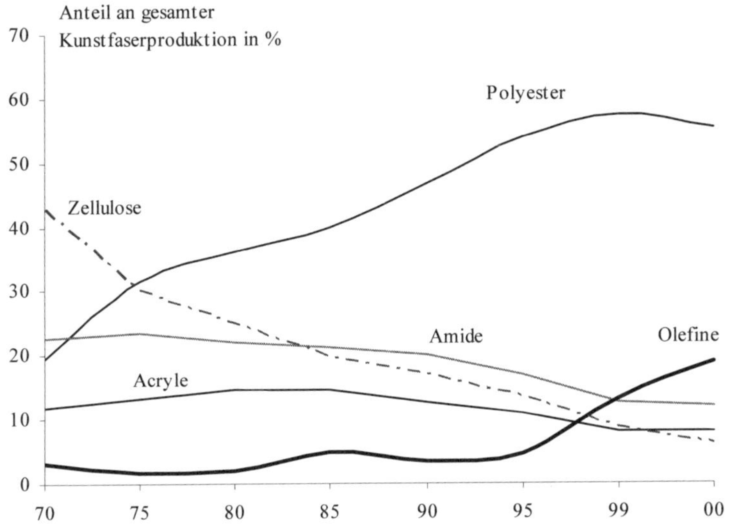

Quelle: Fibresource, eigene Berechnungen.

Stromleitfähigkeit. Ein wachsender Anwendungsbereich von Olefinen sind Vliesstoffe. Dies sind Textilien, die nicht gewebt sind, sondern lose zusammenhängen. Olefine sind zudem leicht recyclebar. Olefine wurden in Italien im Jahr 1957 zum ersten Mal produziert, kurz danach auch in den USA und Japan.

Diese kurze Geschichte der Kunstfasern deutet an, dass in vielen Ländern ein hohes technisch-wissenschaftliches Forschungspotenzial vorhanden war. Als Ergebnis entstanden in vielen Industrieländern auch bedeutende Kunstfaserproduzenten. Kunstfasern gehörten auch zu den ersten Industrien, in denen die aufstrebenden Länder Asiens Marktanteile gewinnen konnten. Technologische Vorsprünge reichen jedenfalls kaum aus, um das Nutzungsmuster synthetischer Fasern zu erklären.

Vielmehr führt die Tatsache, dass aufgrund des Klimas, des Geschmacks, der Verbreitung von bestimmten Sportarten oder des technischen Einsatzes in der Industrie international unterschiedliche Anforderungen an Textilien gestellt werden, zu Variationen bei den Textilien und Chemiefasern. So führt z. B. die unterschiedlich hohe Durchschnittgeschwindigkeit bei Reifen zum Einsatz von Viskose in Europa, Polyamid in Asien und Polyester in den USA. Verstärkte Recyclinganforderungen resultieren in der Zunahme von olefinbasierten Textilien im Auto usw.

Unabhängig von diesen vielfältigen regionalen Nutzungsbedingungen nahmen allerdings die USA eine Führungsrolle bei der generellen Anwendung von Chemiefasern ein. Schon Hufbauer (1966) hatte bei synthetischen Stoffen eine führende Rolle der USA identifiziert. Auch in dem klassischen Produktlebenzyklusmodell von Vernon (1966) ging der frühe Gebrauch von Innovationen in den USA

Abb. 32: Anteil von Olefinen in den USA, Japan und Deutschland 1970-2000

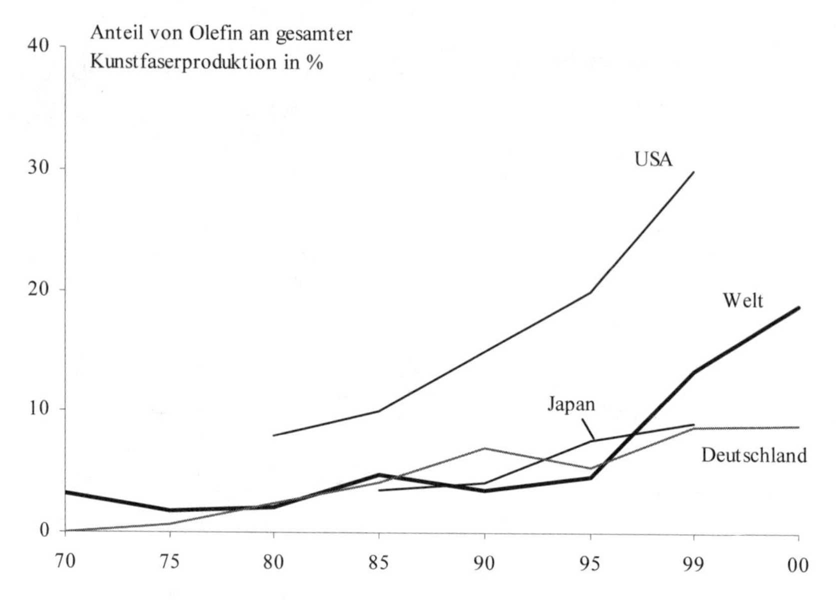

Quelle: ZEW, Fibresource, CIRFS, Japan Chemical Fibers Association.

von einer besonders hohen Nachfrage aus. Die Führungsrolle nahmen die USA selbst vor dem Hintergrund einer starken heimischen Baumwollproduktion ein – im Gegensatz zu Westeuropa, wo kaum natürliche Fasern produziert werden. Ein fehlender Zugang zu natürlichen Fasern kann also kein Grund für einen frühen Nutzungszeitpunkt sein. Hier soll diese Führungsrolle für den Fall der Olefine weiter diskutiert werden. Die USA dominieren auch bei der Nutzung und Produktion von Olefinen, gemessen am Anteil aller verwendeten bzw. produzierten Chemiefasern (Abb. 32).[14]

Aufgrund der vielfältigen Vorteile steigt die Anwendung von olefinbasierten Fasern in allen Ländern. Japan und Deutschland, wo Unternehmen ebenfalls über die Technologie der Olefinfaser und die entsprechenden Ressourcen verfügen, liegen im Weltdurchschnitt, scheinen aber sogar in den letzten Jahren die einsetzende Dynamik nicht mitzuvollziehen. Gemessen an der Gesamtnachfrage an Textilien in diesen Ländern ist der dortige Anteil der Olefine noch gering.

Für die Pionierrolle der USA kann in der Regel der spezielle Markt in den USA verantwortlich gemacht werden. Zunächst wurden neue Fasern häufig bei militärischen Anwendungen genutzt, z. B. Nylon bei Fallschirmen, oder bei extremen Anwendungen wie Weltraumanzügen (Aramid) oder Feuerwehrbekleidung (Kevlar). Nachdem die Erfahrungen in der Produktion im Laufe der Zeit eine Senkung

[14] Da nur Produktionszahlen vorliegen, werden wir diese als Approximation für die Inlandsnachfrage verwenden.

der Produktionskosten ermöglichen, werden die neuen Fasern auch in Produkten des privaten Verbrauchs eingesetzt. Diese traditionelle Führerschaft drückt sich auch in der höheren Produktivität der US-Textilindustrie aus (EU 2000, S. 4). Die Gründe für die hinterherhinkende Nachfrage in Deutschland und Japan liegt wohl in den Präferenzen der Konsumenten. Der deutsche Bekleidungsmarkt wird von Textilunternehmen und Faserherstellern als sehr „traditionell" bezeichnet. So gibt es in Deutschland weiterhin eine Nachfrage für Wolle und zellulosebasierte Stoffe. In Japan besteht weiterhin eine große Nachfrage nach Seide. Für diese Materialien schrumpft die internationale Nachfrage kontinuierlich und im US-Markt spielen sie nur noch eine marginale Rolle. In Deutschland halten Zellulosefasern dagegen noch immer einen Anteil von knapp 20 % an allen Chemiefasern. Der internationale Trend zu den Kunstfasern wird vor allem von den Kostenvorteilen bestimmt.

Diese Charakterisierung des deutschen und japanischen Marktes als traditionell gilt zwar nicht für den Bereich der technischen Textilien, aber auch hier führt die USA bei der Anwendung von Olefinen. Vliesstoffe sind z. B. eine wesentliche treibende Kraft für den Trend in Richtung Olefine. Vliesstoffe haben den Vorzug, dass bereits im ersten Arbeitsschritt aus Fasern textile Flächengebilde hergestellt werden können, was eine kostengünstige Produktion erlaubt. Der Einsatzbereich von Vliesen ist vielfältig und wird laufend ausgeweitet. Er reicht von der Bekleidungsindustrie (Einlagestoffe, Futter) über Heimtextilien (Teppiche) und Medizin- und Hygieneprodukte (Windeln, Verbände) bis zu technischen Textilien (z. B. Filter). Die Verfahren zur Herstellung von Vliesen wurden wesentlich in Deutschland Ende der 1930er Jahre von dem Weinheimer Unternehmen Freudenberg entwickelt. Führend beim Trend zu Vliesen ist heute allerdings die USA. Der große Heimatmarkt und Kostenvorteile, die aus dem frühen Einstieg in die Olefinproduktion resultieren, machen die Lead-Markt-Rolle der USA aus. Anfang der 1980er Jahre kam über die Hälfte der weltweiten Nachfrage nach Vliesstoffen aus den USA. Seither ist ihr Anteil zwar auf rund ein Drittel zurückgegangen, vor allem weil auch Länder außerhalb der OECD als Nachfrager an Bedeutung gewonnen haben. Im Pro-Kopf-Verbrauch liegen die USA aber weiterhin klar vor Westeuropa und Japan.

Die Führungsrolle der USA bei den Kunstfasern lässt sich also nicht allein aus einer „traditionellen" oder „anspruchslosen" Nachfrage in den „Lag"-Ländern erklären. Vermutet werden kann, dass das Nachfragesystem in den USA auf die Nutzung von neuen Fasern ausgerichtet ist, die technisch bessere Eigenschaften haben, langfristig aber vor allem auch kostengünstiger sind. In vielen Anwendungsgebieten neuer Textilien wie Sport- und Outdoor-Bekleidung und intelligenten Textilien ist in den USA eine frühe Favorisierung von neuen Materialien zu beobachten. Dass andere Länder folgen, liegt zum einen an der Trendsetter-Rolle der USA bei diesen Anwendungsbereichen und zum anderen an den Kostenvorteilen, die aus der durch den großen US-Markt möglichen Massenproduktion in der Kunstfaserindustrie resultieren. Auch in diesem Beispiel wird deutlich, dass die Lead-Markt-Rolle eines Landes über eine lange Zeit erhalten bleibt, selbst bei veränderten Marktkonstellationen.

2.3.11 Digitalkameras

Fotokameras mit digitaler Bildspeicherung sind eine der erfolgreichsten Innovationen der letzten Jahre. Im Jahre 2003 wurden schätzungsweise 50 Mio. Digitalkameras verkauft. Innerhalb von 4 Jahren hat sich der Umsatz nach Stückzahlen damit verzehnfacht. Japanische Kamerahersteller beherrschen den Markt fast vollständig, zählt man die japanische Tochterfirma von Kodak dazu, die für die Entwicklung von Kodakkameras verantwortlich ist. Dabei sah es in den 1990er Jahren zunächst so aus, als würden US-amerikanische Computerunternehmen die Kameraindustrie den Japanern entreißen können. Tatsächlich aber konnten sich die japanischen Hersteller traditioneller Fotoapparate im Geschäft mit Digitalkameras erfolgreich behaupten. Der Grund für die dominante Marktposition der traditionellen japanischen Kamera- und Computerhersteller bei Digitalkameras war wieder einmal der heimische Markt. Denn der Lead-Markt dieser großen neuen Industrie ist Japan. Der japanische Markt weist seit dem Marktdurchbruch der Digitalkamera Ende der 1990er Jahre die höchsten Durchdringungsraten auf (Abb. 33). Die USA folgt mit ein paar Jahren Rückstand und Europa liegt wiederum einige Jahre zurück.

Die Anfänge der Digitalkamera gehen bis in die 1970er Jahre zurück. Mit der Erfindung des CCD-Chips im Jahre 1969 bei den Bell Laboratorien wurden die technischen Grundlagen für den Sensor gelegt, der ein optisches Bild in digitale Helligkeitswerte umwandeln kann und das Herz jeder Digitalkamera ist. Seitdem

Abb. 33: Diffusion der Digitalkamera in ausgewählten Ländern 1996 bis 2003

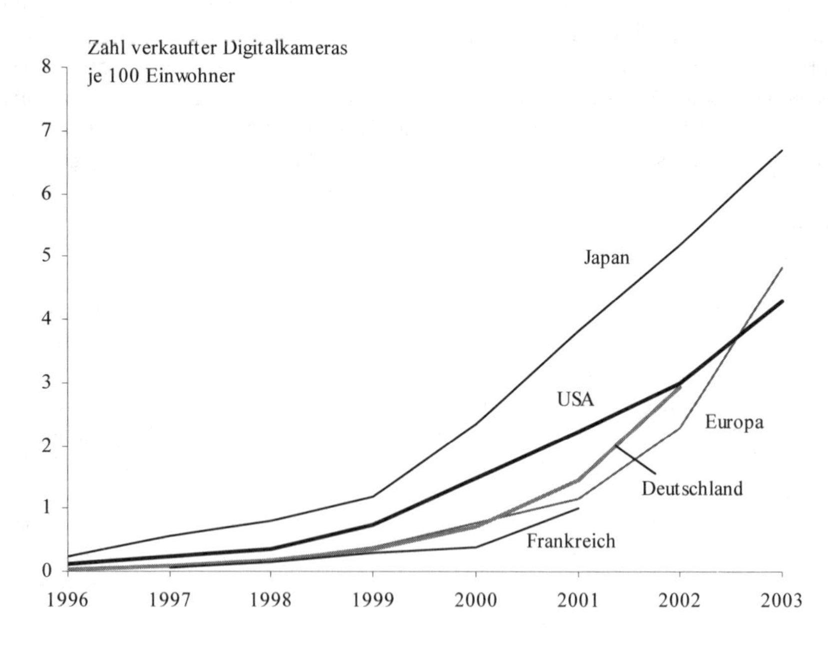

Quelle: CIPA, PMA Marketing Research, Prophoto GmbH, sipec, eigene Schätzungen.

wird bei Kodak intensiv an der Digitalphotographie gearbeitet. Denn man hatte früh erkannt, dass die elektronische Fotographie eine Bedrohung des Stammgeschäftes der chemischen Photographie sein würde. In den 1970er Jahren wurden vor allem Fortschritte bei der digitalen Bildverarbeitung gemacht. Im Jahr 1975 wurde dann der erste Prototyp einer Digitalkamera vorgestellt. Dass Kodak in der Tat führend in der digitalen Bildverarbeitung war, zeigt sich daran, dass erhebliche Lizenzzahlungen an Kodak abgeführt werden – vor allem auch aus Japan. In Japan fing Sony in den 1970er Jahren als erstes Unternehmen an, Forschung und Entwicklung in der Digitalfotographie zu betreiben. Der erste Prototyp, die Mavica, wurde 1982 vorgestellt. Sony entwickelt seit dieser Zeit Videokameras und die Digitalkamera war tatsächlich eine digitale Videokamera, die Standbilder machen konnte. Kurz darauf fingen aber auch die traditionellen japanischen Kamerahersteller an, Digitalkameras zu entwickeln. Die Grundlagen der optischen Industrie in Japan liegen lange zurück. Während des Zweiten Weltkrieges bewirkte der hohe militärische Bedarf an fotografischen Luftaufnahmen erhebliche Anstrengungen der Industrie. Aufbauend auf den dabei entwickelten technischen Erfahrungen in der Produktion fingen nach dem Weltkrieg einige Unternehmen wieder an, Kameras für den heimischen Markt zu produzieren.

Im Gegensatz zu anderen japanischen Produkten trafen die Kameras dabei auf die Nachfrage amerikanischer Besatzungstruppen. Kameras wurden eines der erfolgreichsten Exportartikel in der frühen Phase der japanischen Nachkriegsge-

Abb. 34: Die Ablösung der Filmkamera durch die Digitalkamera 1996-2003

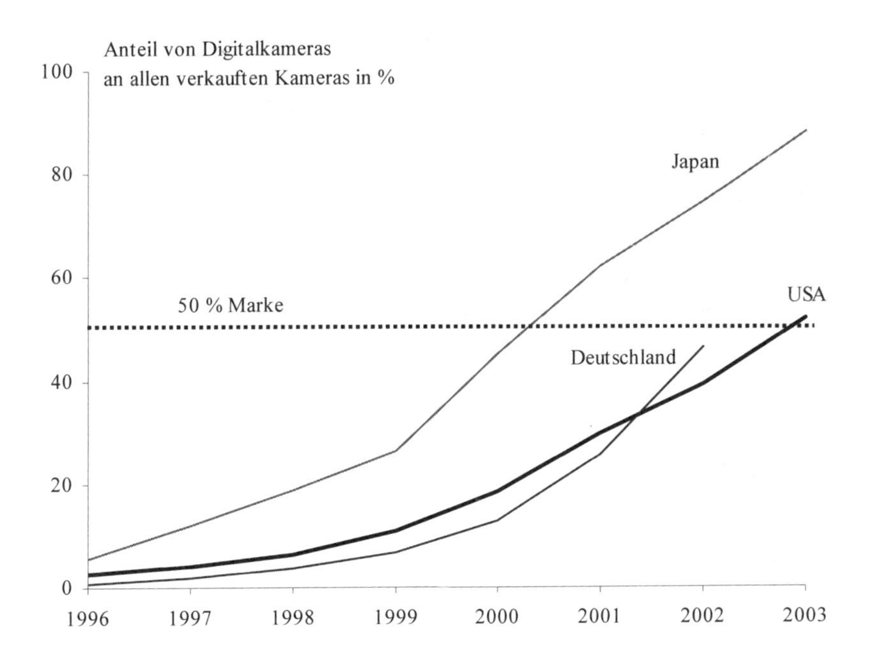

Quelle: CIPA, PMA Marketing Research, Prophoto GmbH, sipec, eigene Schätzungen.

Abb. 35: Erste Digitalkamera für den Konsumentenmarkt: Fotoman von Logitech (1990)

Quelle: Logitech.

schichte. Dabei wird allerdings übersehen, dass der japanische Markt selbst schon damals eine sehr große Präferenz für Kameras zeigte. In Japan sollte sich in kürzester Zeit einer der weltweit größten Märkte für Fotokameras entwickeln. Die Exportanteile lagen bis Mitte der 60er Jahre bei unter 50 %. Durch die Massenfertigung in Japan wurden preisgünstige Kameras auch auf dem Weltmarkt angeboten. Deutschland gehörte zwar bis in die 1970er Jahre zu den bedeutendsten Kameraherstellern der Welt. Mit dem zunehmenden Angebot an japanischen Kameras schwenkten jedoch viele Konsumenten auf die billigeren Exemplare um.

Die Kamerabegeisterung der Japaner zeigt sich in der kuriosen Entwicklung, die die Objektive der exklusiven Marke Contax des deutschen Feinmechanikunternehmens Zeiss genommen haben. Während Zeiss in Europa in eine Absatzkrise geriet, brummte der Markt in Japan weiterhin. Ein Großteil der Produktion wurde nach Japan exportiert, so dass man schließlich entschied, die gesamten Produktionsanlagen nach Japan an die Firma Yashica abzugeben.[15] Bis heute werden alle Zeiss-Objektive in Japan hergestellt, mittlerweile sogar in Massenfertigung für die Digitalkameras von Sony.

Beim Übergang von der chemischen zur digitalen Fotographie war der japanischen Markt wegweisend (Abb. 34). Schon im Jahr 2000 wurden in Japan mehr Digitalkameras als Filmkameras verkauft. In den USA wurde diese Wende erst

[15] Camera Lens News No. 3, Winter 1997, S. 199.

drei Jahre später eingeleitet. Obwohl schon in den 1970er Jahren erste Prototypen entwickelt wurden, verzögerte sich die Ablösung der Filmkamera durch die Digitalkamera also um 30 Jahre, denn es mussten zunächst viele technische Probleme bewältigt werden bevor eine einigermaßen gute Bildqualität erreicht wurde und ausreichende Speichermedien zur Verfügung standen.

Ein digitales Bild mit ausreichender Schärfe hat eine hohe Datenmenge, die erst durch kompakte Speicherchips Ende der 1990er Jahre in einem handlichen Format bewältig werden konnten. Außerdem stieg der Preis eines CCD-Chips mit hoher Anzahl an Bildpunkten exponentiell an. In den 1990er Jahren gab es deshalb nur zwei Marktsegmente: den professionellen Markt bei Zeitungen und Nachrichtenagenturen, die Preise von 10.000 US-Dollar für eine Digitalkamera mit hoher Bildschärfe akzeptierten, und den Konsumentenmarkt, für den nur eine geringe Pixelauflösung bezahlbar war. Mehrere Computerunternehmen traten in den Markt ein, da Digitalbilder niedriger Auflösung vor allem für Computeranwendungen geeignet schienen. Während Kodak sich auf den Profimarkt konzentrierte, wurden die ersten Konsumentenkameras Anfang der 1990er Jahre von Apple und Logitech (Abb. 35) angeboten. Diese beiden ersten Modelle basierten auf einer Entwicklung einer kleinen amerikanischen Firma namens Dycam, die aber bald darauf von der weiteren Entwicklung in der Digitalphotographie in Japan abgehängt wurde.

Die ersten Markterfahrungen mit den Digitalkameras Anfang der 1990er in den USA schienen Kodak in der Annahme Recht zu geben, dass die Ablösung der Filmkamera noch in weiter Ferne lag. Wenige Jahre vor dem Marktdurchbruch der Digitalkamera in Japan führte Kodak denn auch ein neues Filmformat im Markt ein, das ca. eine Milliarde US-Dollar an Investitionskosten verschlang. Das Advanced Photo System (ASP) sollte auf die Probleme der Konsumenten mit Filmkameras reagieren, indem ein leichter einzulegender und im Labor nachträglich zu bearbeitenden Film verwendet wurde. Allerdings konnte der nur mit einer entsprechenden neuen Kameras benutzt werden. Konsumentenforschung ergab, dass die Funktionen der APS-Kamera einer Digitalkamera bevorzugt würden.[16] Auch einige japanische Kamerahersteller schlossen sich dem neuen Standard an, aber der Markterfolg war recht mäßig. Abbildung 36 zeigt die Entwicklung der Verkäufe von APS-Kameras und Digitalkameras seit 1996. die Entwicklung ist vergleichbar mit dem Diffusionsmuster konkurrierender Technologien in Abbildung 5. Obwohl auch in Japan zuerst mehr APS- als Digitalkameras verkauft wurden, war der Abstand zwischen den beiden doch weit geringer als in den USA. In Japan nahm die Anzahl der verkauften APS-Kameras schon 1998 wieder ab, während der Absatz in den USA seinen Wendepunkt erst 2000 ereichte.

Aus Abbildung 36 ist auch zu entnehmen, dass der japanische Markt für Digitalkameras bis 1998 ungefähr genauso groß war wie der amerikanische bei halb so großer Bevölkerung war. Der europäische Markt, der von der Bevölkerung her noch einmal weit größer als der US-Markt ist, war zu diesem Zeitpunkt noch sehr unterentwickelt. Er überstieg den US-Markt bei Digitalkameras erst im Jahr 2003.

---

16 Businessweek vom 5.2.1996, „Will a new film click? Kodak, Fuji, and other photo giants are betting that it will".

Abb. 36: Verkaufte APS- und Digitalkameras in Japan und den USA 1996-2003

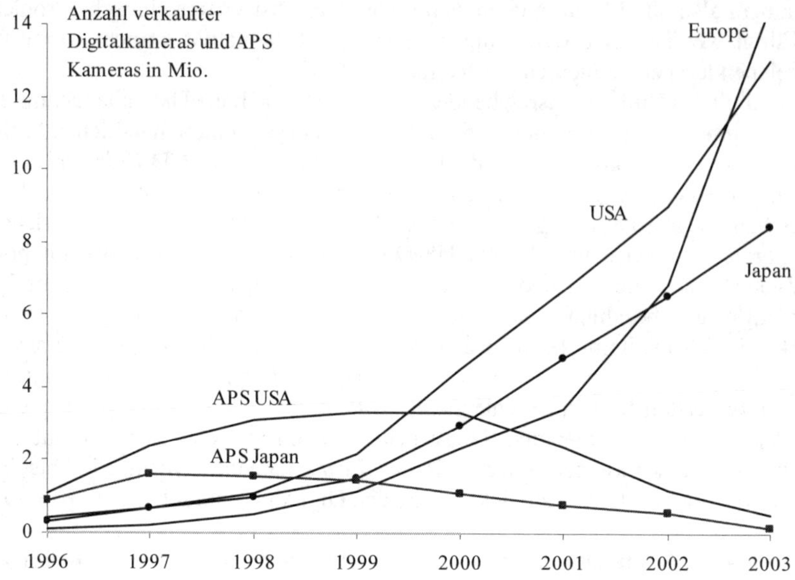

Quelle: PMA Market research, CIPA.

Früher als in anderen Ländern hat also der japanische Markt eine Präferenz für die Digitalfotographie gezeigt. Die japanischen Kamerahersteller haben diesen Trend früher wahrgenommen und ihre Anstrengungen auf die Entwicklung preiswerter und qualitativ besserer Digitalkameras verlagert. Obwohl Kodak in der Forschung weiter fortgeschritten war als alle anderen Unternehmen und Kameras früh auf dem Markt anbot, verlor Kodak kontinuierlich Marktanteile an die traditionellen japanischen Kamerahersteller. Von einem Spitzenwert von 25 % in Jahr 1997 aufgrund des einträglichen Geschäfts mit Profikameras sank der Anteil nach dem Durchbruch im Massenmarkt auf 12 % im Jahr 2003. Dabei hatte Kodak ja keinesfalls die Technikentwicklung verschlafen. Im Gegenteil, Kodak hat lange Zeit darunter gelitten, dass der heimische US-Markt die Digitalfotographie nicht richtig angenommen hat.[17] Der Durchbruch am US-Markt erfolgte erst, nachdem Japan eine Führungsrolle übernommen hatte.

Die Digitalkamera setzte sich letztlich gegen die traditionellen Filmkameras durch, weil preiswerte Kameras mit Pixelzahlen entwickelt wurden, die es ermöglichten, Bilder in annehmbarer Schärfe auszudrucken. Dieser Trend begann in Ja-

[17] Businessweek vom 7.7.1997 „What KODAK is developing in digital photography"; BusinessWeek vom 20.10.1997, „Can Georg Fisher fix KODAK?"; Businessweek vom 2.8.1999, „Film vs. Digital: Can Kodak Build a Bridge?"; Businessweek vom 9.10.2000, „Commentary: Will Kodak's Carp Miss His Photo Op?"; Businessweek vom 14.1.2002, „Kodak Is the Picture of Digital Success".

pan und bereitete den Weg der technologischen Weiterentwicklung hin zu höheren Pixelzahlen. Die Digitalkamera zog das einträgliche Geschäft mit Fotodruckern nach sich. In den USA dagegen sah man Digitalaufnahmen in erster Line als Computerzubehör. Da ein Monitor selbst nur weniger als eine Million Bildpunkte hat, benötigte man auch bei Bildern, die nur auf dem Monitor betrachtet werden, nicht viele Bildpunkte. In Japan allerdings, wo Computer nicht so verbreitet sind wie in den USA, wollte man Digitalaufnahmen ausdrucken. So boomten auch Labormaschinen, auf denen der Kunde Digitalbilder ausdrucken konnte. Auch der Markt für diese Maschinen wurde deshalb von japanischen Unternehmen beherrscht.[18]

Letztlich hat Kodak erst im Jahr 2003 die Produktion von Filmkameras eingestellt und die Verantwortung für die Entwicklung von Digitalkameras an die japanische Tochterfirma übertragen. Der technische Vorsprung, den man sich vorausschauend erarbeitet hatte, ging verloren, weil Kodak nicht im Lead-Markt vertreten war und das notwenige Marktwissen verpasste. Es war sicherlich ein Fehler Kodaks, lange Zeit keine eigenen Kameras im japanischen Markt anzubieten. Denn sonst hätte man die Marktentwicklung in Japan besser verfolgen und darauf zur gleichen Zeit reagieren können wie die japanischen Konkurrenten.

2.3.12 Fernsehgeräte mit Flachbildschirm

Fernsehgeräte mit Flachbildschirm gehören zu der Gruppe von Innovationen für den Konsumentenmarkt, die lange Zeit in der Entwicklungspipeline der Unternehmen festsaßen bis der Marktdurchbruch gelang. Obwohl die grundlegenden Erfindungen schon mehrere Jahrzehnte zurückliegen, macht sich der Flachbildschirm erst seit wenigen Jahren daran, die traditionelle Braun'sche Röhre zu verdrängen, die bisher das dominante Design des Fernsehers war. Der Fernseher, den man an die Wand hängt, gehört damit zu den seit langem von den Konsumenten erwarteten und auch gewünschten Innovationen. Trotzdem gibt es auch bei dieser Innovation einen Lead-Markt. Und wiederum, wie bei vielen Innovationen der Unterhaltungselektronik, ist Japan der Lead-Markt. Auch hier beherrschen japanische Unternehmen den Weltmarkt. Es wird auch nicht mehr überraschen, dass die grundlegenden Forschungsarbeiten in den USA gemacht wurden. Für Flachbildschirme gibt es zwei Technologien, die miteinander in Konkurrenz stehen, sich aber beide bisher kommerziell erfolgreich verbreitet haben, ohne dass es bisher einen Sieger gäbe. Bei Flüssigkristallanzeigen (LCD) steuert je ein Transistor den Helligkeitswert eines Bildpunkts. Unterschiedliche Helligkeitswerte werden dadurch erzeugt, dass eine Flüssigkristallsubstanz durch eine elektrische Spannung mehr oder weniger lichtdurchlässig gemacht wird. In Plasmaanzeigen dagegen wird jeder Bildpunkt mit Hilfe eines fluoreszierenden Gases (Plasma) erzeugt, das durch Elektronen zum Leuchten in unterschiedlicher Helligkeit angeregt werden kann. Beide Technologien haben gewisse Vor- und Nachteile, was bisher

18 Businessweek vom 24.3.2003, „Kodak's Digital Dilemma: The growth is in minilabs – where Big Yellow lags behind".

noch nicht dazu geführt hat, dass eine Technologie in allen Segmenten dominieren konnte und die traditionelle Kathoden-Strahl-Röhre (CTR) oder Braun'sche Röhre des Fernsehers verdrängen konnte. Als Erstes ist dabei der Preis zu nennen, der auch zurzeit noch für viele Haushalte unakzeptabel hoch ist.

Um die Wirkung von Technikentwicklung und lokaler Marktnachfrage für den Erfolg des Flachbildschirms zu verstehen, ist es auch hier aufschlussreich weiter zurück in die Geschichte zu gehen. Zwar sind Flüssigkristalle seit dem 19. Jahrhundert bekannt, die Technik für Displays aus Flüssigkristallen wurde aber erst in den 1960er Jahren bei RCA in den USA entwickelt. Zur gleichen Zeit wurde das Prinzip des Plasmadisplays an der Universität von Illinois entdeckt. Da RCA zu der damaligen Zeit der größte Fernsehhersteller der Welt war, dachte man schon damals an einen Flachbildschirm für Fernsehgeräte. Allerdings schien der Weg dazu noch sehr weit und es war nicht klar, ob es überhaupt möglich sein würde, einen Flachbildschirm zu einem realistischen Preis anbieten zu können.

Die ersten Flüssigkristallanzeigen wurden in Uhren und elektronischen Rechengeräten Anfang der 70er Jahre verwendet. Zunächst lagen auch unterschiedliche technische Designs von Flüssigkristallanzeigen im Rennen. Es stellte sich aber schnell ein dominantes Design heraus, bei dem das optische Verhalten nematischer Flüssigkristalle mit Hilfe eines elektrischen Feldes gesteuert werden kann, die so genannten TN-LCDs (twisted nematic). Das TN-Prinzip wurde etwa zu gleicher Zeit in der Schweiz bei Hoffmann-La Roche und an einer Universität in den USA um 1970 herum entdeckt. Kurz darauf wurden die ersten Armbanduhren mit LCD-Anzeige von etlichen Uhrenherstellern auf den Markt gebracht. Die erste Quarzuhr mit TN-LCD-Display, wurde entgegen landläufiger Meinung nicht von Seiko, sondern von dem amerikanischen Uhrenhersteller „Gruen“ vorgestellt (Abb. 37). Sie war vollständig „Made in USA“ und verwendete ein Display der amerikanischen Firma Ilixco (International Liquid Crystal Company), die von einem der Erfinder des TN-Prinzips, James Fergason, kurz zuvor gegründet worden war. Konkurrierende LCD-Module wurden von ehemaligen Wissenschaftlern von RCA angeboten, die sich mit der Firma Optel selbstständig gemacht hatten. Einen richtigen Markterfolg vermeldete allerdings erst Seiko mit der 06LC, die aufgrund ihres Erfolgs fälschlicherweise oft als erste Uhr mit LCD-Anzeige angegeben wird. In Japan entstand früh ein reiches Interesse an LCD-Anzeigen, zum einen weil es eine hohe Nachfrage nach kompakten Uhren und Taschenrechnern gab, für die sich LCD-Anzeigen aufgrund des geringen Energieverbrauchs hervorragend eigneten. Zum anderen waren die Möglichkeiten, japanische Schriftzeichen elektronisch anzuzeigen mit den damals

Abb. 37: Erste Uhr mit Feldeffekt-LCD-Display „Made in USA“ (1973)

Quelle: Peter Wenzig

zur Verfügung stehenden elektrischen Anzeigen begrenzt. Japanische Unternehmen waren deshalb bestrebt, große Flüssigkristallanzeigen mit einer ausreichend hohen Anzahl an Bildpunkten zu entwickeln, um komplizierte Schriftzeichen anzuzeigen (Kawamoto 2002, S. 468; Hutchinson o. J.).

Mehrere Unternehmen und Universitäten forschten in den 1970er und 80er Jahren über LCD-Anzeigen. Bedeutende technische Fortschritte sind sowohl in den USA bei RCA und Westinghouse als auch in Japan und Europa bei BBC, Hoffman-LaRoche in der Schweiz und an der Dundee University in Schottland gemacht worden (Johnstone 1999). Neue Forschungsergebnisse verbreiteten sich zwischen den Unternehmen über Konferenzen und Lizenzen. Etwaige Technologielücken zwischen Ländern glichen sich so schnell aus (Stolpe 2002). Keines der westlichen Unternehmen hatte aber die Vielzahl der Anwendungen und vor allem den Nutzen so deutlich vor Augen wie die japanischen Unternehmen. Fast alle großen Unternehmen im Westen, die zu den Pionieren der Forschung gehörten, stiegen wegen fehlender Marktperspektiven aus der Forschung aus (Kawamoto 2004). Es bildete sich zwar eine Reihe von neuen Unternehmen, die von frustrierten Entwicklern von RCA, Westinghouse und anderen Großkonzernen gegründet wurden, die Marktnachfrage war aber in der Tat so gering, dass sich diese Firmen nur mit Militäraufträgen über Wasser halten konnten. Bei militärischen Anwendungen gab es zwar interessante Nischen, die Qualitätsansprüche wichen aber sehr von den Alltagsanwendungen ab, so dass z. B. LCD-Displays wegen ihrer geringen Robustheit gar keine Chance hatten. Außerdem blieben die Anzeigen wegen fehlender Massenanwendungen sehr teuer.

Hier wird deutlich, dass weder Unternehmensneugründungen noch militärische Anwendungen in der Frühzeit für den Erfolg eines Landes bei einer bestimmten neuen Technologie ausreichen, wie das häufig vermutet wird. So wird die führende Rolle der USA häufig mit der Militärnachfrage in Verbindung gebracht, z. B. bei Halbleiterbauelementen (Tilton 1971) oder Atomreaktoren (Cowan 1990). Allerdings war ja die Militärnachfrage auch im Falle der Flachbildschirme in den USA vorhanden. In diesem Fall war der Anteil militärischer Anwendungen aber gering.[19] In den 1980er Jahren wurden LCD-Anzeigen in Japan schon massenhaft in Personal Digital Assistants (PDAs) und Videokameras eingebaut. LCD-Anzeigen konnten sich einen vorübergehenden Vorsprung vor der Plasmatechnologie verschaffen. Plasmadisplays wurden aber noch für Registrierkassen, Messgeräte und öffentliche Anzeigen benutzt (OTA 1995, Johnstone 1999, Hutchinson o. J.). Erst ab dem Jahr 2000 erlangten die Plasmaanzeigen bei großen Fernsehern teilweise wieder einen hohen Marktanteil.

Aus der Forschung ging in den 1980er Jahren die aktive Matrix-LCD-Anzeige hervor, die bis heute das Prinzip aller größeren LCD-Anzeigen ist. Sie ermöglichte auch den flachen Fernseher. Im Jahr 1983 führte Casio den ersten Kleinstfernseher mit LCD-Anzeige in den Markt ein. Es folgten mehrere japanische Unternehmen wie Sharp, Citizen und Sanyo. Der Taschenfernseher mit LCD-Bildschirm konnte über viele Jahre hinweg einen beträchtlichen Marktanteil in Japan von ca. 10 %

19 Nach Schätzungen des Office of Technology Assessment betrug der Anteil militärischer Anwendungen für Flachbildschirme weniger als 1 %, siehe OTA (1995), S. 31.

Abb. 38: Anteil der Fernsehgeräte mit Flachbildschirm in Japan und den USA 1988-2003

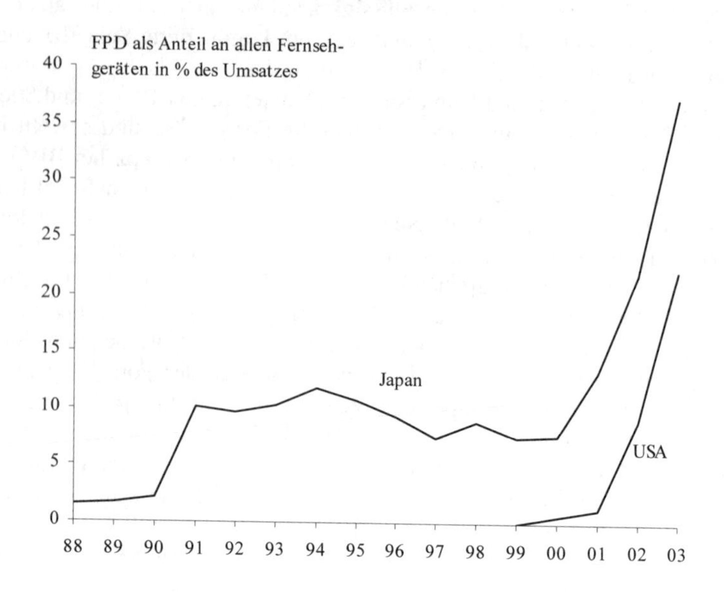

Quelle: JEITA, Consumer Electronics Association, eigene Schätzungen.

halten mit Produktionszahlen um eine Million Stück. Sharp stellte dann 1988 einen LCD-Monitor mit einer Diagonalen von 14 Zoll vor, einer Größe, die eine ernsthafte Konkurrenz zu kleinen Farbfernsehern darstellte.

Der technische Vorsprung beim 14-Zoll-Format ging für Japan allerdings schnell verloren. Ursache war eine entscheidende Verschiebung des Marktes. Denn die Hauptanwendung des mittelgroßen LCD-Monitors wurde zunächst nicht der Fernseher – dazu war das Display noch zu teuer. Zudem lieferte die Braun-Röhre noch immer ein besseres Bild. Allein mit dem mobilen Laptop-Computer waren mangels Alternativen die hohen Kosten eines LCD-Displays zu tragen. Wie schon erwähnt, ist der Markt für Personalcomputer in Japan relativ unterentwickelt, also ein Lag-Markt. Die japanischen Unternehmen hatten in dieser Sparte keinen Heimatmarktvorteil, so dass Hersteller in den USA, Europa und vor allem Korea, wo sich die Unternehmen auf den Export spezialisierten, in den Markt eintreten und Marktanteile gewinnen konnten.

Der japanische Marktvorteil basierte dagegen zunächst auf der Produktion von anhaltend hohen Stückzahlen von kleineren LCD-Displays für eine Fülle von Anwendungen in der Unterhaltungselektronik, von der Videokamera bis zu PDAs. Bei Fernsehern wurden schrittweise die Technik verbessert, größere LCD-Flächen realisiert und der Preis auf ein Niveau reduziert, bei dem er für gut verdienende Haushalte bezahlbar wurde. Im Jahr 2001 schaffte der Flachbildschirm-Fernseher seinen Marktdurchbruch in Japan (Abb. 38). Der US-Markt folgte zwei Jahre später und Europa beginnt erst aktuell, den Wandel zum Flachbildschirm nachzuvollziehen.

Der Erfolg der Flachbildschirme ist eng mit ihrem Preis und der Zahlungsbereitschaft verbunden. Denn ein allgemeines Interesse bei den Konsumenten lag ja seit Jahrzehnten weltweit vor. Bei der Zahlungsbereitschaft gab es allerdings Unterschiede von Land zu Land. Nach der Markteinführung lagen die Preise zunächst weit über dem, was die allermeisten Haushalte bereit waren, für einen Fernseher auszugeben. Denn die Preise für Flachbildschirme lagen und liegen noch immer weit über denen der Kathoden-Strahl-Röhre und der Vorteil der Flachheit rechtfertigt für die meisten Konsumenten nicht den erheblichen Mehrpreis. In Japan war die Zahlungsbereitschaft allerdings höher als in anderen Ländern. Auf den japanischen Markt entfielen in den ersten Jahren ca. zwei Drittel des Weltmarktes für Flachbildschirm-Fernseher (nach Angaben von DisplaySearch). Bis heute ist der japanische Markt größer als der amerikanische Markt. Dies liegt weniger an den durchschnittlich kleineren japanischen Wohnungen, sondern daran, dass Fernseher für japanische Haushalte seit vielen Jahrzehnten einen relativ hohen Stellenwert einnehmen und der japanische Markt allgemein für Fernseher überdurchschnittlich groß ist. Seit Ende der 1950er Jahre geben japanische Haushalte anteilsmäßig weit mehr für Fernseher aus als Haushalte in anderen Ländern (nach Daten von Euromonitor). Farbfernsehen wurde in Japan schon 1960 eingeführt, ganze sieben Jahre bevor in Europa das Fernsehen farbig wurde.

Der internationale Erfolg von Flachbildschirmen wurde deshalb erreicht, weil hohe Kostenreduktionen durch den großen japanischen Markt und Investitionen in große Fertigungsanlagen in Japan realisiert werden konnten. Die Firma Sharp investierte dabei am aggressivsten. Sie betreibt in der Provinz von Japan die weltweit größte Fertigung für LCD-Fernseher. Trotz starker Konkurrenz der südkoreanischen Unternehmen bei LCD-Monitoren für Computer konnten die japanischen Unternehmen wegen des weltweit dominierenden japanischen Marktes die Fernsehsparte bei den Flachbildschirmen erfolgreich verteidigen. Japanische Unternehmen können allgemein einen Heimatmarktvorteil bei den meisten elektrischen Geräten auch deshalb voll ausnutzen, weil die japanischen Konsumenten inländische Fabrikate bevorzugen.

Den amerikanischen und den japanischen Markt zeichnet ein weiterer Unterschied aus, der sich auf die Wettbewerbsfähigkeit auswirken kann. In den USA wurden von Anfang an Plasmaanzeigen gegenüber LCD-Displays bevorzugt. Zunächst erwiesen sich Plasmaanzeigen bei den militärischen Anwendungen als einzige geeignete Technik. Später waren Plasmaanzeigen auch bei Fernsehern zunächst von Vorteil, weil sie allein große Bildschirmdiagonalen ermöglichten, die besonders in den USA beliebt sind. In den USA wurden deshalb bei Fernsehern mehr Plasmabildschirme verkauft und in Japan mehr LCD-Displays. Es ist trotzdem verfehlt, von den USA als dem Lead-Markt für Plasmaanzeigen zu sprechen, solange sich Plasma nicht als dominantes Design international durchgesetzt hat. Seit dem Jahr 2004 werden nämlich auch LCD-Fernseher mit großen Diagonalen angeboten, so dass das Rennen hier wieder offen ist. Mit dem Markteintritt der großen LCD-Bildschirme wird erwartet, dass der Anteil der Plasma-Bildschirme auch in den USA zurückgeht. Marktforschungsinstitute erwarten, dass auch in den

USA in Zukunft mehr LCD- als Plasma-Fernseher verkauft werden.[20] Die Lead-Markt-Rolle Japans zieht sich hier durch mehrere Ebenen von der Produktkategorie bis zur einzelnen Technologie durch. Japan ist ein führender Markt für Fernsehgeräte. Der japanische Markt war der erste, der den Weg hin zu Flachbildschirmen einschlug. Innerhalb der Gruppe der Flachbildschirme wird eine Präferenz zu den LCD-Bildschirmen deutlich. Sofern die Lead-Markt-Hypothese richtig ist, kann man also erwarten, dass der LCD-Bildschirm das nächste dominante Design beim Fernseher wird.

Aus dem Lead-Markt-Modell können wichtige Schlussfolgerungen für die Politik gezogen werden. Wir werden im letzten Kapitel auf die technologiepolitischen Konsequenzen des Lead-Markt-Phänomens ausführlich eingehen. Wir sehen die politische Relevanz eines Lead-Marktes besonders bei Flachbildschirmen, denn sie haben im Laufe der Zeit in der Technologiepolitik eine Rolle gespielt, da man sie zu den Schlüsseltechnologien zählte (OTA 1995). Öffentliche Forschungsprogramme in Europa und den USA sollten der heimischen Industrie einen Wettbewerbsvorsprung verschaffen oder zumindest den Vorteil der asiatischen Unternehmen ausgleichen. Gleichermaßen musste aber festgestellt werden, dass die hohe Forschungsleistung der einheimischen Unternehmen und Forschungseinrichtungen letztlich auch den japanischen und koreanischen Unternehmen zu Gute kam. Abgesehen davon, dass auch japanische Unternehmen erheblich zu den technologischen Fortschritten in der Displaytechnologie beigetragen hatten, begünstigte eben auch der führende Markt in Japan die dortigen Unternehmen. Die kulturellen Eigenheiten der japanischen Schrift bringt Japan im Export vieler Güter und Dienstleistungen zwar auch Nachteile, z. B. bei Produkten, die stark von interaktiver Software geprägt sind. In der Displaytechnik jedoch genauso wie bei Fax- und Kopiergeräten ist sie eher von Vorteil. Das überaus große Marktpotenzial motiviert und leitet die japanischen Unternehmen, in Forschung und Entwicklung zu investieren sowie Forschungsergebnisse aus anderen Ländern zu nutzen. Hohe Kostenreduktionspotenziale durch Größenvorteile und Lerneffekte in der Produktion stellten gleichzeitig sicher, dass Japan nicht der alleinige Nutzer der Technologie blieb, sondern dass andere Länder folgten und japanische Technik international erfolgreich wurde.

2.3.13 Künstlicher Kautschuk

Es soll hier ein weiteres Beispiel für die internationale Diffusion einer Innovation vorgestellt werden, bei dem der Aspekt des staatlichen Eingriffs besonders zur Geltung kommt. Die Diffusion von künstlichem Kautschuk verläuft nicht so kontinuierlich wie die anderer Innovationen. Man erkennt zwei Phasen unterschiedlicher Diffusionsmuster, eine vor und während des Zweiten Weltkrieges und eine danach (Abb. 39). Betrachtet man nur die Zeit nach 1945 so lassen sich leicht die USA als Lead-Markt identifizieren. Betrachtet man das Entstehen der Gummiin-

[20] Nach Schätzungen von CEA, iSuppli and DisplaySearch, siehe Wall Street Journal, 2004, „Flat TVs Trim Tube Mainstay's Lead".

dustrie vor dem Zweiten Weltkrieg, so sticht Deutschland als ein Land heraus, das innerhalb kürzester Zeit die Diffusion der Innovation bis zur Sättigung vorangetrieben hat.

Der erste synthetische Kautschuk, Neopren, wurde Anfang der 1930er Jahre von der US-Firma DuPont auf Grundlage von Forschungsarbeiten in den USA und Deutschland erzeugt (vgl. Michalovic o.J.; Herbert und Bisio 1985). Gleichzeitig wird der Grundstoff Buna als Grundlage für synthetischen Kautschuk in Deutschland entdeckt. Der Anteil künstlichen Kautschuks an der Nachfrage bleibt dennoch zehn Jahre lange verschwindend gering, denn er ist sehr viel teurer, schwerer zu verarbeiten als Naturkautschuk und – im Fall des Buna – minderwertig. Mitte der 1930er Jahre allerdings wurden Forschung und Produktion von künstlichem Gummi in Deutschland vorangetrieben und die Nutzung von Buna von der deutschen Regierung vorgeschrieben, um die heimische Reifenindustrie von natürlichem Kautschuk unabhängig zu machen. Es war in Deutschland klar, dass der geplante Krieg nicht nur den Bedarf an Kautschuk explodieren lassen, sondern gleichzeitig ein Handelsembargo der Westmächte bewirken würde. Allerdings wurden auch die westlichen Mächte in den 1940er Jahren mit einer ähnlichen Konstellation konfrontiert, da Japan die großen Kautschuk exportierenden Staaten Südostasiens eroberte. Die US-Regierung startete 1940 ein Kautschukproduktionsprogramm, innerhalb dessen aufgrund der hohen Nachfrage nach Reifen für Truppentransporter 1944 zweimal so viel synthetischer Gummi produziert wurde wie es der weltweiten Jahresproduktion an natürlichem Kautschuk vor dem Krieg

Abb. 39: Internationale Diffusion von künstlichem Kautschuk 1930-1995

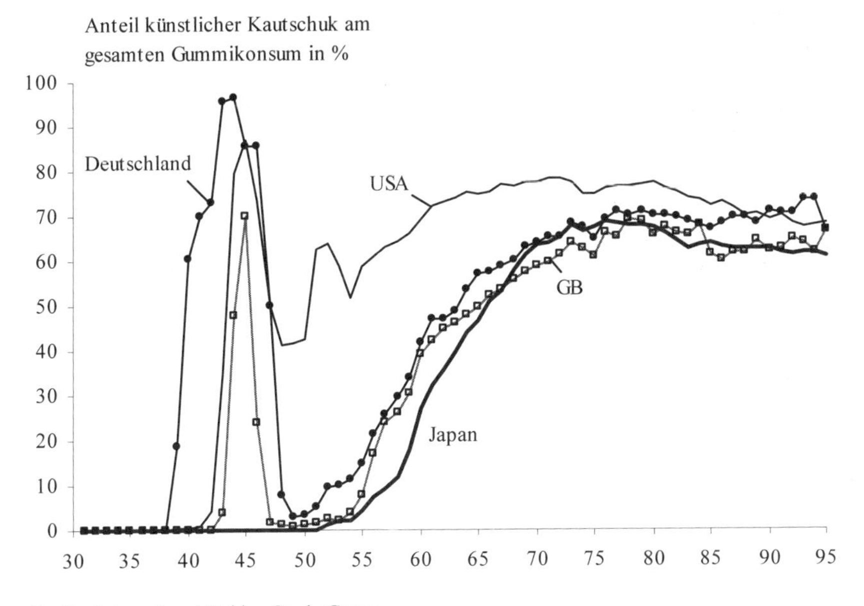

Quelle: International Rubber Study Group.

entsprach. In den 1940er Jahren steigt der Anteil von synthetischem Kautschuk am gesamten Gummiverbrauch in den USA und Großbritannien auf ähnlich hohe Werte wie in Deutschland. Japan dagegen hatte sich durch den Eroberungsfeldzug in Südostasien die reichen Kautschukplantagen in Indonesien und Malaysia gesichert und nutzt auch nach dem Krieg bis Ende der 1960er Jahre mehr Naturkautschuk als andere Länder.

Die Diffusion von künstlichem Kautschuk wurde also zunächst von politischen Entscheidungen und anschließend von Marktverhältnissen und den daraus resultierenden Zugangsbedingungen zu einem Naturprodukt getrieben und nicht von ökonomischen Nutzungsentscheidungen. Durch die Zerstörung ihrer Produktionsanlagen fallen alle europäischen Länder nach dem Zweiten Weltkrieg wieder auf die ursprüngliche Situation zurück und die Diffusion von synthetischem Gummi beginn erneut. In den USA, wo die Produktionsanalysen für die Synthetisierung von Kautschuk weiterhin verwendet werden können, sinkt der Anteil von künstlichem Kautschuk nur auf gut 40 %, obwohl der Zugang zu Naturkautschuk wieder frei ist. Das heißt, dass der synthetische Kautschuk gegenüber dem Naturkautschuk schon wettbewerbsfähig war, wahrscheinlich dadurch, dass die Investitionen in Produktionsanlagen schon erfolgt waren und nicht mehr für den Preis von künstlichem Kautschuk relevant waren.

Diese Vorgeschichte zeigt, dass die Interpretation von führenden und nachfolgenden Märkten erschwert werden kann, wenn politische Entscheidungen die Nutzungsentscheidungen beeinflussen. Denn betrachtet man nur die Diffusion von synthetischem Kautschuk nach dem Zweiten Weltkrieg, so werden die USA als Lead-Markt identifiziert, was, wie bereits gesagt, an dem kurzzeitigen Lieferausfall und dem Aufbau entsprechender Kapazitäten zur Produktion von Substitutionsgütern liegen kann, aber nicht die tatsächliche Marktlage widerspiegelt. Swan (1973) begeht in seiner Analyse der Diffusion von synthetischem Kautschuk genau diesen Interpretationsfehler der Penetrationsraten für synthetischen Kautschuk in den USA als den führenden Markt zwischen 1953 und 1969.

Ab den 1950er Jahren ähnelt die Diffusion synthetischen Kautschuks wieder einer normalen Diffusionskurve, wobei die Sättigungsgrenze Ende der 1960er Jahre erreicht wird. In den 1980er Jahren sinkt der Anteil synthetischen Kautschuks wieder während der Anteil von Naturkautschuk wieder zunimmt. Die Gründe hierfür können in den sinkenden Preisen für Naturkautschuk durch den verstärkten Anbau von Kautschuk in Südost-Asien liegen. Interessanter ist allerdings, dass die Diffusionskurven der westlichen Industrieländer nicht signifikant voneinander verschieden sind. Nimmt man Entwicklungsländer hinzu, so lassen sich größere Zeitabstände der Diffusionsverläufe erkennen. Denn die Nachfrage nach synthetischem Kautschuk ist stark von der Reifenproduktion abhängig, die zunächst in den westlichen Industrieländern konzentriert ist. Der weltweite Trend zur Motorisierung hat zur Folge, dass der Anteil an künstlichem Kautschuk auch in den Entwicklungsländern zunimmt.

2.3.14 Stahlerzeugungsverfahren

Der internationale Erfolg von Stahlproduktionsverfahren nach dem Zweiten Weltkrieg ist wohl so ausführlich wissenschaftlich untersucht worden wie bei kaum einer anderen Technologie. Dies liegt wohl zum einen an der einfachen Verfügbarkeit von Daten über den Diffusionsprozess, aber zum anderen auch daran, dass hier ein Verfahren, das in Europa erfunden wurde, für den rapiden Aufstieg Japans zum führenden Stahlproduzenten der Welt und für den Niedergang der vormals dominierenden amerikanischen Stahlindustrie verantwortlich gemacht wird. Stahl scheint zunächst wenig in das Muster eines Lead-Marktes zu passen, da er ein Grundwerkstoff ist, der über Ländergrenzen hinweg recht standardisiert ist. Es gibt wenig qualitative Nachfrageunterschiede nach Stahl, zumindest zwischen den Industrienationen. Bei Stahlherstellungsverfahren allerdings ist die Situation kurz nach den Zweiten Weltkrieg mit derjenigen in den anderen Beispielen für Lead Märkte vergleichbar. Denn die Wahl des optimalen Verfahrens ist von einer Reihe von landesspezifischen Faktoren abhängig, die dazu führen, dass von Land zu Land zunächst unterschiedliche Verfahren favorisiert werden.

Über mehrere Jahrzehnte hinweg setzte sich dann trotz dieser regionalen Unterschiede ein Verfahren fast vollständig weltweit durch. Die Abbildungen 40 und 41 zeigen die Lead-Markt-Muster der Diffusion eines Stahlproduktionsprozesses und eines Stahlverarbeitungsprozesses, die zwischen 1950 und 1980 weltweite Dominanz erlangten.

Stahl wird aus Roheisen hergestellt, indem man den Kohlenstoffgehalt unter etwa 1,7 % senkt und die anderen verunreinigenden Elemente weitgehend entfernt. Es wurden im Laufe der Zeit mehrere Verfahren zur Stahlerzeugung entwickelt, die miteinander konkurrierten. Das erfolgreichste Verfahren nach dem Zweiten Weltkrieg war das Sauerstoffaufblasverfahren oder LD-Verfahren. Dabei wird auf eine Schmelze von Roheisen und Schrott in einem Konverter Sauerstoff mittels einer wassergekühlten Lanze geblasen, wodurch Kohlenstoff und andere Mineralien verbrannt werden. Dieses Verfahren ist gegenüber anderen Verfahren besonders effizient und umweltschonend. Es wird aber ein hoher Anteil an Roheisen benötigt. Das Sauerstoffaufblasverfahren hat das Siemens-Martin-Verfahren vollständig abgelöst, das 1864 von den Gebrüdern Siemens und den Gebrüdern Martin in Deutschland entwickelt wurde und zuvor das Bessemer-Verfahren abgelöst hatte. Es hat allerdings nicht das Elektrostahl-Verfahren abgelöst, das ausschließlich Schrott verwendet und in einigen Ländern einen relativ hohen Anteil an der Stahlerzeugung einnimmt. In Abbildung 41 sind die Diffusionsverläufe des Sauerstoffaufblasverfahrens in mehreren Ländern dargestellt. Die unterschiedlichen Sättigungsniveaus in den einzelnen Ländern sind im Wesentlichen von dem Anteil des Elektroverfahrens abhängig. Das heißt, das Sauerstoffverfahren hat in allen Ländern unter den Nicht-Elektroverfahren einen 100 %-Anteil. Nachdem der Stahl produziert wurde, muss er in Form gegossen werden, was in der Vergangenheit in Blöcken geschah. In den 1960er und 70er Jahren wurde indes nach und nach das kontinuierliche Verfahren des Stranggusses entwickelt und eingeführt. Der Anteil des Stranggussverfahrens hat in allen Ländern die Sättigungsgrenze von fast 100 % erreicht (Abb. 40).

Abb. 40. Internationale Diffusion des Stranggussverfahrens 1952-1998

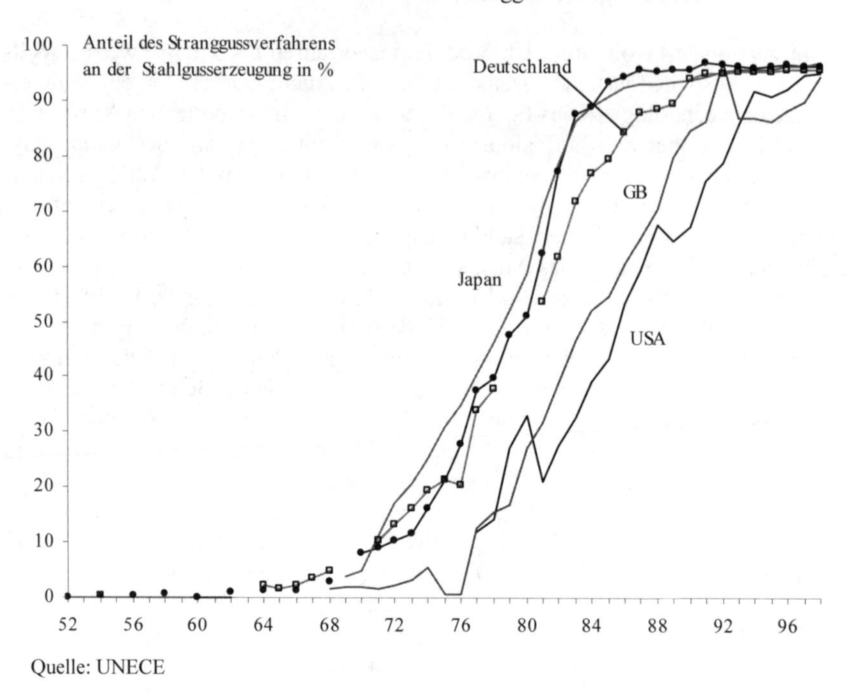

Quelle: UNECE

Abb. 41: Internationale Diffusion des LD-Verfahrens 1952-1998

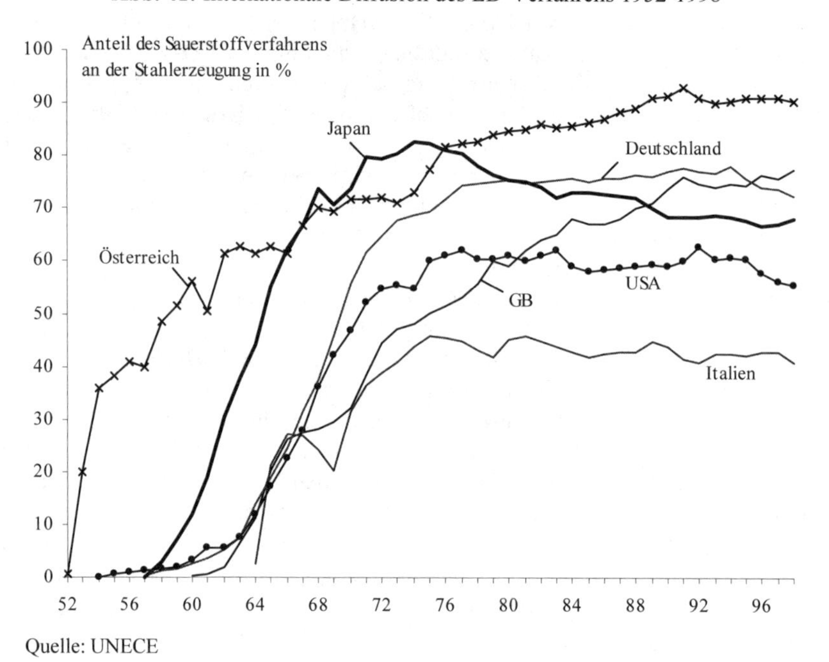

Quelle: UNECE

Geht man rein formal nach den Diffusionskurven, dann ist beim Stranggussverfahren Japan der Lead-Markt und beim Sauerstoffverfahren Österreich. Aber auch beim Sauerstoffverfahren liegt Japan vor den meisten westlichen Industrieländern. In beiden Fällen liegen die USA weit zurück mit einem Abstand von fast zehn Jahren. Auch bei diesem Beispiel wird deutlich, dass anstatt allein die Daten sprechen zu lassen, man im Fall der Diffusion der beiden Stahlproduktionsverfahren stärker in die Geschichte eintauchen muss, um die Faktoren für die Reihenfolge der Nutzung in den einzelnen Ländern verstehen und bewerten zu können.

Beim Stranggussverfahren gibt es zunächst keine bahnbrechende Erfindung wie bei den vielen anderen bisher diskutierten Innovationen. Vielmehr führte ein ständiger Verbesserungsprozess dazu, dass man kontinuierlich gießen konnte. Das Sauerstoff-Aufblasverfahren dagegen wurde 1949 in Linz, Österreich, bei der Firma Vöest zum ersten Mal experimentell bewerkstelligt. Schon lange zuvor war theoretisch klar, dass reiner Sauerstoff in der Eisenschmelze ideal sein würde. Entsprechende Tests wurden auch schon in Deutschland und der Schweiz durchgeführt. 1950 wird bei Vöest damit begonnen, ein entsprechendes Stahlwerk zu bauen und 1952 wird zum ersten Mal mit dem neuen Verfahren Stahl erzeugt. Die österreichischen Stahlwerke sahen sich einer hohen Nachfrage für den Wiederaufbau des Landes gegenüber (Regitnig-Tilian 2002). Gleichzeitig war Schrott knapp, der beim Siemens-Martin-Verfahren benötigt wird. Es war klar, dass die hohen Anforderungen an den schnellen und ökonomischen Aufbau von Produktionskapazitäten nur dann erfüllt werden konnten, wenn es gelänge, ein Sauerstoffverfahren zu entwickeln. Gleichzeitig würde kein wertvoller Schott zur Stahlproduktion benötigt werden.

Schon ein Jahr später wird die Methode im restlichen Europa, USA und Kanada bekannt. Im Verlaufe der 1950er und 1960er Jahre werden weltweit Werke nach dem neuen Verfahren in Lizenz errichtet. Die Japaner haben zunächst etliche Nachteile, weil sie gegenüber ihren Konkurrenten in Europa und den USA über weniger Erfahrungen mit Konvertern und geringe Entwicklungskapazitäten und unter weniger unterstützende Industrien (Ingenieursfirmen, feuerfeste Steine) verfügen, die für das Sauerstoffverfahren notwendig sind (Papajohn 1991). Nichtsdestotrotz erweisen sich die japanischen Stahlunternehmen als die schnellsten Nutzer des LD-Verfahrens nach den Österreichern.

Die unterschiedliche Geschwindigkeit, mit der das LD-Verfahren das Siemens-Martin-Verfahren in den einzelnen Ländern abgelöst hat, ist Gegenstand einer Vielzahl von Untersuchungen geworden.[21] Im Zentrum stand dabei häufig das Verhältnis zwischen den USA und Japan. Eine beliebte These war, dass die großen US-Stahlwerke einfach zu träge, innovations- oder risikoscheu waren, um ihre Stahlwerke auf die neue Technologie genauso schnell umzustellen wie die Japaner (Adam, Dirlam 1966; Lynn 1982). Es ist allerdings nicht fehlende Innovativität, sondern es sind rein ökonomische Überlegungen, die zu den Entscheidungen geführt haben, das neue Verfahren erst später einzuführen. Die Übernahme des LD-Verfahrens war nämlich nicht von Anfang an für alle Stahlunternehmen weltweit

---

21 Siehe u. a. McAdams (1967), Maddala und Knight (1967), Meyer und Herregat (1974), Poznanski (1983), Lynn (1982) und Papajohn (1991).

ökonomisch die beste Wahl. Denn das optimale Verfahren für ein Stahlwerk ist von dem Phosphor- und Sulfatanteil des verwendeten Eisenerzes, der Beschaffenheit der regional verfügbaren Feuerfeststeine (der internationaler Transport ist hierbei nicht ökonomisch), dem lokalen Schrottpreis und dem Strompreis und den Umweltschutzbestimmungen eines Landes abhängig (Lynn 1982). Genau diese Faktoren haben dazu geführt, dass das LD-Verfahren für Österreich und auch für Japan optimal war. Unterschiede von Land zu Land bei diesen Faktoren führten dazu, dass zunächst unterschiedliche Prozesse favorisiert wurden. So wurde in Belgien und Luxemburg das LD-AC-Verfahren, in Frankreich das OLP-Verfahren, in Schweden das Kaldo-Verfahren sowie in Deutschland der Graef-Rotor in Oberhausen und das PL-Verfahren in Duisburg-Ruhrort entwickelt. Zudem versuchten etliche Stahlunternehmen das Siemens-Martin-Verfahren zu verbessern oder ein Seitenblas-Verfahren zu entwickeln.

Damit war das neue Verfahren zwar theoretisch dem Siemens-Martin-Verfahren überlegen, aber zunächst mit Unsicherheiten bezüglich der Anwendbarkeit in anderen Ländern verbunden. Erst nachdem diese von den ersten Anlagen Ende der 1950er Jahre in Nordamerika und Japan ausgeräumt wurden, war das LD-Verfahren in den meisten Ländern eine echte Alternative. Allerdings nicht für alle Unternehmen die beste. Das Verfahren war vor allem für neue kleinere Stahlwerke das überlegene Verfahren. Für sehr große Stahlwerke dagegen war es zunächst nachteilig. Sie hatten bei einem Wechsel des Verfahrens zusätzliche Kosten dadurch, dass der Anteil von Roheisen erhöht werden musste, da kein Schrott mehr verwendet wurde. Das bedeutete für ein integriertes Stahlwerk, dass die Hochofenkapazität erweitert werden musste. In den USA dominierten zwei große Stahlunternehmen die Industrie, US Steel und Bethlehem, die beide davon überzeugt waren, dass die Weiterentwicklung des Siemens-Martin-Verfahrens für sie optimal wäre.

Ein Marktfaktor erweist sich damit als entscheidender Anreiz, das LD-Verfahren früher einzuführen. Alle statistischen Untersuchungen kommen nämlich zu dem Ergebnis, dass das Inlandsmarktwachstum den größten Einfluss auf die Entscheidung für das LD-Verfahren hatte. Je höher das Wachstum der Nachfrage nach 1954, desto früher die Einführung des neuen Verfahrens. Im Gegensatz dazu gibt es bei schwach wachsenden oder stagnierenden Produktionskapazitäten wie in Großbritannien und vor allem den USA keinen ökonomischen Anreiz, sofort zum neuen Verfahren überzuwechseln, schon gar nicht für die großen amerikanischen Stahlwerke. Von 1955 bis 1974 stieg die Stahlproduktion in Japan um das 12-fache, während die Produktion in den USA nur um das 1,25-fache stieg (Tsuru 1993, S. 98).

Die amerikanische Stahlindustrie war nicht weniger innovativ, denn bei kleineren Stahlwerken in den USA kann keine geringere Bereitschaft, das neue Verfahren einzusetzen, beobachtet werden (Papajohn 1991). Die US-Stahlwerke verfügten zudem über die größten Forschungs- und Entwicklungskapazitäten und sie waren auch früh über die neu entwickelten Verfahren in Europa informiert (Lynn 1982). Beim Guss wurde sogar in den USA als Erstes das in Deutschland entwickelte Dünn-Brammen-Stranggießen (thin slab casting) eingeführt (Ghemawat 1993). Im Gegensatz zu den USA wurden in Japan und Österreich viel kleinere Stahlwerke betrieben und viele neu errichtet, so dass der Wechsel zum neuen Verfahren insgesamt schneller ablief als in den USA. Für Deutschland war – neben der Bevorzugung von alternativen neuen Herstellungsverfahren – der Wiederaufbau der beschädigten Werke etwa genauso wichtig wie die Neuerrichtung von Stahlwerken, so dass Deutschland bei der Nutzung von neuen Verfahren zwischen den führenden und den späten Nutzern liegt (Poznanski 1983). Auch beim Guss waren zunächst die integrierten Stahlwerke bei der Einführung von Innovationen im Nachteil. Das Stranggussverfahren für integrierte Stahlunternehmen wurde erst 1970 möglich.

Häufig wird dem japanischen Staat eine entscheidende Rolle für den phänomenalen Aufstieg der japanischen Stahlindustrie zugewiesen. In der Tat erfreute sich die japanische Stahlindustrie einer paternalistischen Zuwendung des Industrieministeriums. Im neu geschaffenen Ministerium für Handel und Industrie (MITI) saßen die früheren Direktoren der staatlichen Stahlindustrie und erklärten den Stahl zu einer der Schlüsselindustrien Japans (Johnston 1974). Tatsächlich aber spielte das MITI nur eine untergeordnete Rolle bei der Nutzung der neuen Stahltechnologien (Lynn 1982). Jedes Stahlunternehmen entschied fast völlig unabhängig vom Ministerium über die Verwendung neuer Verfahren. Zwischen den Unternehmen bestand ein starker Wettbewerb, der sogar dazu führte, dass einige Unternehmen zunächst andere Verfahren bevorzugten, nur weil das größte Stahlunternehmen, Yawata, sich schon früh für das LD-Verfahren entschieden hatte. Die Rolle des MITI beschränkte sich darauf, die Stahlindustrie mit technischen Informationen zu versorgen, knappe Devisenmittel zur Erforschung und zum Ankauf der neusten ausländischen Stahlproduktionstechnologien zuzuweisen und günstige Lizenzbedingungen gegenüber den westlichen Technologiegebern auszuhandeln. Die staatliche Protegierung verlockte die privaten Stahlunternehmen zu hohen risikoreichen und geradezu aggressiven Investitionen, da man sicher sein konnte, dass der Staat im Falle des Scheiterns der Industrie helfen würde.

Zum anderen bewirkte die staatliche Verschmelzungspolitik im Jahr 1970 die Entstehung des weltweit größten Stahlunternehmens, Nippon Steel, das als erstes ein integriertes Stahlwerk mit 100 % Strangguss betreiben konnte (Shinohara 1982, S. 46). Wenn es also sicher ist, dass ein neues Verfahren wirtschaftlicher ist, kann die Unterstützung des Staates bei der Nutzung einer neuen Technologie in der Tat das letzte Quäntchen zum Erfolg beitragen. Das geht aber nicht ohne einen gleichzeitig vorhandenen dynamischen Markt.

Nun gibt es bei diesem Fall eines Lead-Marktes auch Argumente, die dafür sprechen, dass hier der internationale Erfolg der Innovation gar nicht im Zusammenhang mit der frühen Nutzung im Lead-Markt steht. Wir haben das Beispiel hier deshalb dargestellt, um den Unterschied zu den anderen Beispielen zu demonstrieren. Der internationale Erfolg basiert bei Stahl auf der technischen Überlegenheit einer Innovation und nicht auf landesspezifischen Charakteristiken des Lead-Marktes. Die Lead-Markt-Rolle Österreichs und Japans ergab sich aus der besonderen Nachkriegssituation des starken Nachfragewachstums, der Schrottknappheit und anderer Landesbedingungen. Nach und nach stellte sich heraus, dass ein verbessertes LD-Verfahren für alle Ländermärkte das ökonomisch beste Verfahren sein würde. Nach und nach wurden deshalb immer mehr alte Stahlwerke stillgelegt und neue nach dem neuen Verfahren errichtet. Das hohe Wachstum des Inlandsmarktes ist nur ein Anreiz, ein neues Verfahren früh einzusetzen, es ist aber nicht für dessen internationalen Erfolg verantwortlich. Die Lead-Märkte selbst haben hier nicht ihre heimischen Technologien oder favorisierten Innovationen am Weltmarkt durchgesetzt, sondern waren einfach nur früher in der Lage eine neue Technologie einzuführen. Die Lead-Markt-Rolle ist quasi nur zufällig. Das Wachstum des Inlandsmarktes ist zudem nur eine temporäre Größe und kein grundsätzliches Charakteristikum eines Landes. Das heißt, die Lead-Markt-Rolle des Landes ist in diesem Fall auch nur kurzfristig. So ist die Marktnachfrage in den 1970er und vor allem in den 1980er Jahren stark zurückgegangen. Dies ging einher mit dem Verlust der Führungsrolle Japans in der Stahlindustrie. Die Stahlproduktion und der Weltmarktanteil Japans sind seitdem gesunken und auch technisch ist Japan anderen Ländern nicht mehr voraus. Japanische Stahlunternehmen sind nicht mehr die größten Stahlunternehmen der Welt, sondern die europäischen.

Im nachfolgenden Kapitel wollen wir nur diejenigen landesspezifischen Charakteristiken diskutieren, die mit dem internationalen Erfolg einer Innovation direkt in Verbindung stehen. In den übrigen Beispielen sind wir schon auf eine Reihe von Mechanismen aufmerksam geworden, die den internationalen Erfolg einer Innovation bewirken. Wir wollen diese nun typisieren und übersichtlich strukturieren, um sie letztlich dafür zu nutzten, potenzielle Lead-Märkte für zukünftige Innovationsprojekte zu erkennen.

Teil II

Lead-Märkte erklären

3 Warum werden Länder zu Lead-Märkten?

3.1 Ein anwendungsorientiertes Erklärungsmodell

In diesem Kapitel sollen die Faktoren systematisiert werden, die aus einem Land einen Lead-Markt machen. Wir konzentrieren uns dabei allein auf diejenigen Faktoren, die dazu führen, dass der Weltmarkt der Adoption einer Innovation in einem einzelnen Land folgt. Ob ein Land besonders innovativ oder in hohem Maße bereit ist, Innovationen aufzugreifen und zu testen, spielt dabei keine Rolle. Denn wir gehen davon aus, dass unter den Industrieländern keine maßgeblichen Unterschiede bei der grundsätzlichen Bereitschaft bestehen, Innovationen zu nutzen. Vielmehr gibt es ökonomische Gründe für das unterschiedliche Adoptionsverhalten. Gleichzeitig gibt es ökonomische Gründe dafür, eine Innovation zu wählen, nachdem sie vorher von einem anderen Land schon genutzt wurde. Die Lead-Markt-Hypothese aus Abschnitt 2.2 sagt uns nun, dass die Rolle eines Landes, bei der Nutzung einer Innovation anderen Ländern voranzugehen, an bestimmten Merkmalen hängt, die je nach Produktbereich unterschiedlich wichtig sind. Dasjenige Land wird zum Lead-Markt, bei dem diese Merkmale am stärksten ausgeprägt sind.

Die Beispiele für Lead-Märkte bei Innovationen haben zunächst demonstriert, dass die Lead-Markt-Rolle eines Landes nicht auf einen einzelnen entscheidenden Erfolgsfaktor zurückzuführen ist. Eine monokausale Erklärung, wie sie z. B. formal theoretische Modelle bieten, ist damit zumindest für die Anwendung in Unternehmen nicht ausreichend. Ähnlich wie die Direktinvestitionstheorie oder die Außenhandelstheorie muss eine Theorie der Lead-Märkte eine Vielzahl an Erklärungsmöglichkeiten berücksichtigen und miteinander vereinigen. An dieser Stelle soll die Einbeziehung aller Bestimmungsfaktoren der internationalen Diffusion von Innovationen in ein System landesspezifischer Eigenschaften von Lead-Märkten vorgenommen werden. Davor soll allerdings noch einmal auf die Frage eingegangen werden, warum bei der weltweiten Durchsetzung von Innovationen nur Ländereigenschaften betrachtet werden sollen und nicht vielmehr die Eigenschaften der Innovation oder der Technologie selbst. Wir gehen davon aus, dass erstere und nicht letztere dafür verantwortlich sind, dass sich Innovationen international durchsetzen. Auf die Gefahr hin uns zu wiederholen, soll hier noch einmal für eine grundsätzliche Abwendung von der Technologiedebatte plädiert werden. Natürlich können auch produktspezifische Eigenschaften bei der internationalen Diffusion entscheidende Erfolgsfaktoren sein. Aber selbst wenn nur Eigenschaften der Innovation entscheidend sind (was in den meisten vorherigen Beispielen nicht galt), macht es Sinn, sich das Land anzusehen, in dem diese Innovation zuerst angewendet wurde. Denn es gibt in der Regel besondere Eigenschaften des Landesmarktes, die dazu führen, dass in diesem Land die allgemeine, d. h. landesübergreifende Vorteilhaftigkeit des Innovationsdesigns zuerst entdeckt wurde.

In diesem Buch sollen nur landesspezifische Faktoren diskutiert werden, die dazu führen, dass ein Innovationsdesign, das von dem lokalen Markt ausgewählt wird, sich auch international durchsetzt. Hinter dieser Vereinfachung steht die These, dass es für ein Unternehmen leichter sein wird, den potenziell führenden Markt für eine Innovationsidee zu identifizieren als direkt dasjenige Innovationsdesign, das sich am ehesten international durchsetzen wird. Aus den Beispielen geht nämlich auch hervor, dass es für ein Unternehmen schwer ist zu prognostizieren, welches Innovationsdesign am besten auf dem Weltmarkt ankommen wird. Es ist dagegen leichter herauszufinden, was auf einem lokalen Markt ankommen wird, denn hier sind die Bedingungen der Anwendung homogener, während der Weltmarkt von einer Vielzahl unterschiedlicher Bedingungen und Marktkontexte geprägt ist. Mit dem Wissen sowohl um die lokalen Präferenzen bei Innovationen als auch die Führungsfähigkeiten von Ländern bei der Nutzung von Innovationen kann ein Unternehmen in der Regel bessere Prognosen für globale Innovationen machen. Oder zumindest hat es eine effektivere Strategie, das zukünftige globale Innovationsdesign früher herauszufinden als seine Wettbewerber. Denn es kann beobachten, welches Innovationsdesign auf einem Lead-Markt besser ankommt als andere. Eine aktive *Lead-Markt-Strategie* hat zum Kern, Innovationen für den Lead-Markt zu entwickeln, d. h. Innovationen, die die Anforderungen des lokalen Marktes besonders berücksichtigt. Das Unternehmen erhält dadurch in der Markteinführungsphase ein Feedback vom Markt und kann Erfahrungen mit einem Produktionsprozess machen. Dieses Feedback gibt näheren Aufschluss über die Präferenzen oder den Nutzen einer Innovation. Dadurch kann das Produkt oder der Prozess verbessert und den – nun deutlicher werdenden – Präferenzen angepasst werden. Indirekt werden also auf konzentrierte Weise Informationen über das weltmarktfähige Innovationsdesign gesammelt.

Die auf dem Lead-Markt agierenden Unternehmen besitzen also eine Art „Heimatmarktvorteil", da sie die Besonderheiten der zukünftig standardisierten Nachfrage bereits zu einem frühen Zeitpunkt bemerken. Im Gegensatz zu den nicht auf dem Lead-Markt agierenden Unternehmen lassen sich Vorteile in der Lernkurve und Pioniervorteile realisieren. Das frühe Feedback der Kunden im Lead-Markt ermöglicht eine frühzeitige und kontinuierliche Verbesserung der Innovation. Setzt ein Unternehmen auf das vom Lead-Markt bevorzugte Innovationsdesign, so profitiert es nicht nur von den kontinuierlichen Wachstumsraten im Lead-Markt selbst, sondern vor allem von der zeitlich verzögerten Nachfrage auf den Lag-Märkten. Setzt ein Unternehmen hingegen auf ein von einem Lag-Markt bevorzugtes Innovationsdesign, so verzögert sich entweder der Markterfolg oder das Unternehmen entwickelt eine Innovation, für die eine geringe Chance besteht, sich am Weltmarkt zu etablieren. Zunächst mag sich das Unternehmen in einer ersten Phase eines starken Wachstums im Lag-Markt erfreuen. Setzt sich im Zeitverlauf allerdings das Innovationsdesign des Lead-Marktes auch auf den Lag-Märkten durch, so schrumpf der Absatz des vom Lag Markt vorher bevorzugten Innovationsdesigns auf ein niedriges Niveau oder die Nachfrage verschwindet ganz. Die Unternehmen in den Lag-Märkten sehen sich bei hohen Anpassungskosten gezwungen, auf das dominante Innovationsdesigns des Lead-Marktes einzuschwenken.

Bis jetzt konnte zwar die Existenz von Lead-Märkten festgestellt werden, allerdings wurde bisher die Frage nach den Gründen dafür recht unsystematisch beantwortet. Es muss erklärt werden, wie der global dominanten Lead-Markt-Innovation der internationale Erfolg und die Verdrängung der auf die lokalen Kundenbedürfnisse abgestimmten Technologien in den Lag-Märkten gelingt. Bei jedem Innovationsprojekt müssen wir zunächst prüfen ob die folgenden Annahmen zutreffen:

- Die Anforderungen an das Innovationsdesign sind von Land zu Land unterschiedlich oder
- in einigen Ländern wird ein etabliertes Produkt aufgrund von ökonomischen Gründen bevorzugt.
- Die grundsätzliche Bereitschaft, die Innovation zu testen, ist in vielen Industrieländern gleich.
- Die technischen Kompetenzen der Unternehmen, die Innovationsidee umzusetzen, sind in vielen Ländern gleich hoch.
- Länderspezifische Eigenschaften können die Unterschiede in den Anforderungen an eine Innovation von Land zu Land kompensieren.

Dies sind die Existenzbedingungen für Lead-Märkte. In den Beispielen haben wir gesehen, dass – mit ein paar Ausnahmen – diese Bedingungen gelten und deshalb einige Länder globale Standards setzen konnten. Die letzte Bedingung stellt sicher, dass sich bei ursprünglich fragmentierten Märkten ein global dominantes Innovationsdesign herausschält. Wir werden im letzten Kapitel darauf eingehen, wie die Existenzbedingungen für reale Innovationsprojekte geprüft werden können.

Welche landesspezifischen Faktoren können nun zur Erklärung der Lead-Markt-Rolle eines Landes herangezogen werden? Dieses Kapitel stellt die verschiedenen Eigenschaften eines Landes systematisch zusammen.

3.2 Die Lead-Markt-Faktoren

3.2.1 Kompensation der internationalen Unterschiede

Wie kommt es nun zum Wechsel eines Landes von einem national dominierenden Design zu einem global dominierenden Design? Die Antwort auf diese Frage hilft uns weiter bei derjenigen Frage, die uns eigentlich viel mehr interessiert, nämlich die nach den Eigenschaften eines Landes, das als erstes auf das global dominante Design gesetzt hat. Wie müssen die Gegebenheiten auf einem Markt aussehen, welche Besonderheiten weist ein Markt auf, damit die national erfolgreiche Innovation auch international ankommt? Wie die Beispiele schon angedeutet haben, gibt es eine Vielzahl an Mechanismen, die dazu führen können, dass ein Innovationsdesign, das zunächst nur lokal präferiert wird, sich auch international ausbreitet. Aufgrund dieser Vielfalt, wird ein Konzept des Lead-Marktes einem eklektischen Theorieansatz entsprechen. Ein eklektischer Theorieansatz enthält eine Reihe von Ansätzen, die mit einer Oder-Konjunktion verbunden sind. Das heißt es gibt keinen entscheidenden Faktor, sondern es kann je nach spezifischer Situation dies oder jenes für die Lead-Markt-Rolle entscheidend sein.

In diesem und den folgenden Abschnitten wird daher ein System an landesspezifischen Eigenschaften vorgestellt, das die Lead-Markt-Rolle eines Landes vollständig beschreibt. An anderer Stelle (Beise 2001) wird eine ausführliche theoretische Begründung für die einzelne Lead-Markt-Faktoren geliefert. Hier sollen nur die grundsätzlichen Mechanismen erläutert werden, um das Prinzip klar zu machen, dass es bestimmter Mechanismen bedarf, damit eine Innovation international erfolgreich wird. Es reicht eben nicht aus, dass ein Land eine Innovation früh nutzt. Damit sie international erfolgreich ist, bedarf es Veränderungen, die dazu führen, dass andere Länder einen Anreiz erhalten, das gleiche Innovationsdesign anzunehmen. Damit das geschieht, müssen nämlich die Unterschiede zwischen den Ländern kompensiert werden, die eigentlich gegen die Übernahme eines ausländischen Innovationsdesigns sprechen, d. h. eines Innovationsdesigns, das an dem ausländischen Marktkontext ausgerichtet ist.

Theoretisch gesprochen, gibt es Unterschiede zwischen den Ländern, die dazu führen, dass unterschiedliche Innovationsdesigns (oder ein etabliertes Gut) favorisiert werden, weil

1. die Käufer in den Ländern über unterschiedliche Budgets verfügen oder
2. der relative Preis von Innovationen und etablierten Gütern von Land zu Land verschieden ist oder
3. der relative Nutzen der Innovationsdesigns je nach Marktkontext variiert.

Eine Kompensation dieser Unterschiede kann nun dadurch geschehen, dass

1. die Budgets der Käufer weltweit sich an das Niveau eines Lead-Marktes annähern oder
2. der relative Preis eines Innovationsdesigns aus einem Lead-Markt in anderen Ländern gegenüber den Preisen der dort favorisierten Produkte sinkt oder
3. der relative Nutzen des Innovationsdesigns aus dem Lead-Markt für die Nutzer der anderen Länder zunimmt oder
4. die Ungewissheit über den Nutzen des Lead-Markt-Designs schneller abnimmt als die Ungewissheit über die Designs in den anderen Märkten.

Der erste Mechanismus hat sich nach dem Zweiten Weltkrieg innerhalb der heute zu den OECD-Nationen zählenden Länder abgespielt. Der hohe Kaufkraftvorsprung der USA hat dazu geführt, dass in den USA viele Innovationen, die für die Mittelschicht einer Gesellschaft entwickelt wurden, zuerst genutzt wurden, wie z. B. Haushaltsgeräte, Heimelektronik und Autos. Mit den wachsenden Einkommen in Europa und Japan trat auch dort Nachfrage nach diesen Haushaltsgütern auf (Vernon 1966, Franko 1976). Dies war die große Zeit der US-amerikanischen Konzerne, die mit ihren Erfahrungen mit den Produkten auf dem US-Markt das Potenzial hatten, auf dem europäischen Markt ausgereifte Produkte anzubieten.[22] Mitte der 1970er Jahre hatten sich die Pro-Kopf-Einkommen allerdings so weit angenähert, dass die USA diesen Heimatmarktvorteil verloren. Andere Wettbewerbsvorteile traten jetzt stärker in den Mittelpunkt als Begründung von Lead-Märkten, was den europäischen und japanischen Unternehmen wieder Exportchancen in vielen Industrien eröffnete.

Bei dem zweiten Kompensationsmechanismus auf der obigen Liste handelt es sich um einen einfachen Preiseffekt. In den Lag-Märkten wird das bisher favorisierte Produkt gegen das Innovationsdesign aus dem Lead-Markt ausgetauscht, weil das Lead-Markt-Design aus bestimmten Gründen relativ billiger geworden ist. Denn die Kunden entscheiden nicht nur nach dem Nutzen, sondern auch nach dem Preis über die zur Auswahl stehenden Produktvarianten, also nach dem sog. Preis-Leistungs-Verhältnis. Durch die relative Preisreduktion wird das Preis-Leistungs-Verhältnis des Lead-Markt-Designs attraktiver. Wie schnell ein Design durch das andere ausgetauscht wird, hängt allerdings davon ab, wie wichtig die einzelnen Eigenschaften eines Produktes für den individuellen Nutzer sind oder wie weit sich der Nutzungskontext von Land zu Land unterscheidet. Welche Eigenschaften eines Landes dazu führen, dass das favorisierte Design relativ billiger wird gegenüber den Designs, die in anderen Ländern bevorzugt werden, wird im nächsten Abschnitt unter dem Begriff Preisvorteil eines Landes erläutert.

Der dritte Mechanismus wird häufig als der wichtigste angesehen. Den Beispielen nach zu urteilen ist er es aber nicht. Häufig wird der Erfolg einer Innovation dadurch erklärt (Utterback 1994, Christensen 1997), dass sie im Laufe der Zeit so weit verbessert worden wäre, dass sie letztlich als das beste Design akzeptiert wird. Das könnte auch für internationale Innovationen gelten. Es spricht aber einiges dagegen, dass dies auch für unsere Fragestellung im internationalen Rahmen ein bedeutender Erfolgsfaktor ist. Denn wenn die spezifischen Ansprüche in einem Land dazu führen, dass eine Innovation ausschließlich in einem Land genutzt wird, dann wird die Innovation entlang dieser lokalen Ansprüche verbessert und

22 In Europa wurden die amerikanischen Konzerne in den 1960er Jahren immer mehr als Bedrohung angesehen. Der Franzose Servan-Schreiber (1968) war einer der prominentesten Autoren dieser Zeit. Der europäische Binnenmarkt und europäische Initiativen zur gemeinsamen Entwicklung von Hochtechnologien (Beispiele sind das Flugzeug Concorde, die Weltraumagentur ESA, Atomkraftwerke, Farbfernsehen) wurden auch als geeignete Gegenmaßnahmen zur Marktmacht der USA angesehen. In Japan wurden lange Zeit Investitionen aus dem Ausland blockiert, um die heimische Industrie vor den Amerikanern zu schützen (Johnson 1982).

nicht entlang der Präferenzen anderer Länder. Wenn eine Innovation auch für die Nutzer in anderen Ländern verbessert wird, dann muss man fragen, warum das passiert oder warum Unternehmen in einem Land den Anforderungen von ausländischen Kunden entgegenkommen. Dies wird in unserer Systematik der Lead-Markt-Vorteile als Exportvorteil eines Landes bezeichnet. Zudem sind Verbesserungen des Nutzens oft keine technischen Durchbrüche, sondern eigentlich Kostensenkungen. Allgemein sind Digitalkameras natürlich im Laufe der Zeit immer besser geworden und haben dadurch die traditionellen Filmkameras abgelöst. Allerdings wurden sehr leistungsfähige Digitalkameras schon sehr früh am Markt verfügbar. Sie wurden aber zu einem Preis angeboten, der für die meisten potenziellen Käufer unbezahlbar war. Preisgünstig waren nur die Modelle geringer Auflösung. Dieses Muster der Verfügbarkeit technischer Hochleistung zu extrem hohen Preisen in der Anfangsphase einer Technologie ist in vielen Beispielen zu beobachten. Hier muss man wiederum fragen, welche Faktoren eines Landes dazu geführt haben, dass der Preis einer Innovation so stark sinken konnte. In der Regel wird die Kostenreduktion einer Technologie von den Marktverhältnissen, z. B. der Marktgröße, bestimmt.

Der Nutzen einer Innovation kann aber auch dann in einem anderen Land steigen, wenn die Bedingungen in diesem Land sich denen des Lead-Marktes annähern. Dies geschieht erstens dann, wenn es einen internationalen Trend gibt, der von bestimmten Veränderungen der Umwelt, in der Gesellschaft oder aufgrund des allgemeinen Wirtschaftswachstums ausgelöst wird. Der Lead-Markt steht dabei an der Spitze des Trends. Damit werden im Lead-Markt bestimmte Innovationen zuerst nützlich, die auf diese Veränderungen reagieren. Dies bildet den Nachfragevorteil im Lead-Markt-Faktorensystem. Zweitens kann sich der Nutzen einer Innovation mit der Zahl der Nutzer erhöhen. Anders ausgedrückt, die Adoption einer Innovation in einem Land kann die Präferenzen in anderen Ländern beeinflussen. Durch die Wahrnehmung, dass anderswo Käufer eine Innovation nutzen, sinkt die Ungewissheit darüber, ob sie auch den versprochenen Nutzen abwirft und ob sie zuverlässig ist. Dies ist immer dann relevant, wenn das Risiko und die Kosten der Investition besonders hoch sind. Dieser Vorteil wird weiter unten als Transfervorteil beschrieben.

Häufig wird noch ein weiterer Grund genannt, warum eine Innovation international erfolgreich wird. Es wird einfach in einem Land eine Innovation entdeckt, die den Nutzern in allen Ländern von Anfang an den höchsten Nutzen unter allen angebotenen Varianten bietet. Auf den ersten Blick scheint dieser Grund zwar nahe liegend, aber nicht mit unserem Modell vereinbar, in dem wir ja zunächst davon ausgegangen sind, dass in jedem Ländermarkt das dort optimale Innovationsdesign angeboten wird. Aber auch diese Argumentation kann in unserem Erklärungsmodell berücksichtigt werden. Sie ergibt sich theoretisch durch Verzicht auf die Annahme, dass in allen Märkten die lokalen Präferenzen vollständig bekannt sind und das jeweils für die dortigen Verhältnisse beste Innovationsdesign auch tatsächlich angeboten wird. Es wird aber offensichtlich nicht immer und nicht in jedem Land die beste lokale Variante für jedes Produkt angeboten. Dies kann mehrere Gründe haben. Oft ist der Markt zu klein und damit unattraktiv für Unternehmen, eine eigene Innovationsvariante für diesen Markt zu entwickeln. Häufig beherrscht ein großes Unternehmen oder gar ein Monopolist den lokalen Markt, das bzw. der sich nicht um Innovationen oder die optimale Anpassung an die lokalen Marktbedingungen bemüht. In diesem Fall kann ein Innovationsdesign, das auf die lokalen Marktverhältnisse eines anderen Landes ausgerichtet ist, auch in dem anderen Land einen höheren Nutzen haben als die dort angebotenen Varianten. Der Nutzen des Lead-Markt-Innovationsdesigns ist von Anfang an in den Lag-Märkten höher als derjenige der Innovationsdesigns in den Lag-Märkten. Ein Monopolist hat oft keinen Anreiz zu innovieren, wenn er erwartet, dass Innovationen nur seine eigenen etablierten Produkte ersetzen oder weil nicht klar ist, welches Design das beste ist. Das beste Design findet sich nämlich häufig erst, wenn mehrere Designalternativen im Markt getestet werden. Je höher der Wettbewerb, desto höher die Wahrscheinlichkeit, dass das optimale Innovationsdesign gefunden wird. Dieser Internationalisierungsmechanismus einer Innovation ist also stark von Unterschieden in der Wettbewerbsintensität von Land zu Land abhängig. Da ein intensiverer Wettbewerb in einem Land gegenüber anderen Ländern eine höhere Wahrscheinlichkeit beinhaltet, ein international nützliches und damit erfolgreiches Innovationsdesign zu entdecken, wird die Wettbewerbsintensität eines Landes im vorliegenden Buch als Marktstrukturvorteil bezeichnet.

Grundsätzlich gilt, dass das wahrgenommene Preis-Nutzen-Verhältnis des Innovationsdesigns des Lead-Marktes in den Lag-Märkten höher sein muss als die dort angebotenen Innovationsdesigns, damit das Lead-Markt-Design sich international durchsetzt. Daraus ergeben sich vereinfacht zwei grundsätzliche Argumentationen: Entweder ist der Nutzen des Lead-Markt-Designs im Lag-Markt höher als das Lag-Markt-Design oder der Preis ist niedriger. Unter den fünf eben vorgestellten Lead-Markt-Vorteilen wird bei den letzten vier mit einem höheren wahrgenommenen Nutzen des Lead-Markt-Designs argumentiert. Sie beschreiben den Prozess der Zunahme des Nutzens eines Lead-Markt-Innovationsdesigns in den Lag-Märkten.

Um ein besseres Verständnis der verschiedenen Nutzen-Argumentationen zu erreichen, soll der Nutzen der Lead- und Lag-Markt-Innovationsdesigns über die Zeit grafisch dargestellt werden. Abb. 42 zeigt den zeitlichen Verlauf des Nutzens des Lead-Markt-Designs im Lag-Markt für die verschiedenen Lead-Markt-Vorteile (dünne Linien) im Vergleich zum Nutzen des im Lag-Markt heimischen Designs (dicke Linie). Der Nutzen aller Innovationen steigt mit der Zeit aufgrund von kontinuierlichen Verbesserungen an. Die Nutzer im Lag-Markt wechseln erst zu dem Zeitpunkt vom bisher favorisierten Design zum Lead-Markt-Design, wenn der Nutzen des Lead-Markt-Designs den Nutzen des Lag-Markt-Designs übersteigt. Wir haben vorhin argumentiert, dass sich ein Lead-Markt-Design nicht einfach deshalb international durchsetzt, weil es über die Zeit hinweg besser wird. Denn das heimische Design im Lag wird ja auch ständig verbessert. In der Grafik haben wir angenommen, dass alle genutzten Varianten, Innovationen wie etablierte Produkte, grundsätzlich gleich gut verbessert werden können. Ein Design kann das andere also nicht einfach im Nutzwert überholen, ohne dass zusätzliche Faktoren der lokalen Märkte wirken. Unterschiede in dem Zugewinn des Nutzens können sich aus unterschiedlichen Merkmalen der jeweiligen Märkte ergeben, in denen sie bevorzugt werden. Beim Nachfrage- als auch beim Transfervorteil des

Abb. 42: Dynamischer Verlauf des Nutzens des Lead-Markt-Designs im Lag-Markt im Vergleich zum Nutzen des Lag-Markt-Designs

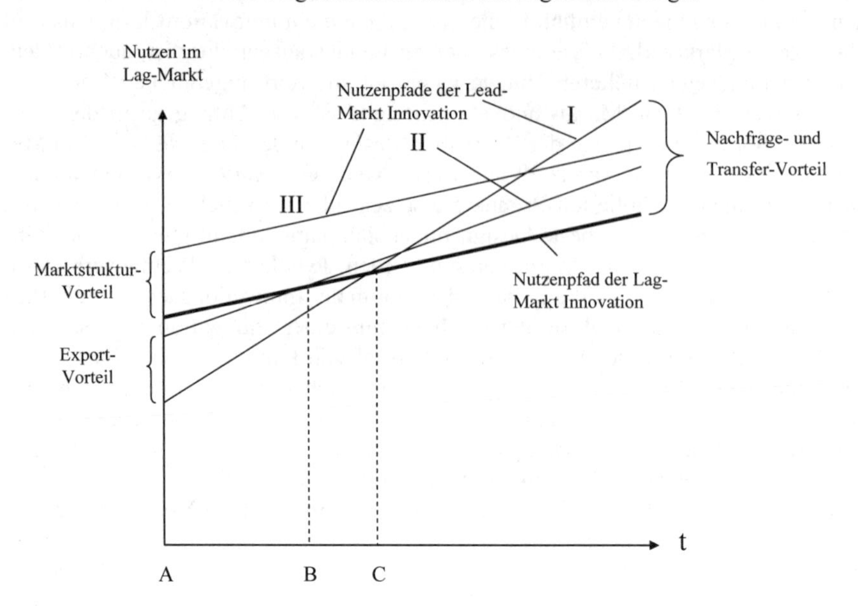

Lead-Marktes ist zunächst der Nutzen des Lag-Markt-Designs im heimischen Lag-Markt höher, d. h. der Lag-Markt wendet zunächst das heimische Design an. Der Nutzen des Lead-Markt-Designs steigt allerdings schneller, z B. aufgrund eines Trends, und übersteigt irgendwann den Nutzen des bisher optimalen Designs (Nutzenpfad I).

In der Argumentation des Exportvorteils ist der Nutzen des Lead-Markt-Designs am Anfang (Zeitpunkt A) schon fast so hoch wie der des Lag-Markt-Designs und es bedarf nur noch eines geringen zusätzlichen Nutzenzugewinns um dem Lag-Markt-Design überlegen zu sein (Pfad II). Denn durch die Exportorientierung des Lead-Marktes wird das Innovationsdesign nicht nur auf die Präferenzen des heimischen Marktes ausgerichtet, sondern auch auf die Anforderungen der ausländischen Märkte. Somit ist das Design, das im Lead-Markt entsteht, auch in den Lag-Märkten von hohem Nutzen und hat es dort leichter, gegen einheimische Designs zu konkurrieren. Der stärkere Anstieg des Nutzens des Lead-Markt-Designs ergibt sich dann z. B. durch ein höheres Verbesserungspotenzials aufgrund der höheren Stückzahlen und der darauf aufbauenden Lernerfahrung in verschiedenen Ländermärkten.

Die Argumentation des Marktstrukturvorteils lässt sich in das Schema so einfügen, dass von Anfang an (A) das Lead-Markt-Design einen höheren Nutzen hat als das Lag-Markt-Design (Pfad III). Es wurde ja hier so argumentiert, dass die Präferenzen der Nutzer den Unternehmen nicht vollständig bekannt sind und die Unternehmen deshalb verschiedene Innovationsdesigns auf den Märkten testen müssen, bevor klar wird, welches Design „das beste" ist, d. h. den höchsten Nutzen für

Abb. 43: Lead-Markt-Faktoren des Lead-Markt-Modells

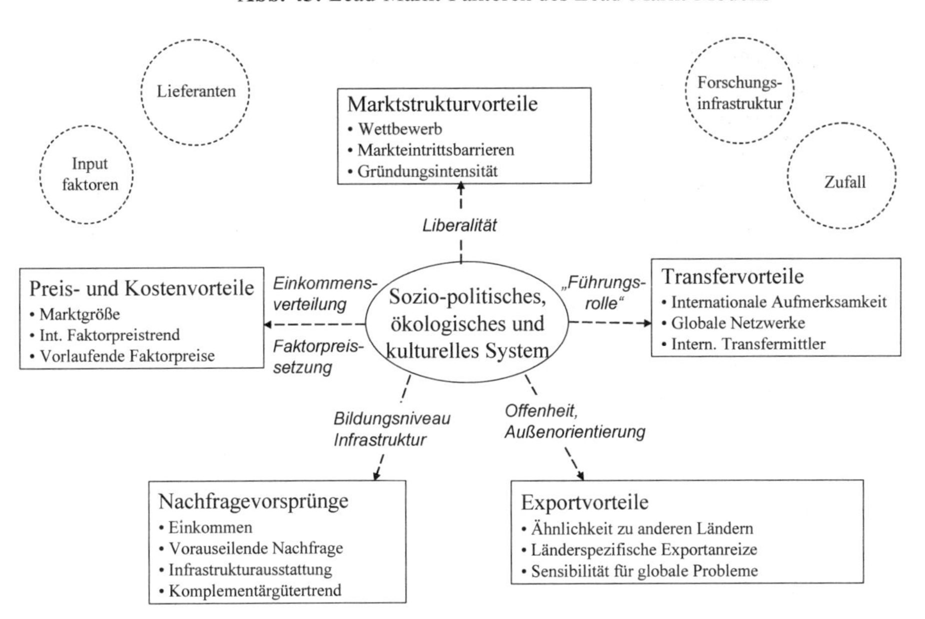

Kunden erbringt. Wenn dieser Auswahlprozess im Lead-Markt sehr viel effizienter ist als in den Lag-Märkten, dann kann die Situation eintreten, dass das Lead-Markt-Design selbst im Lag-Markt einen höheren Nutzen aufweist als das Design, das in den Lag-Märkten (z. B. aus Mangel an guten Alternativen) ausgewählt wird.

Auf Basis theoretischer Überlegungen lassen sich also fünf grundsätzliche Typen von Eigenschaften ableiten, die in einem Lead-Markt besonders vorteilhaft ausgeprägt sind. Diese so genannten Lead-Markt-Faktoren sind in Abbildung 43 dargestellt und werden im Folgenden näher erläutert. Die fünf Gruppen von Lead-Markt-Faktoren beruhen letztlich auf den sozio-politischen, kulturellen oder ökologischen Systemen eines Landes. Andere Faktoren wie die Forschungsinfrastruktur oder Lieferanten, die Teil des Innovationssystems eines Landes sind und in der Grafik als isolierte Faktoren auftreten, sollen hier nicht betrachtet werden, obwohl sie einen gewissen Einfluss auf das Marktverhalten haben können. Auch der Zufall kann natürlich mitspielen. Wir betrachten die anderen Faktoren also gewissermaßen als zufällige Störeinflüsse und nicht als systematisch für die Lead-Markt-Rolle eines Landes.

3.2.2 Nachfragevorteile

Ein Markt besitzt einen Nachfragevorteil, wenn die lokalen Marktbedingungen die Bedingungen in anderen Ländern vorwegnehmen. Innovationen werden meist durch bestimmte Veränderungen in den Bedingungen eines Landes hervorgerufen oder zumindest angestoßen. Unternehmen entwickeln Innovationen, die diese Veränderungen entweder abmildern (z. B. bei zunehmender Umweltverschmutzung) oder aufgreifen (z. B. kompakte Haushaltsgeräte durch zunehmenden Anteil an Singlehaushalten). Wir wollen dabei den Nachfragevorsprung des Landes von der Beeinflussung des Weltmarktes durch die Adoption einer Innovation in einem Markt klar trennen (dieser Fall wird unter Transfervorteil beschrieben). Wir nehmen hier also an, dass alle Länder unabhängig von einander Auswahlentscheidungen treffen. Wie lassen sich nun die weltweiten Kundenpräferenzen im Lead-Markt antizipieren? Hierzu bedarf es eines internationalen Trends, der mehr oder weniger unbeeinflusst von der Adoption von Innovationen abläuft, also exogen ist. Diejenigen Länder, die ganz weit vorn in dieser Trendentwicklung stehen, können dann die Rolle eines Lead-Marktes einnehmen. Einer der wichtigsten internationalen Trends des letzten Jahrhunderts in der industrialisierten Welt war die Zunahme der Einkommen. Das persönliche Einkommen bestimmt zu einem großen Teil das Konsummuster. Je höher das Einkommen, desto höher die Anteile von bestimmten höherwertigen Gütern, so genannten superioren Gütern, am Gesamtkonsum und desto geringer der Anteil von inferioren Gütern wie z. B. Grundnahrungsmitteln. Superiore Güter sind Güter, die das Leben bequemer machen und die man erst anschafft, wenn man nach den Grundbedürfnissen, wie Nahrung, Kleidung und Wohnung, noch Geld übrig hat.

a) Einkommen

Eine der ersten Theorien, die die internationale Ausbreitung von Innovationen betrachtete, ist die Theorie des internationalen Produktlebenszykluses von Vernon (1966). Vernon erklärte die Führungsrolle der USA bei vielen Innovationen mit den dortigen Durchschnittseinkommen, die bis in die 1970er Jahre weit vor denen anderer Länder lag. Da die Amerikaner über die höchsten Einkommen verfügten, entstand hier zuerst Massennachfrage nach neuer Technik z. B. nach Autos, elektrischen Haushalts- und Küchengeräten, Fertiggerichten und allen mit diesen Produkten verbundenen Komponenten. Mit dem Ansteigen der Einkommen in anderen Ländern entstand auch dort Nachfrage nach diesen Produkten, was vor allem den amerikanischen Unternehmen zugute kam, die bereits diese Produkte zur Serienreife entwickelt hatten. In der Tat waren die USA vor allem im Bereich der Güter für den wachsenden Mittelstand international wettbewerbsfähig, während z. B. die international erfolgreichen Innovationen aus Deutschland lange Zeit entweder auf Ersatzprodukte zur billigen Produktion von Naturgütern und für die unteren Einkommensschichten (Chemie, Kunststoffe, Margarine) oder auf Luxuswaren für eine Oberschicht (Luxusautomobile) ausgerichtet waren (Franko 1976). In den 1970er Jahren schlossen allerdings die europäischen Länder und Japan so dicht an das amerikanische Niveau auf, dass der Vorsprung der USA nicht mehr ins Gewicht fiel. Der Einkommenstrend ist heute also nicht mehr der dominierende für Innovationen allgemein, sondern nur noch für diejenigen Marktsegmente, für die noch größere Unterschiede in den verfügbaren Einkommen bestehen und

Abb. 44: Pkw-Dichte in ausgewählten Ländern 1900-2000

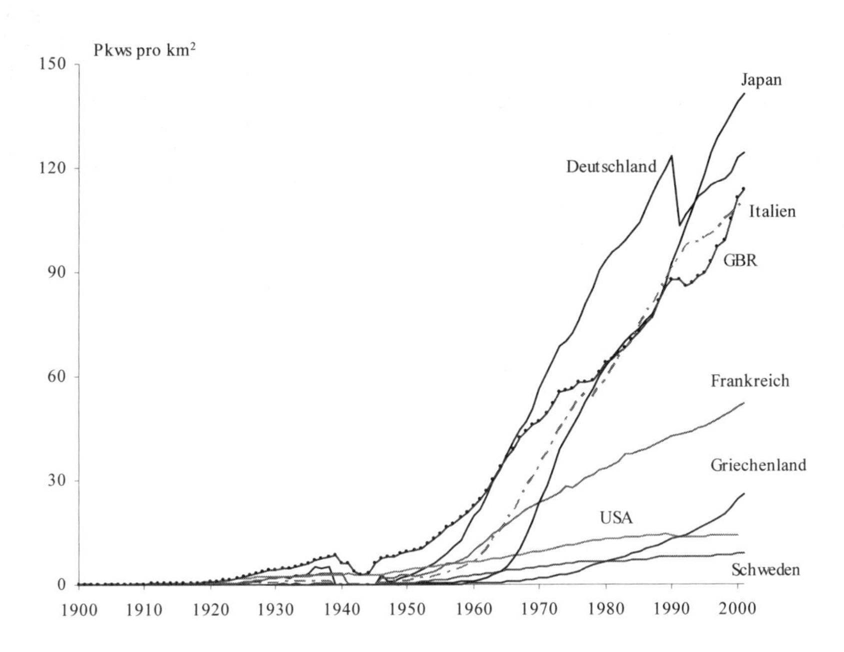

Quelle: UN Statistical Yearbook, Mitchell (1981), Federal Highway Administration, eigene Berechnungen.

ein internationaler Trend existiert, z. B. bei bestimmten Berufsgruppen, bei Jugendlichen, Kranken oder Senioren.

b) Vorauseilende Nachfrage

Andere internationale Trends sind wichtiger geworden für Innovationen. So z. B. die Umweltverschmutzung, die Überbevölkerung, die Überalterung der Gesellschaft. Wenn Unternehmen auf diese Trends mit Innovationen reagieren und diese dann breit genutzt werden, spricht man von ‚induzierten' Innovationen. In Ländern, die an der Spitze eines internationalen Trends stehen, nehmen die Unternehmen die Innovationschancen am frühesten wahr. Entsprechend antizipieren Innovationsdesigns aus den Ländern, die in der Trendentwicklung fortgeschritten sind, in der andere Länder später folgen werden. Lead-Märkte stehen also in vorderster Linie eines globalen internationalen Trends.

Als Beispiel soll hier der Anstieg der Pkw-Dichte auf den Straßen genannt werden (Abb. 44). In den meisten Ländern ist das Verkehrsaufkommen seit den 1960er Jahren stark gestiegen. Dieser Trend bewirkt erhebliche Innovationsimpulse, zum einen im Verkehrsbereich selbst (z. B. Telematik-Anwendungen) und zum anderen indirekt durch die Veränderung der Präferenzen der Fahrzeughalter und der Reaktion der öffentlichen Träger auf den Verkehr. So führt der Trend zu einer höheren Nachfrage nach kleineren und kompakteren Autos. Die öffentliche Hand reagiert mit Erhöhungen des Benzinpreises, um Anreize zum Umstieg auf andere Verkehrsmittel zu setzen. Das wiederum ruft Innovationen hervor, die zum Treibstoffsparen führen sollen, wie z. B. die Diesel-Hochdruck-Einspritzung. Wie man aus der Abbildung aber auch sieht, ist dieser Trend nicht in allen Ländern zu erkennen. So sind in den USA wegen der Weite des Landes weiterhin große, Benzin fressende Fahrzeuge beliebt. Diese Modelle stehen aber gegen den internationalen Trend und haben damit nur geringe Chancen, erfolgreich exportiert werden zu können. Die USA sind damit bei vielen Innovationen in der Automobilindustrie ein idiosynkratischer Markt und kein Lead-Markt.

Internationale Trends können ganz unterschiedliche Dimensionen haben. Es sind eben nicht nur die großen globalen Trends, die Innovationschancen erzeugen, sondern auch sehr produktspezifische Entwicklungen, eher mittelfristige Modeerscheinungen wie z. B. pflanzliche Bestandteile in Shampoos. Es gibt auch einen globalen Trend hin zum Premiumhundefutter, bei dem Frankreich besonders weit fortgeschritten ist (Cvar 1986).

c) Infrastrukturausstattung und Komplementärgüter

Ein globaler Trend kann dabei auch dadurch gekennzeichnet sein, das einige Länder einen Zeitvorsprung beim Aufbau einer Infrastruktur haben, die den Nutzen eines Innovationsdesigns erhöht. Je stärker eine Infrastruktur ausgebaut ist, desto höher ist dort auch der Anreiz, diese Innovation zu adoptieren. Die Verfügbarkeit von Produkten, die zusammen mit einer Innovation genutzt werden, kann ebenfalls den Nutzen einer Innovation in einem Land erhöhen. Stehen diese Komplementärgüter nach und nach in allen Ländern zur Verfügung wächst der Nutzen einer Innovation auch von Land zu Land an. Komplementärgüter, die diese Wirkung auf den internationalen Erfolg von Innovationen ausgeübt haben, sind z. B. Videokassetten, Kraftstoffe, Software, Reparaturbetriebe. Hierbei muss aber wieder eine gewisse Unabhängigkeit zwischen Trend und Adoption beachtet werden, denn häufig bedingt die Adoption einer Innovation auch den Ausbau einer dazu komplementären Infrastruktur.

Ein Beispiel, in dem ein Komplementärgut weitestgehend unabhängig von der Adoption der Innovation geblieben ist, findet sich im schon genannten Fall der Kreditkarte. Die Verbreitung von Kreditkarten hat den Verkauf von Produkten und Dienstleistungen an Konsumenten über das Internet gefördert, die Kreditkarte war also komplementär zum E-Commerce. In Ländern, in denen Kreditkarten noch nicht so verbreitet sind, wird auch das Internet nicht so stark kommerziell genutzt wie in Ländern mit hoher Kreditkartenpenetration. Ein Beispiel für Fähigkeiten als Teil der Infrastruktur eines Landes, die komplementär zu der Verbreitung von Innovationen stehen, ist die Ausbildung der Ärzte. Pflanzliche Arzneimittel werden in Deutschland sehr häufig von den Ärzten verordnet, da die Medizinausbildung in Deutschland das Studium von pflanzlichen Wirkstoffen (Phytopharma) stärker einschließt als z. B. in den USA. Mit wissenschaftlichen Beweisen über die Wirkungsweise der Phytopharma breitet sich dieses Wissen auch international aus.

Viele Unternehmen versuchen schon seit langem, Trends zu identifizieren. Um internationale Trends zu identifizieren, lassen sich die internationalen Entwicklungen mit Hilfe von Indikatorzeitreihen beschreiben, wie in dem obigen Beispiel der Fahrzeugdichte. Hierzu zählen beispielsweise Kennziffern zur demografischen Entwicklung, Indikatoren zu umweltschonenden Produktionsmethoden oder zu volkswirtschaftlichen Größen wie das Pro-Kopf-Einkommen eines Landes. Der Knackpunkt ist dabei natürlich gerade, weltweite Trends von regionalen Trends zu unterscheiden. Man muss also anhand vieler Länderdaten abgleichen, ob diese Trends auch tatsächlich international sind oder den Einfluss derjenigen Länder genauer betrachten, die den Trend nicht mitgehen. Hat ein Indikator für die meisten Länder tendenziell eine gemeinsame Entwicklungsrichtung, kann man von einem globalen Trend ausgehen. Die verschiedenen Ländermärkte unterscheiden sich somit nicht grundsätzlich, sondern lediglich in ihrem Entwicklungsstand. Allerdings können große einflussreiche Länder auch den Weltmarkt entgegen dem Trend beeinflussen, wie beim Fall der Autodichte. Die USA setzen immer wieder Trends bei bestimmten Fahrzeugkategorien, z. B. bei den SUVs, obwohl steigende Fahrzeugdichten und Benzinpreise gegen solche Fahrzeuge sprechen. Hier überwiegt also der weiter unten genauer beschriebene Vorteil eines Landes, andere Länder zu beeinflussen. An dieser Stelle wird klar, warum wir die Vorteile eines Landes in fünf Kategorien einteilen. Dadurch lassen sich nämlich die einzelnen Lead-Markt-Vorteile besser auseinander halten, einzeln bewerten und am Ende gegeneinander abwägen.

Bei der Nachfrage nach Innovationen zählt manchmal nicht nur die objektive Position eines Landes an der Spitze des Trends, sondern auch die Sensibilität der Nutzer gegenüber einem exogenen Trend. Denn manchmal ist zu beobachten, dass bestimmte Ländermärkte zwar einen globalen Trend anführen, die lokalen Kunden allerdings nur sehr träge auf diesen Trend reagieren. Aus dieser Erkenntnis heraus ergibt sich aber auch, dass Länder, die von den objektiven Indikatoren her nicht einen Trend anführen, trotzdem ein führender Markt werden können, weil die Konsumenten sehr sensibel auf ein globales Problem reagieren. Dieser Vorteil wird weiter unten in der Kategorie des Exportvorteils zugeordnet.

3.2.3 Preis- und Kostenvorteile

Ländermärkte verfügen über einen Preisvorteil, wenn der relative Preis des länderspezifischen Innovationsdesigns gegenüber demjenigen in anderen Ländern abnimmt. Wenn der relative Preis sinkt, nimmt die Nachfrage nach dem Innovationsdesign des Lead-Marktes in den Lag-Märkten zu. Nimmt der Preis ausreichend stark ab, können die Unterschiede in den nationalen Nachfragepräferenzen völlig über den Preis überkompensiert werden und das im Lead-Markt favorisierte Design kann im Lag-Markt zum dominierenden Design werden.

a) Marktgröße

Der Preismechanismus ist das Herzstück der Globalisierungshypothese von Theodor Levitt. In der Darstellung von Levitt „kapitulieren“ die Kunden auf ausländi-

Abb. 45. Preispfade zweier Innovationsdesigns im Lag-Markt

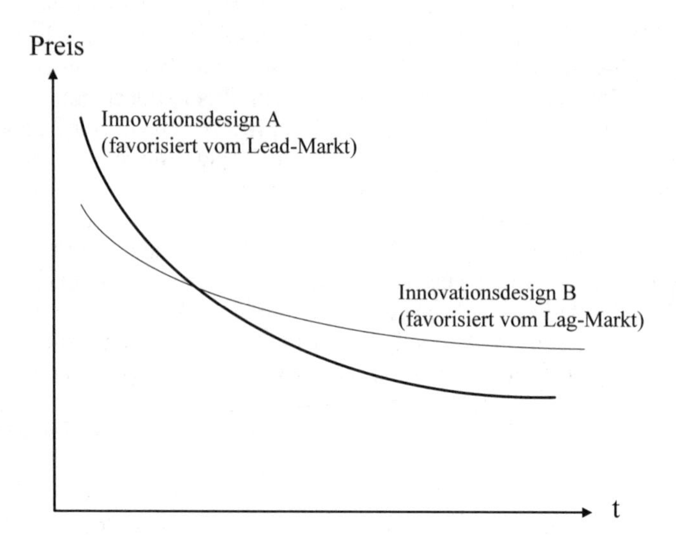

schen Märkten vor den niedrigen Preisen des ausländischen Produktes und rücken von den ursprünglichen Produktvarianten des eigenen Landes ab (Levitt 1983). Schon Levitt beklagt, dass sich viele Unternehmen zu stark auf die Marktforschung verlassen, die zwar die bevorzugten Produkteigenschaften in einem Land ermittelt, aber nicht berücksichtigt, dass jeder potenzielle Kunde immer eine Abschätzung zwischen eigenen Präferenzen und Preis macht. McDonald's ist in vielen Ländern mit den gleichen Produkten sehr erfolgreich, was aber nicht heißt, dass überall der gleiche Geschmack gefragt ist. Häufig ist ein McDonald's-Restaurant einfach sehr viel billiger für Familien als andere Restaurants und wird deshalb frequentiert und nicht weil es genau den richtigen Geschmack trifft. Ein extremes Beispiel für diesen Preiseffekt sind amerikanische Kühlschränke in Japan. In Japan werden normalerweise kompakte Haushaltsgeräte nachgefragt und die riesigen amerikanischen Kühlschränke passen hier überhaupt nicht ins Bild. Allerdings gelang einem japanischen Importeur ein Markterfolg mit importierten Kühlschränken aus den USA – einfach deshalb, weil zu der Zeit der Yen sehr stark gegenüber dem Dollar war und damit die amerikanischen Geräte halb so billig waren wie die an die japanischen Verhältnisse angepassten Kühlschränke (Fields, Katahira, Wind 2000, S. 29).

Abbildung 45 illustriert die Entwicklung der Preise konkurrierender Innovationsdesigns in einem Lag-Markt. Im Lag-Markt wird zunächst das Innovationsdesign B ausgewählt, weil der Preis von B zunächst günstiger ist als der von A. Im Lead-Markt wird allerdings das Innovationsdesign A angewendet, z. B. weil der Nutzen von Design A im Lead-Markt höher ist als von B oder weil dort zusätzliche Kosten bei der Nutzung von B anfallen. Nach einiger Zeit wird das Innovationsdesign des Lead-Marktes relativ billiger und unterschreitet den Preis des Lag-Markt-Designs im Lag-Markt.

Diese Preisreduktionen können vor allem aufgrund von Kostensenkungen realisiert werden. Kostenreduktionen wiederum werden durch Größenvorteile erreicht, also beim Übergang zur Massenfertigung. Länderspezifische Größenvorteile sind dann vor allem die Marktgröße und das Marktwachstum. Ein Beispiel für diesen Mechanismus ist der im zweiten Kapitel beschriebene weltweite Erfolg des Faxgerätes. Das Faxgerät hat sich international nur deshalb durchsetzten können, weil sein Herstellungspreis durch die Massenproduktion für den japanischen Markt auf ein Vierzigstel reduziert wurde. Preise sinken auch durch steigende Wettbewerbsintensität, was wir weiter unten bei der Gruppe der Marktstrukturvorteile diskutieren werden.

b) Internationale Faktorpreistrends

Ein weiterer Preisvorteil eines Landes entsteht durch globale Faktorpreistrends. Wird ein bestimmter Einsatzfaktor in einem Land teurer, dann werden die Marktakteure versuchen, den Einsatz dieses Faktors zu senken oder ganz zu substituieren. Dafür sind entweder Verfahrensinnovationen oder Änderungen des Produktes notwendig. Steigt der Preis für diesen Einsatzfaktor später auch in den anderen Ländern, werden die Kunden dort ebenfalls reagieren und vermutlich dieselben Innovationen einführen, um den Anteil des preiskritischen Einsatzfaktors zu verringern. Das Land, das an der Spitze des Faktorpreistrends steht, hat einen Lead-Markt-Vorteil. Steigt z. B. der Benzinpreis in einem Land, werden die Hersteller von Fahrzeugen für diesen Markt versuchen, Fahrzeugkomponenten oder Fahrzeugdesigns zu konstruieren, die dazu beitragen, Kraftstoff einzusparen. Steigen die Benzinpreise danach ebenso auf den Lag-Märkten, werden die Kunden dort

Abb. 46: Preispfad der Lead-Markt-Innovation im Lead- und Lag-Markt

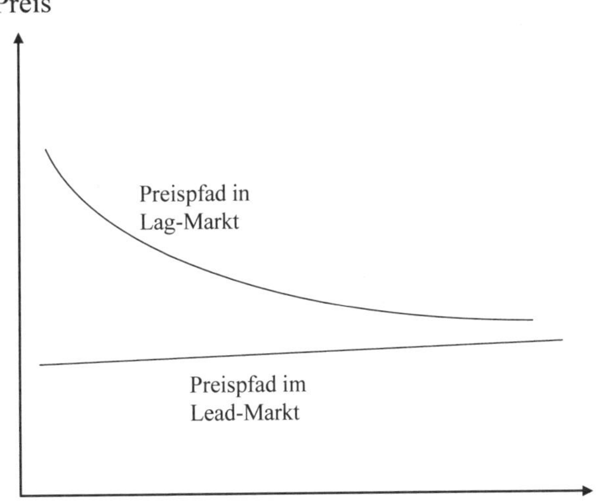

Abb. 47: Entwicklung der nationalen Preise für zellularen Mobilfunk 1980-1995

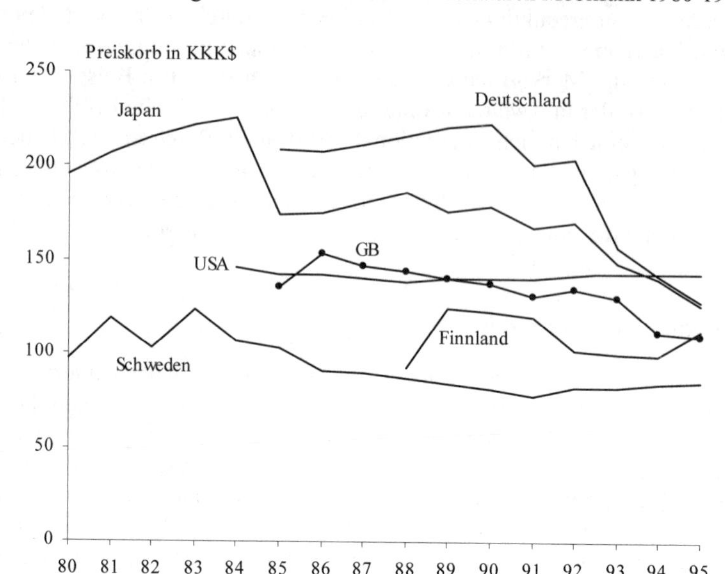

KKK = Kaufkraftparitäten, d. h. Währungen werden mittels eines Warenkorbs umgerechnet.

Quellen: OECD, Sweden: Hultén, Mölleryd (1995), Deutschland: RegB, USA: Paetsch (1993), Finnland: Ministry of Telecommunication Finland, Japan: Telecommunications Carrier Association, GB: Valetti, Cave (1998), eigene Schätzungen.

auch die Benzin sparenden Produkte nachfragen. Man kann also sagen, dass die Entwicklung der relativen Preise der Einsatzfaktoren und Komplementärgüter im Lead-Markt der entsprechenden Entwicklung in den Lag-Märkten vorauseilt. Der Lead-Markt antizipiert sozusagen die weltweite Entwicklung. Dabei ist es unerheblich, ob der Preis im Lead-Markt fällt oder steigt. Entscheidend ist, ob sich das Preisniveau in den anderen Ländern dem im Lead-Markt annähert. Abbildung 46 zeigt den Fall, dass der Preis für ein Gut im Lead-Markt sogar gegenläufig zum internationalen Trend verläuft. Allerdings wird der Preisunterschied zwischen den beiden Ländern zum überwiegenden Teil durch die Preisreduktion im Lag-Markt überwunden. Damit werden im Lag-Markt nahezu die früheren Verhältnisse des Lead-Marktes hergestellt.

Dieses Preismuster findet sich beispielsweise im Mobilfunk wieder. Der Preis für zellulare Mobilkommunikation ist in den 1980er und 90er Jahren erheblich gefallen, und zwar stärker als für alle anderen alternativen Mobilfunksysteme und die Festnetztelefonie. In Abbildung 47 wird der Preis des Mobilfunks, der aus mehreren Komponenten besteht (Grundgebühr, unterschiedliche Tarifzonen usw.), in Form eines standardisierten Warenkorbes für mehrere Länder verglichen. Sie zeigt, dass in den 1980er Jahren, als die Preise für zellularen Mobilfunk in den meisten Ländern noch für viele potenziellen Nutzer unerschwinglich waren, in den nordischen Ländern schon die Niveaus angenommen hatten, die sich erst später weltweit durchsetzten. Wiederum war eine unterschiedliche Wettbewerbsintensität verantwortlich. In den nordischen Ländern stand der Mobilfunk schon Anfang der 1980er Jahre im Wettbewerb, während in den meisten anderen Ländern das staatliche Telefonmonopol erst in den 1990er Jahren abgeschafft wurde.

3.2.4 Exportvorteile

Ein Land besitzt einen Exportvorteil, wenn die Innovationen, die im Inland favorisiert werden, leichter exportiert werden können als die anderer Länder. Eine leichtere Exportierbarkeit inländischer Innovationen kann dadurch erreicht werden, dass

- die Bedingungen in einem Land ähnlich denen in anderen Ländern sind,
- der inländische Markt Anreize setzt, bei der Innovationsgestaltung die Bedingungen oder Kundenpräferenzen in ausländischen Märkten zu berücksichtigen.
- die lokale Nachfrage sensibel auf globale Probleme reagiert.

a) Ähnlichkeit zu anderen Ländern

Entscheidend für die weltweite Verbreitung eines Innovationsdesigns ist die Fähigkeit der Unternehmen, die entsprechenden Produkte zu exportieren. Die Exportierbarkeit von Produkten nimmt zu, je ähnlicher die Marktumfeldbedingungen des exportierenden und des importierenden Landes sind. Denn der Nutzenverlust eines Kunden beim Wechsel zu einem ausländischen Innovationsdesign ist umso geringer, je ähnlicher die Umfeldbedingungen zwischen den Ländern sind. Diese Argumentation geht wiederum auf die Hypothese des internationalen Produktlebenszyklus von Vernon (1979) zurück. Empirische Studien belegen, dass die Wahrscheinlichkeit der Adoption einer Innovation in einem Ländermarkt mit der kulturellen und sozio-ökonomischen Ähnlichkeit zum Ursprungsland der Innovation zunimmt (Dekimpe et al. 2000). Stellt man sich nun vereinfachend die Unterschiedlichkeit von Ländern bezüglich einer Innovation als Kontinuum entlang einer Dimension vor, dann haben Länder, die auf diesem Kontinuum eher in der Mitte liegen, Exportvorteile gegenüber Ländern, die Bedingungen an den extremen Enden aufweisen. Ein Beispiel sind die Fahrbedingungen für Automobile. In den USA und Japan herrschen im internationalen Vergleich eher extreme Bedingungen, während die europäischen Bedingungen in der Mitte zwischen diesen beiden Extremen liegen. In den USA etwa werden durchschnittlich längere Fahrten bei geringen Benzinpreisen durchgeführt. In Japan ist das Auto dem Stop-and-go-Verkehr ausgesetzt. Die europäischen Fahrbedingungen liegen hier eher in der Mitte.

Natürlich hat die Varietät der Ländermärkte mehrere Dimensionen, bei der lokalen Präferenz des Autodesigns spielen sicher noch der Benzinpreis, die Witterungsbedingungen, die Besiedelungsdichte usw. eine Rolle. Allerdings lassen sich auch bei vielen Dimensionen die Abstände zwischen Ländern quantifizieren, beispielsweise mit der euklidischen Distanz (= die Wurzel der Summe der Abstandsquadrate). Im Beispiel des Mobilfunks war es in der Tat nur eine Dimension, die den Ähnlichkeitsvorteil ausgemacht hat. Im Falle des Mobilfunks hat die strategische mittlere Position Europas bei der Besiedelungsdichte eine Rolle bei dessen Lead-Markt-Funktion gespielt. Der zellulare Mobilfunk, wie er heute zum Standard geworden ist, war zu Beginn in sehr dünn besiedelten Gebieten wie auch in hoch verdichteten Städten ökonomisch eher von Nachteil. Die Bevölkerungsdichte in den nordischen Ländern liegt in etwa zwischen diesen beiden Extremen (Beise 2001, S. 174). Zellularer Mobilfunk ist bei dieser Bevölkerungsdichte ideal. In den anderen Ländern wurden zunächst andere Mobilfunksysteme bevorzugt, in den USA die Satellitentelefonie, in den Großstädten Asiens Frequenzband sparende Funksysteme geringer Reichweite. Mit der Zeit konnte dann aber die zellulare Technik immer weiter an die extremen Verhältnisse angepasst werden. Natürlich wurden auch die anderen Systeme verbessert. Unser Argument ist hier aber, dass das Innovationsdesign, das auf die Bedingungen eines durchschnittlichen Landes ausgerichtet ist, effizienter an Länder mit extremen Bedingungen angepasst werden kann als umgekehrt. Das Design, das ursprünglich für extreme Umweltbedingungen entwickelt wurde, hat es auf dem Weltmarkt schwerer sich als internationaler Standard durchzusetzen. So ist es z. B. ökonomisch nicht sinnvoll Satellitensysteme und kleinräumige Funksysteme, also die beiden Mobilfunksysteme, die für die jeweiligen extremen Besiedelungsdichten am besten geeignet sind, in allen Ländern zu nutzen. Europa mit einer weltweit durchschnittlichen Besiedelungsstruktur war damit ein idealer Ausgangspunkt für die Weiterentwicklung der zellularen Telephonie zum globalen Standard.

Diese Charakteristik des Lead-Marktes ist anders als die eines Trendführers, der ja an der Spitze der Veränderungen steht. Bisher wurde damit implizit argumentiert, dass Länder mit extremen Umweltbedingungen besonders geeignet sind, Innovationen zuerst einzuführen. Denn Innovationen sind in der Regel dort zuerst nützlich, wo extreme Anforderungen an ein Produkt gestellt werden. Nach der Markteinführung kann es in der Praxis soweit verbessert werden, bis es reif ist, auch in anderen Ländern erfolgreich kommerzialisiert zu werden. Wir haben aber bisher argumentiert, dass dies nur *dann* gilt, wenn auch tatsächlich ein globaler Trend oder ein hohes Kostensenkungspotenzial existiert. Extreme Bedingungen allein bewirken noch nicht, dass sich eine Innovation international durchsetzt, denn die Innovationsdesigns in allen Ländern verbessern sich über die Zeit. Lead-Markt-Vorteile für ein Land ergeben sich nur, wenn ein Design gegenüber einem anderen aufgrund einer asymmetrischen Marktsituation zwischen den Ländern einen Wettbewerbsvorteil erlangt.

b) Länderspezifische Exportanreize

Die Exportierbarkeit von Innovationsdesigns kann natürlich auch von den innovierenden Unternehmen selbst erhöht werden, indem Anforderungen der ausländischen Märkte berücksichtigt werden. Die Unternehmen werden in der Regel davon abgehalten, weil damit die Marktchancen im Inland sinken, denn das Innovationsdesign ist dann nicht mehr optimal an die inländischen Verhältnisse angepasst. Eine solche Erhöhung der Exportfähigkeit von Innovationen bedarf also zusätzlicher inländischer Anreize. In der Regel sind die lokalen Kunden nicht bereit, von ihren eigenen lokalen Anforderungen um der Exportfähigkeit willen abzuweichen. Extremfälle gibt es gerade in den Industrien, in denen die Entwicklung von Innovationen besonders teuer ist, wie in der Pharmaindustrie oder der Telekommunikation. Bei den Telekommunikationsdiensten wurden von den nationalen Telekommunikationsunternehmen häufig sehr länderspezifische Techniken eingesetzt und nationale Standards erlassen. Die Zulieferer mussten sich an diese nationalen Standards halten, was die Exportfähigkeit der entwickelten Technik erheblich reduzierte. Vor allem japanische Telekommunikationsgerätehersteller litten lange Zeit im Exportgeschäft unter der restriktiven Standardisierungspolitik des heimischen Telekommunikationsunternehmens (NTT). Für den Export mussten völlig neue Systeme entwickelt werden.[23]

Kunden können aber auch ein Interesse an der Exportfähigkeit von Innovationen haben. Dann nämlich, wenn durch größere Stückzahlen geringere Herstellkosten erreicht werden oder die Entwicklungs- oder sonstigen Fixkosten sehr hoch sind. Gerade Kunden in kleineren Ländermärkten sind dabei häufig auf exportfähige Innovationen angewiesen, da die fehlende Größe des Heimatmarktes hohe Investitionen in die Entwicklung lokaler Innovationsdesigns nicht rechtfertigt. So unterstützten die Telekommunikationsunternehmen in den nordischen Ländern die Entwicklung eines gemeinsamen Mobilfunksystems und den Export des Systems in andere Länder durch Inkaufnahme von Abweichungen von der optimalen Anpassung der Technikspezifikation an die heimischen Anforderungen. Ferner haben Kundenunternehmen, die selbst viel exportieren, ein Interesse daran, dass die von ihnen verwendeten Vorprodukte oder Prozesse auch im Ausland verwendbar sind. Aber nicht nur Kunden, sondern auch Lieferanten können ein Interesse an der Exportfähigkeit von Innovationen eines Unternehmens haben. Denn dies eröffnet oft den Exportmarkt für den Lieferanten selbst. So war der internationale Exporterfolg des amerikanischen Computerlaufwerkherstellers Tandon in dessen Belieferung von führenden Computerherstellern im Silicon Valley begründet (Kreutzer 1989, S. 248). Exportierende Kunden können dabei eine kostengünstige Informationsquelle für die Anforderungen an die eigenen Produkte auf ausländischen Märkten sein. Weiterhin können Marktpartner wie Banken oder staatliche Institutionen auf die Exportfähigkeit von Innovationen hinwirken, z. B. wenn Kredite oder Subventionen an die Berücksichtigung der Weltmarktanforderungen geknüpft werden.

Exporterfolge und Exportorientierung verstärken sich gegenseitig. Länder mit hohen Exporten sind bei ihren Innovationen mehr exportorientiert, denn die dortigen Unternehmen reagieren in der Regel auf die Anforderungen ihrer bisherigen Auslandskunden. So hat sich der US-Markt für die S-Klasse von DaimlerChrysler zum größten Absatzmarkt entwickelt, was dazu geführt hat, dass Anregungen von diesem Markt in der Entwicklung in Deutschland heute stärker berücksichtigt werden als zum Serienstart der Baureihe. Die Innovationsgestaltung wird also mit dem Auslandserfolg immer stärker exportorientiert.

---

23 Zum Zusammenhang von idiosynkratischen Märkten für Telekommunikationsgüter mit der Exportfähigkeit in der Ära der Staatsmonopole siehe Grupp und Schnöring (1990, 1991).

Ohmae (1995) bezeichnet ein Land mit einer hohen Exportorientierung als „port of entry“. In diesen Ländern werden die Anforderungen an die Innovationen vom Weltmarkt geprägt. Hier existiert quasi ein informeller Konsens darüber, dass der Export wichtiger ist als die Ausrichtung der entwickelten und angewendeten Technologien auf die heimischen Verhältnisse.

Weitere Beispiele dafür, dass die Exportorientierung eines Landes zu der Lead-Markt-Rolle eines Landes beitragen kann, sind der Katalysator und der oben diskutierte Airbag. In beiden Fällen zeigten Gesetzesinitiativen in den USA einen kommenden Markt für bestimmte Innovationen an, erstere zur Reduzierung der Umweltbelastung des Autos und letztere im Bereich der Verkehrssicherheit. In beiden Fällen wurde die Regulierung in den USA auf Druck der Industrie verschoben. Beim Katalysator sorgte die japanische Regierung aus industriepolitischen Gründen für die Übernahme der amerikanischen Abgasvorschriften und erzeugte damit Bedingungen in Japan, die die Bedingungen in den USA vorwegnahmen. Da die Abgasvorschriften nur durch den Katalysator zu erreichen waren, wurde Japan damit zum Vorreiter bei der Einführung des Katalysators. Beim Airbag sorgte die Exportorientierung der deutschen Autohersteller der Oberklasse (die USA sind hier dem Volumen nach der wichtigste Markt) für die Entwicklung einer Innovation, die aus den besonderen Bedingungen des US-Marktes (geringe Anschnallhäufigkeit) angestoßen wurde und dann im Inland auf Akzeptanz stieß.

c) Sensibilität der Nachfrage

Als wir einen globalen Trend als Nachfragevorteil erörterten, brachten wir schon die Sensibilität der Nachfrage zur Sprache, die die Position eines Landes innerhalb eines Trends verschieben kann. Die Nachfrage nach Innovationen reagiert nicht immer parallel zum tatsächlichen Ausmaß der Veränderungen. In einigen Ländern ist die Nachfrage sensibler. Beispielsweise führt ein bestimmtes Ausmaß der Umweltverschmutzung nicht in allen Ländern zur gleichen Nachfrage und Zahlungsbereitschaft für Umwelt schützende Güter. Kunden in anderen Märkten reagieren hingegen sensibel auf kleinste Veränderungen der entsprechenden Indikatoren. Die Sensitivität der Kunden hinsichtlich globaler Trends veranlasst Unternehmen auf diesen Märkten, sich schneller an die globalen Trends anzupassen als Unternehmen auf anderen Märkten. Diese Sensibilität kann so weit gehen, dass ein globales Problem im Land selbst gar kein so großes Problem ist. So reagieren einige industrialisierte Länder auf die zunehmende Abholzung der Tropen, Verschmutzung der Weltmeere und die Jagd nach Robbenpelzen.

3.2.5 Transfervorteile

Ein internationaler Trend kann die Präferenzen der Länder in eine Richtung lenken. Allerdings können sich die Präferenzen eines Landes auch durch die Adoption einer Innovation in einem anderen Land ändern. Die Nutzung einer Innovation in einem Land kann andere Länder veranlassen, das gleiche Innovationsdesign zu adoptieren. Die Charakteristiken eines Landes, die den Anreiz zur Adoption eines bestimmten Innovationsdesigns in anderen Ländern erhöht, sollen hier als Transfervorteile eines Landes bezeichnet werden.

a) Internationale Aufmerksamkeit

Der Einfluss auf die Adoptionsentscheidung der Kunden in einem anderen Land kann auf vielfältige Art erfolgen. Der bekannteste Effekt ist wohl der Demonstrations- oder Bandwagoneffekt (Mansfield 1968). Innovationen sind zunächst mit Unsicherheiten verbunden, und zwar Unsicherheit darüber, welchen Nutzen sie bieten oder ob sie tatsächlich den versprochenen Nutzen erbringen. Diese Unsicherheit sinkt mit der Anzahl der Nutzer einer Innovation und der Beobachtbarkeit der Nutzung (Rogers 1995). Die Nutzung erhöht nicht nur die Wahrnehmung der Innovation durch andere potenzielle Nutzer, sondern mindert auch die Unsicherheit über die mit der Innovation verbundenen Probleme und Gefahren. Auf einem internationalem Spielfeld heißt dies: Der von potenziellen Nutzern wahrgenommene Nutzen eines Innovationsdesigns steigt mit der Information darüber, dass die Innovation in einem anderen Land oder Markt bereits erfolgreich erprobt wurde (Kalish et al. 1995). Wenn die Unsicherheit, die mit einer Innovation verbunden ist, groß ist, dann kann ein Innovationsdesign, das zwar nicht das theoretisch, d. h. bei vollständiger Information, optimale Design für ein Land ist, dennoch vorgezogen werden. Dann nämlich, wenn es bereits in einem anderen Land erprobt wurde und das Risiko einer Fehlinvestition geringer ist als beim heimischen Design. Formal ausgedrückt: Der Erwartungswert des Nutzens des ausländischen Innovationsdesigns kann den des einheimischen Designs übersteigen. Voraussetzung ist natürlich, dass bei vollständiger Sicherheit die Innovation einen hohen Nutzen in einem anderen Land hat.

Ein Land besitzt also dann einen Transfervorteil, wenn es nicht nur den wahrgenommenen Nutzen der Kunden auf dem eigenen Markt, sondern ebenfalls den wahrgenommenen Nutzen der Kunden auf anderen Märkten erhöht. Der Transfervorteil ist umso höher, je größer die Unsicherheit über den tatsächlichen Nutzen ist. Ein gut dokumentiertes Beispiel ist der zivile Atomreaktor. In der zivilen Nutzung von Nuklearreaktoren konkurrieren mehrere alternative Designs. Die USA legten sich früh auf den Leichtwasserreaktor fest, da er in militärischen Anwendungen bereits entwickelt wurde. Die frühe Adoption machte diesen Typ auch international erfolgreich, obwohl der theoretische Wirkungsgrad anderer Typen höher liegt. Er wurde zumindest in denjenigen Ländern zum dominanten Design, in denen die Entscheidung letztlich von privaten Betreibern aufgrund ökonomischer Kriterien getroffen wurden und nicht vom Staat aufgrund von industriepolitischen Überlegungen (Cowan 1990, Keck 1980). Die Anlagenbauer und die Stromversorgungsunternehmen adoptierten letztlich das amerikanische Design, weil es bereits erprobt und standardisiert war und unter marktwirtschaftlichen Bedingungen betrieben wurde.

Wenn man annimmt, dass zwei Länder zur gleichen Zeit ein Innovationsdesign einführen, kann ein Land gegenüber dem anderen Land nur dann einen Transfervorteil erlangen, wenn die Nutzung der Innovation in dem einen Land stärker im Ausland wahrgenommen wird als die im anderen Land. Aus der Diffusionstheorie lässt sich ableiten, dass der Austausch von Gebrauchsgütern stark von der Intensität der Kommunikation zwischen den beteiligten Ländern abhängt (Takada, Jain 1991). Ein Lead-Markt unterhält entsprechend intensive Kommunikationsbeziehungen mit anderen Ländermärkten und wird von den Kunden dieser Märkte besonders beobachtet. Beispielsweise können Ländermärkte, deren Lifestyle häufig in Massenmedien oder TV-Serien dargestellt werden, potenziell als Lead-Märkte für Lifestyleprodukte gelten.

Die Reputation eines Landes kann ebenfalls die Unsicherheit über eine Innovation senken. Die Reputation und der hohe Entwicklungsstand der Anwender im Lead-Markt gelten nämlich als Ausweis einer hohen Qualität und Zuverlässigkeit der dort verwendeten Innovationen. Bereits Michael Porter betonte die besondere Bedeutung der Qualität der Nachfrage (Porter 1990). Die Qualität der Nachfrage wird vor allem durch das Know-how und die Erfahrungen der Anwender mit ähnlichen Produkten bestimmt. Entsprechend können auch auf kleineren Ländermärkten weltweit dominante Produktdesigns entstehen. Als Beispiel kann wiederum das Auto dienen. Die hohen Anforderungen auf dem deutschen Markt gegenüber dem Auto dienen als Signal für die hohe Qualität von Modellen, die sich in Deutschland gut verkaufen. So ist auch zu erklären, dass deutsche Fahrzeuge in Ländern nachgefragt werden, die ein Tempolimit vorgeschrieben haben, während in Deutschland weitgehend hohe Geschwindigkeiten gefahren werden können und daher höhere Anforderungen an Fahrdynamik und Bremskraft gestellt werden. Ein weiteres Beispiel ist der Pharmamarkt. Neue pharmazeutische Produkte können mit hohen Risiken von Nebenwirkungen verbunden sein. Durch die hohen Standards der Zulassung in den USA durch die US Food and Drug Agency (FDA) bewirkt die Zulassung eines neuen Wirkstoffs in den USA eine Unsicherheitsreduktion. Dadurch lassen viele Länder einen Wirkstoff schneller zu, wenn er vorher in den USA zugelassen wurde (Jungmittag et al. 2000).

b) Globale Netzwerke

Ein weiterer Transfervorteil entsteht durch globale Netzwerkeffekte. Netzwerkeffekte bewirken, dass der Nutzen einer Innovation mit der Anzahl der Nutzer zunimmt. So steigt der Nutzen eines Telefons mit der Anzahl der Personen, die über ein Telefon verfügen, also angerufen werden können. In diesem Fall steigt der Nutzen einer Innovation für einen potenziellen Nutzer genau genommen nur mit der Anzahl der Nutzer, mit denen der potenzielle Kunde auch kommunizieren will. Das sind meist lokale oder nationale Nutzer. Internationale Netzwerkeffekte kommen dagegen weniger häufig vor. So steigt der Nutzen des Faxgerätes für die allermeisten Bewohner in Deutschland nicht mit der Anzahl der Nutzer in Japan. Internationale Netzwerkeffekte kommen weniger durch direkte Kommunikationsnetzwerke vor, sondern eher dann, wenn das Angebot landesunspezifischer komplementärer Güter mit der Anzahl der Nutzer steigt. Beispielsweise steigt der Nutzen eines Personalcomputers mit dem Angebot von Software für dessen Betriebssystem. Da der Markt für die Anbieter von Software die Nutzer eines bestimmten Betriebssystems sind, steigt das Angebot von Software mit der Anzahl der Nutzer eines bestimmten Betriebssystems. Da die englische Sprache international weiter verbreitet ist als jede andere, haben die angloamerikanischen Länder einen Transfervorteil bei sprachbasierten Innovationen wie Software. Der weltweite Erfolg des Betriebssystems MS-DOS geht u. a. auf weltweite Netzwerkeffekte zurück. Auch das Internet verdankt sein rapides Wachstum dem internationalen Nutzer- und Angebotszuwachs. Das französische Online-System Minitel, über das schon berichtet wurde, litt darunter, dass nur wenige außerhalb Frankreichs auf französischen Minitelseiten zugreifen wollten. Es muss also bei der Analyse der Lead-Markt-Vorteile von Ländern genau geprüft werden, ob die Netzwerkeffekte auch wirklich international wirken.

c) Internationale Transfermittler

Auf der anderen Seite können Präferenzen für ein bestimmtes Innovationsdesign in anderen Ländern auch durch Mittler transferiert werden, z. B. durch multinationale Unternehmen oder Touristen. Von Touristen, Geschäftsreisenden und Militärpersonal geht eine Internationalisierungswirkung aus, wenn sie die Nachfrage nach bestimmten Produkten und Dienstleistungen ins Ausland tragen. Beispielsweise sind die von Geschäftsleuten frequentierten Hotels gezwungen, weltweit die gleichen Ausstattungsmerkmale anzubieten. Der europäische Mobilfunkstandard wurde außerhalb der Kernländer Europas häufig an Orten installiert, an denen europäische Touristen eine wichtige Einnahmequelle bildete. Auch die internationale Ausbreitung amerikanischer Schnellrestaurantketten vollzog sich zunächst entlang den von amerikanischen Touristen frequentierten Urlaubsorten und großen US-Militärstützpunkten.

Multinationale Unternehmen werden seit langem als Medium des internationalen Technologietransfers betrachtet. Multinationale Unternehmen haben oft einen Anreiz, weltweit die gleichen Maschinen, die gleiche Software und die gleichen Vorprodukte zu verwenden. Denn multinationale Unternehmen haben Standardisierungsvorteile, die größer sein können als die Nachteile, die daraus resultieren, dass die Einsatzfaktoren nicht den jeweiligen Bedingungen in den einzelnen Ländern angepasst werden. So existieren unterschiedliche Kapital-Lohn-Verhältnisse von Land zu Land, dic eigentlich einen unterschiedlichen Automatisierungsgrad der Maschinen pro Land zeitigen. Dadurch, dass ein multinationales Unternehmen aber Investitionen und Trainingsausgaben spart, wenn es die gleichen Anlagen in allen Tochtergesellschaften einsetzt, kann sich eine internationale Standardisierung über Landesunterschiede hinweg lohnen. Automobilunternehmen haben einen Anreiz, so viele Teile wie möglich innerhalb der Unternehmensgruppe zu standardisieren, z. B. die Bremsen oder das Einspritzsystem. Dadurch werden Technologien wie die Hochdruckdirekteinspritzung internationalisiert, obwohl der Nutzen dieser Technik sehr von dem lokalen Benzinpreis abhängig ist.

Der Transfer eines Innovationsdesigns in die ausländischen Tochtergesellschaften kann dann dazu führen, dass dieses Design auch von anderen lokalen Unternehmen übernommen wird. Es wird zu dem dominanten Design dadurch, dass ein Pool lokaler Arbeitnehmer entsteht, die einmal in der Tochterfirma des multinationalen Unternehmens gearbeitet haben und in Verbindung mit dem speziellen Design ausgebildet wurden. Oder die lokalen Zulieferer multinationaler Unternehmen sehen sich gezwungen, die gleiche Software oder sonstigen Einsatzmittel zu übernehmen. Oder aber es ist einfach die hohe Reputation multinationaler Unternehmen, die die Nachbarfirmen zur Adoption der gleichen Innovationsdesigns veranlasst. Multinationale Unternehmen können auch auf Regierungen Druck ausüben, bestimmte Regulierungen zu übernehmen, die den Einsatz von bestimmten Technologien ermöglichen oder fördern, um die internationale Standardisierung zu erleichtern (Bennett 1991, S. 228). Da die Technologien in der Regel von der Zentrale eines Unternehmens an die Tochterfirmen transferiert werden, erhöht die Konzentration von Muttergesellschaften multinationaler Unternehmen in einem Land die Wahrscheinlichkeit, dass von diesem Land Lead-Markt-Effekte für die Produkte ausgehen, die dieses Unternehmen verwendet oder produziert.

Ein letzter Punkt, der manchmal genannt wird, ist die behauptete Fähigkeit von multinationalen Unternehmen, die Präferenzen durch hohe Marketingausgaben international in eine Richtung zu lenken (Fayerweather 1969). Procter und Gamble wurde z. B. vorgeworfen, Konsumenten in Entwicklungsländern, die keine Haushaltsreiniger benutzen, in der Werbung ein schlechtes Gewissen einzureden (Swasy 1993). Allerdings ist die Wirkung von Marketingmaßnahmen multinationaler Unternehmen in den oben beschriebenen Fallstudien nie wirklich nachgewiesen worden. So konstatiert Philip Kotler, dass Marketing nur begrenzt in der Lage ist, lokale Präferenzen zu ändern. (Kotler 1978, S. 286)

3.2.6 Marktstrukturvorteile

Wie schon erwähnt, ist die Wettbewerbsintensität eine Marktcharakteristik, die die Lead-Markt-Rolle eines Landes unterstützt. Faktoren, die den Wettbewerb in einem lokalen Markt erhöhen, sollen deshalb als Marktstrukturvorteile eines Landes bezeichnet werden. Die Rolle des lokalen Wettbewerbs ist bisher eher kontrovers diskutiert worden. Ein hoher Wettbewerb im Inland wird häufig als negativ wahrgenommen. Denn er reduziert die Profite der heimischen Unternehmen, was als Nachteil im internationalen Wettbewerb gilt. Im politischen Bereich wird deshalb sogar manchmal für eine Reduzierung des lokalen Wettbewerbs argumentiert, z. B. durch Fusion der inländischen Unternehmen zu einem nationalen Champion. Für Japan wurde hin und wieder konstatiert, dass der Staat dort als Moderator auftritt und den Wettbewerb durch Kooperationsprogramme und Kartelle reguliert, damit die japanischen Unternehmen genug Profite erwirtschaften, um auf dem Weltmarkt mit Dumpingpreisen die ausländischen Konkurrenten zu verdrängen.[24]

Auf der anderen Seite wurde lokaler Wettbewerb in der Literatur vielfach als entscheidende Determinante für einen internationalen Innovationserfolg beschrieben (Posner 1961, Dosi et al. 1990). Genauer betrachtet ist selbst im Fall von Ja-

[24] Diese Diskussion über die ‚Japanische Herausforderung' erreichte ihren Höhepunkt in den 1980er Jahren, bevor die lang andauernde Wirtschaftkrise in Japan einsetzte, siehe z. B. Prahalad, Doz (1987), Prestowitz (1988). In Deutschland hat diese These vor allem der ehemalige deutsche Botschafter in Japan, Konrad Seitz, populär gemacht (Seitz 1990).

pan der lokale Wettbewerb ein internationaler Erfolgsfaktor. Es konnte statistisch nachgewiesen werden, dass Japan gerade in denjenigen Industrien international erfolgreich ist, in denen ein großer Wettbewerbsdruck herrschte, und dass für Industrien mit Kartellen und Staatseinfluss der Erfolg auf den internationalen Märkten eher unterdurchschnittlich ausfiel (Sakakibara, Porter 2001).

Zunächst ist dies darauf zurückzuführen, dass die Kunden in Märkten mit hohem Wettbewerb „wählerischer" sind als in Märkten mit geringem Wettbewerb (Porter 1990). Die Qualität der dortigen Innovationen ist damit höher. Des Weiteren sind die Unternehmen gezwungen, auf jede neue technologische Entwicklung schneller zu reagieren als in anderen Ländern. Der wohl wichtigste Grund liegt aber darin, dass in wettbewerbsintensiven Märkten bereits eine Reihe unterschiedlicher Innovationsdesigns "getestet" wurde und sich das Innovationsdesign durchgesetzt hat, welches am besten den Kundenbedürfnissen entspricht. Dadurch ist die Wahrscheinlichkeit, eine weltweit erfolgreiche Innovation zu finden, höher als in anderen Ländern. Das in der Praxis nützlichste und zuverlässigste Design oder das Design, das den Nachfragepräferenzen am besten entspricht, ist oft erst bekannt, nachdem mehrere Designvarianten ausprobiert wurden. Je mehr Designvarianten angeboten und ausprobiert werden, desto höher die Wahrscheinlichkeit, dass das optimale Design gefunden wird. Werden nur wenige Designs oder gar nur ein Design in einem Land angeboten, ist die Wahrscheinlichkeit gering, dass das für den lokalen Markt optimale Design gefunden wird. In Ländern mit geringem Wettbewerb wird also mit hoher Wahrscheinlichkeit das jeweils lokal optimale Design nicht gefunden. In dieser Situation kann sich ein Innovationsdesign, das in einem wettbewerbsintensiven Land ausgewählt wird, international durchsetzen, obwohl die Länderunterschiede eigentlich zu unterschiedlichen Designs von Land zu Land führen sollten. Denn dadurch, dass in einigen Ländern überhaupt nicht das lokal optimale Design angeboten wird, kann das Design aus einem Land mit hoher Variantenvielfalt auch in anderen Ländern nützlicher sein als die jeweils lokal ausgewählten Designs.

Eine monopolistische Marktstruktur, wie sie z. B. in staatlich regulierten Industrien vorkommt, ist damit ein Nachteil, denn hier wählt quasi ein Unternehmen ein Innovationsdesign aus und die Nutzer können nur über die Adoption dieses Designs entscheiden. In der Telekommunikation wurden, zumindest in der Vergangenheit, die Entscheidungen über die eingesetzte Technik oft vom staatlichen Telekommunikationsanbieter und nicht vom Markt getroffen. Monopolisten wählen dabei nach anderen Kriterien aus als im Wettbewerb stehende Unternehmen. Für letztere ist allein der Wettbewerbsvorteil gegenüber anderen Wettbewerbern entscheidend, also der Nutzen der Innovation für den Kunden. Monopolisten – vor allem staatliche – legen zumeist mehr Wert auf andere Kriterien, z. B weil ihnen der Gesetzgeber andere Ziele wie Sicherheit, niedrige Preise oder eine vollständige Netzabdeckung im Falle der Telekommunikationsunternehmen vorgegeben hat. Innovationen, die von Monopolisten angeboten werden, überschreiten die Landesgrenzen deshalb oft nicht. Dagegen hat sich die Wettbewerbsintensität auf dem Heimatmarkt in den im zweiten Kapitel beschriebenen Beispielen als ein bedeutender Lead-Markt-Faktor herausgestellt. Die oben beschriebenen Innovationen sind in der Regel aus sehr wettbewerbsintensiven Verhältnissen heraus entstanden.

Die nordischen Länder waren die ersten, in denen Wettbewerb in der Mobilkommunikation herrschte. In Schweden konkurrieren schon 1982 zwei Mobilfunkanbieter und in Finnland konkurrierte Mobilfunk mit dem Festnetz.

Wettbewerbsintensität kann mit verschiedenen Indikatoren gemessen werden, z. B. mit Konzentrationsmaßen. Die meisten reichen als Lead-Markt-Indikator allerdings nicht aus. Die entscheidende Wirkung von Wettbewerb in dem Modell des Lead-Marktes ist, dass mehrere Innovationsdesigns auch tatsächlich im Markt angeboten werden. Dieser Designwettbewerb hängt nicht nur von der Anzahl der Unternehmen in einem Markt ab, sondern auch davon, ob zwischen den Unternehmen tatsächlich ein Wettbewerb in Bezug auf die verschiedenen Innovationsdesigns entsteht oder ob eine Koordination zwischen den Unternehmen in Standardisierungszirkeln, Forschungskooperationen oder User-Gremien schon zu einer Reduktion der Vielfalt geführt hat. Ein dem Lead-Markt adäquater Wettbewerb kann hingegen auch dann gegeben sein, wenn es ein dominierendes Unternehmen gibt. Dies ist beispielsweise dann der Fall, wenn häufig neue Unternehmen gegründet werden oder etablierte Unternehmen in einen neuen Markt eintreten. Das dominierende Unternehmen muss dann immer wieder auf die Innovationen der kleinen Unternehmen reagieren und entsprechende eigene am Markt orientierte Produkte einführen. Ein Beispiel hierfür ist Microsoft, das die Marktlücken, die von kleinen Start-Ups entdeckt werden, häufig durch eigene gleichartige Softwareversionen schließt.

Obwohl es prinzipiell leicht zu akzeptieren ist, dass die Wettbewerbsintensität ein Merkmal eines Lead-Marktes ist, kostet es doch die Unternehmen einige Überwindung, die richtigen Schlussfolgerungen daraus zu ziehen. Denn jedes Unternehmen versucht, den Wettbewerb zu vermeiden. Länder, in denen Unternehmen einem hohen Wettbewerb ausgesetzt sind, sind keine attraktiven Märkte im herkömmlichen Sinne. Denn die Profitmargen sind gering, wenn überhaupt Gewinn gemacht wird. In den bisher genannten Beispielen kann man immer wieder beobachten, dass sich Unternehmen aus den Lead-Märkten zurückziehen, gerade weil der Wettbewerbsdruck so hoch ist und weil sie es als ausländische Unternehmen besonders schwer haben, gegen die heimischen Unternehmen zu konkurrieren. So hat Kodak kurz vor dem Marktdurchbruch bei der Digitalfotografie den japanischen Markt verlassen. Selbst die japanischen Unternehmen haben in den Industrien, in denen Japan kein Lead-Markt ist, die Auslandsmärkte nicht mit dem gleichen Selbstbewusstsein angegriffen wie in den Industrien, in denen Japan ein Lead-Markt ist. Bei Lebensmitteln z. B. blieben die japanischen Konzerne äußerst zurückhaltend.

Lead-Märkte sind selbst wahrscheinlich oft gar keine profitablen Märkte, schon gar nicht für ausländische Unternehmen. Lead-Märkte haben stattdessen die Funktion, Innovationen heranzuziehen und zu kultivieren, die später auf anderen Märkten vermarktet werden können. Der Profit wird auf den Lag-Märkten gemacht. In Lead-Märkten müssen die Unternehmen investieren und lernen. Ein Lead-Markt sollte also nicht als eigenständiger Markt gesehen werden, vielmehr muss er in die weltweite Marktstrategie eingebunden werden. Eine Tochtergesellschaft im Lead-Markt muss nach dem Kriterium der Lead-Markt-Funktion bewertet werden, also ob sie den entsprechenden Produktbereich erfolgreich im Konzern führt oder ob sie exportiert, aber nicht, ob sie selbst profitabel ist. Die Lead-Markt-Strategie kann also für die Organisation eines multinationalen Unternehmens bedeutende Veränderungen beinhalten.

3.2.7 Verhältnis der einzelnen Faktoren untereinander

Die Lead-Markt-Faktoren sind zunächst als eigenständige Mechanismen der Internationalisierung von lokalen Innovationen dargestellt worden. Der internationale Erfolg einer Innovation kann auf einem oder mehreren Faktoren beruhen. Ein Land kann zum Lead-Markt werden, auch wenn es bei dem einen oder anderen Faktor eher in einer nachteiligen Position ist. Allerdings sind die Faktoren nicht völlig unabhängig untereinander. Es zeigt sich, dass die meisten Faktoren sich gegenseitig verstärken. Es ist also zu erwarten, dass sich ein Lead-Markt meist durch das Vorhandensein mehrerer Lead-Markt-Faktoren auszeichnet.

Der Preisvorteil eines Landes wird in der Regel von den anderen Faktoren unterstützt. Denn jede Adoption des lokalen Innovationsdesigns im Ausland führt zu einer Erhöhung der Produktionsmenge und damit in der Regel zu einer Senkung der Produktionsstückkosten. Man kann auch die Transfervorteile als Kosten senkende Faktoren interpretieren, da Risiken der Innovation und Informationsdefizite Kosten sind, die durch Transfervorteile gesenkt werden. Von der Wettbewerbsintensität geht sowohl ein Kostensenkungsdruck als auch ein Preissenkungsdruck aus.

Auch die Transfervorteile stehen im Großen und Ganzen in einer positiven Beziehung zu allen anderen Faktoren. Hohe Wettbewerbsintensität, Exporterfolge, Trendführerschaft und Marktgröße stärken die Reputation eines Landes. Es kann auch erwartet werden, dass auch die Wettbewerbsintensität durch die anderen Faktoren mehr verstärkt als geschwächt wird. Denn mit der Marktgröße steigt die Zahl der Unternehmen, die auf diesem Markt tätig sein können, und damit in der Regel auch der Wettbewerb. Auch die anderen Merkmale eines Lead-Marktes wie Trendführerschaft, Exportorientierung, Reputation und internationale Aufmerksamkeit erhöhen die Attraktivität eines Landes für den Markteintritt ausländischer Unternehmen.

Da der Nachfragevorteil als globaler Trend definiert wurde, ist er weitestgehend unabhängig von anderen Faktoren. Allein die Exportorientierung eines Landes steht nicht mit allen Faktoren in einer positiven Beziehung. Sie wird noch am ehesten durch die Wettbewerbsintensität bestärkt, denn höhere Profitmargen im Ausland als im Inland sind ein starker Anreiz zu exportieren. Aber Marktgröße, Trendführerschaft und Reputation ziehen die Aufmerksamkeit der lokalen Unternehmen auf den Inlandsmarkt und schwächen damit die Exportorientierung eines Landes. Exportvorteile erlauben es eben gerade kleineren, eher benachteiligten Ländern, eine Lead-Markt-Rolle zu übernehmen, indem Innovationen weniger durch die Bedingungen auf dem Heimatmarkt geprägt werden als durch die Sensibilität für Veränderungen auf dem Weltmarkt.

Trotz dieser Ausnahme zeichnet sich dennoch ein System von Lead-Markt-Charakteristiken ab, das leichter zu interpretieren ist als es die Komplexität der unterschiedlichen Argumente für Lead-Märkte zunächst erscheinen lässt. Durch die überwiegend positiven Verstärkungen der einzelnen Merkmale eines Lead-Marktes wird es leichter möglich, ein Bewertungsschema zu erstellen, das Länder nach ihrem Potenzial, die Lead-Markt-Rolle für bestimmte Innovationen zu übernehmen, ordnet. Dabei geht es nicht um ein komplexes theoretisches Modell, das begründet, welche Lead-Markt-Faktoren für welche Innovationen wichtiger und welche weniger wichtig sind. Ein solches Modell wäre aufgrund des umfangreichen Informationsbedarfs nicht mehr anwendbar. Im nächsten Abschnitt werden wir stattdessen ein einfaches Bewertungsmodell ableiten, das diese Abwägung zwischen den einzelnen Faktoren der Interpretation durch die an dem jeweiligen Innovationsprojekt Beteiligten überlässt.

Teil III

Lead-Märkte nutzen

4 Die Lead-Markt-Strategie in der Produktentwicklung

Im vorhergehenden Kapitel wurde erklärt, warum es Lead-Märkte für bestimmte Innovationen gibt. Im Vordergrund dabei steht nicht so sehr, warum eine bestimmte Innovation in einem Land zuerst anwendet wird. Vielmehr ist entscheidend warum eine Innovation sich von Land zu Land ausbreitet und international erfolgreich sein kann, auch wenn die Bedingungen von Land zu Land verschieden sind und unterschiedliche Innovationsdesigns bevorzugt würden. Allein das Verständnis der Zusammenhänge von Lead-Märkten ist schon ein wichtiger Beitrag zur Analyse der Erfolgsfaktoren einer Produktsparte und Ausgangspunkt für die weiteren Unternehmensentscheidungen. Das Wissen um die nordischen Länder als Lead-Markt beim Mobilfunk kann z. B. genutzt werden, um ein klareres Bild über die Richtung der Weiterentwicklung der Mobiltelefonie zu gewinnen. Eine andere Frage ist die, ob das Verständnis der Internationalisierungsmechanismen einer Innovation auch helfen kann, Vorhersagen über die Lead-Märkte für neue Innovationsprojekte zu liefern. In diesem Kapitel soll die Nutzung der Lead-Markt-Theorie für die Innovationsentwicklung diskutiert werden. Es wird ein Modell zu Bestimmung von potenziellen Lead-Märkten für bestimmte Innovationsprojekte abgeleitet. Wir sprechen von *potenziellen* Lead-Märkten, da die tatsächlichen Lead-Märkte nicht vorherzusagen sind. Die Lead-Markt-Faktoren können aber dazu dienen, diejenigen Länder zu identifizieren, die die größten Chancen habe, eine Lead-Markt Rolle zu übernehmen. Im darauf folgenden 5. Kapitel wird dieses Modell auf konkrete Innovationsprojekte angewendet.

4.1 Entwicklung international erfolgreicher Innovationen

4.1.1 Was wurde bisher vorgeschlagen?

Die Entwicklung globaler Produkte, d. h. Waren und Dienstleistungen, die sich in der ganzen Welt verkaufen, die den Präferenzen aller Länder entgegenkommen und von allen Ländern von Anfang an nachgefragt werden, erscheint bisher wenig erfolgreich gewesen zu sein. Trotzdem ist es das Ziel der meisten multinationalen Unternehmen, solche Produkte zu entwickeln – aus nahe liegenden Gründen. Global standardisierte Produkte sind weitaus profitabler als ein Portfolio an lokalen Produkten und Marken. Eine umfassende und vor allem theoretisch fundierte Strategie zur Entwicklung globaler Produkte steht aber bisher in den wenigsten Fällen zur Verfügung. In der Literatur wird die Meinung vertreten, globale Innovationen entstünden dadurch, dass sie sozusagen dem kleinsten gemeinsamen Nenner der Nachfrage in den einzelnen Ländern entsprechen oder den Präferenzen des durchschnittlichen internationalen Kunden (z. B. Livingstone 1989, Takeuchi und Nonaka 1986). Der schon am Anfang erwähnte Ford Mondeo ist ein Beispiel für eine Anwendung dieser Theorie. Wie beim Mondeo ist diese Strategie allerdings meist nicht sehr erfolgreich. Dies liegt daran, dass ein Produktdesign, das dem Durchschnitt aller Präferenzen über alle Ländermärkte hinweg entspricht, zu wenige Vorteile bietet, um die internationalen Unterschiede zu kompensieren. Es verliert sogar seine Heimatmarktvorteile, weil es nicht mehr voll auf die Präferenzen des Heimatmarktes ausgerichtet ist. Den entsprechenden Produkten fehlt die Heimatbasis, der Markt, in dem sie einen hohen Marktanteil erreichen, im engen Kundenkontakt weiterentwickelt werden und von dem aus sie den Weltmarkt erobern können. Der Mondeo kam in keinem Land richtig gut an, denn sein Design wurde verwässert, um alle Märkte irgendwie zu befriedigen.

Bei der Lead-Markt-Strategie dagegen gewinnt eine Innovation dadurch Wettbewerbsvorteile, dass sie in einem Land sehr erfolgreich ist, das sich durch besondere Marktcharakteristiken gegenüber anderen Ländern auszeichnet. Die Vorteile des Marktes übertragen sich dann auf das Produkt und machen es international wettbewerbsfähig. Ein BWM oder Mercedes verkauft sich eben deshalb international so gut, weil man mit den Modellen gewissermaßen kompromisslos den Anforderungen des europäischen, vor allem des deutschen Marktes gerecht wird. Das Fax-Gerät war international erfolgreich, weil es in Japan einen riesigen Markterfolg verbuchen konnte und dadurch preislich wettbewerbsfähig wurde. Der Weltmarkt selbst bietet natürlich auch Vorteile wie Marktgröße, Reputation usw., die die Entwicklung eines Produktes für den Weltmarkt verlockend erscheinen lässt. Der Weltmarkt hat aber keine Präferenzen, an denen man eine Innovation ausrichten kann. Nur Ländermärkte haben Präferenzen. Die Lead-Markt-Strategie hilft dabei allerdings nicht, in dem Lead-Markt selbst erfolgreich zu sein. Hierfür müssen die üblichen Methoden der Marktforschung angewendet werden. Die Lead-Markt-Strategie ist eine bedingte Aussage: *Wenn* eine Innovation in einem Land erfolgreich ist und dieses Land über Lead-Markt-Eigenschaften verfügt, *dann* steigen die Chancen dafür, dass das gleiche Innovationsdesign auch in anderen Ländern erfolgreich ist.

Andererseits wird in der einschlägigen Literatur vorgeschlagen, globale Kundensegmente zu identifizieren, also Marktsegmente, die über Länder hinweg homogen sind. Diese globalen Marktsegmente gibt es sicher vereinzelt, wie z. B. das Segment der sehr Wohlhabenden, die internationale Luxusprodukte bevorzugen, oder Segmente eines bestimmten Lifestyles. Allerdings sind viele angenommene globale Segmente weniger homogen, als das für die Entwicklung von standardisierten Innovationen Voraussetzung wäre. Wiederum gilt: Die Beobachtung, dass bestimmte Waren und Dienstleistungen international von einer Gruppe genutzt werden, heißt noch nicht, dass die Präferenzen ursprünglich gleich sind. Es ist doch viel wahrscheinlicher, dass sich in einem Land ein Lifestyle etabliert und sich andere Länder dem anschließen. Das Lead-Markt-Phänomen ist also oft in den Konzepten globaler Märkte enthalten.

4.1.2 Gibt es für jede Innovation einen Lead-Markt?

Die Lead-Markt-Strategie ist eine Strategie zur Entwicklung globaler Innovationen. Die Lead-Markt-Strategie besteht dabei aus zwei Teilen. Erstens müssen Lead-Märkte identifiziert werden. Und zweitens muss bestimmt werden, wie die Marktbedingungen im Lead-Markt in die Produktentwicklung einbezogen werden können, welche organisatorischen Maßnahmen ein Unternehmen dazu durchführen will und kann und welche zweckmäßig sind. Der zweite Schritt ist abhängig von der individuellen Situation eines Unternehmens. Diese kann sehr unterschiedlich sein, angefangen beim mittelständischen Unternehmen mit dem Heimatmarkt als Hauptabsatzmarkt bis hin zum multinationalen Unternehmen mit weltweit verstreuten Tochterfirmen. Wir werden uns im nächsten Abschnitt hauptsächlich mit der Identifizierung von Lead-Märkten und potenziellen Lead-Märkten beschäftigen.

Die Identifizierung von Lead-Märkten ist immer dann recht leicht, wenn die erste Generation einer Innovation schon auf dem Markt etabliert ist und international vergleichbare Marktpenetrationsraten zur Verfügung stehen oder von Marktforschungsunternehmen bezogen werden können. Es muss dabei aber immer beachtet werden, dass der Lead-Markt nicht derjenige Markt ist, in dem eine Innovation zuerst eingeführt wurde, sondern der Markt, der nach dem Marktdurchbruch (take-off) dauerhaft die höchsten Penetrationsraten aufweist. Nun kann es dann, wenn Marktdaten zur Verfügung stehen, schon zu spät sein, um auf den Lead-Markt angemessen zu reagieren. Denn Unternehmen müssen zu den ersten Anbietern auf dem Markt gehören, um sich ausreichende Marktanteile zu sichern, vor allem wenn es sich um langlebige Investitionsgüter handelt. Außerdem kann man dann nicht auf Daten zurückgreifen, wenn es sich um eine wirklich neue Innovation handelt.

Ein Unternehmen sollte deshalb versuchen, potenzielle Lead-Märkte zu identifizieren, um von vornherein seine Kundenpräferenzanalyse und Produktentwicklung darauf einstellen zu können. Lead-Märkte können für jedes Innovationsprojekt existieren. Lead-Märkte sind eine Chance für den weltweiten und langfristigen Erfolg von Innovationen. Sie können aber auch eine Bedrohung sein, nämlich für diejenigen Unternehmen, die sich allein auf den für sie relevanten Markt festgelegt haben. Wenn dies der falsche Markt ist, läuft man Gefahr, das globale Innovationsdesign zu verpassen und stattdessen auf ein Design zu setzen, das zwar vorübergehend in einem Land erfolgreich ist, langfristig aber vom Lead-Markt-Design verdrängt wird. Für die meisten Unternehmen ist der Heimatmarkt der wichtigste oder gar der einzige Markt, auf dem sie aktiv sind. Wir werden im folgenden Abschnitt 4.2 noch auf die Relevanz der Lead-Markt-Strategie für Unternehmen, die nicht international tätig sind, eingehen. Für diese Unternehmen ist die Lead-Markt-Strategie entweder eine Strategie zur Abwehr der Bedrohung, die von Lead-Märkten ausgeht oder eine Gelegenheit, Exportchancen zu eröffnen.

Lead-Märkte müssen nicht immer existieren. Oft sind die Ländermärkte oder die großen Regionen Nordamerika, Europa und Japan selbst groß genug, dass sich eigene Produktentwicklungen für diese Teilmärkte nicht nur rentieren, sondern die unterschiedlichen Produktvarianten auch auf Dauer in den Regionen nachgefragt werden, ohne dass es zu einer Angleichung der Kundenpräferenzen oder einer weltweit dominierenden Produktvariante kommt. So ist die Nachfrage in der Automobilindustrie in vielen Sparten regional fragmentiert. Einige Modelle werden wahrscheinlich auch in Zukunft nur von den Kunden in einer Region nachgefragt, z. B. schwere Pick-ups, die nur in den USA die Straßen beherrschen. Ob es zu einer Konvergenz der internationalen Produktvarietät kommt, ist abhängig von dem Ausmaß der internationalen Marktunterschiede einerseits und der Höhe der Lead-Markt-Vorteile andererseits. Je größer die Lead-Markt-Vorteile, desto wahrscheinlicher ist die Herausbildung eines global dominierenden Designs. Zwischen dem Umfang internationaler Marktunterschiede und der Existenz eines Lead-Marktes besteht eine umgekehrt u-förmige Beziehung (Abb. 48). Wenn es keine Unterschiede zwischen den Ländern gibt, dann ist auch die Wahrscheinlichkeit für Lead-Märkte gering. Bei sehr großen Unterschieden wiederum ist die Aussicht gering, dass Lead-Markt-Vorteile eines Landes die Unterschiede kompensieren könnten. Im nächsten Kapitel werden wir konkrete Beispiele sehen, wie die Lead-Markt-Vorteile für ein bestimmtes Innovationsprojekt abgeschätzt werden. Wie groß die Landesunterschiede sind und ob sie gar unüberbrückbar sind, das muss jedes Unternehmen jedoch selbst abschätzen können. Eine Analyse der jeweils favorisierten Designs für ähnliche Innovationen kann dabei helfen.

Abb. 48: Lead-Markt-Existenz und internationale Marktvarietät

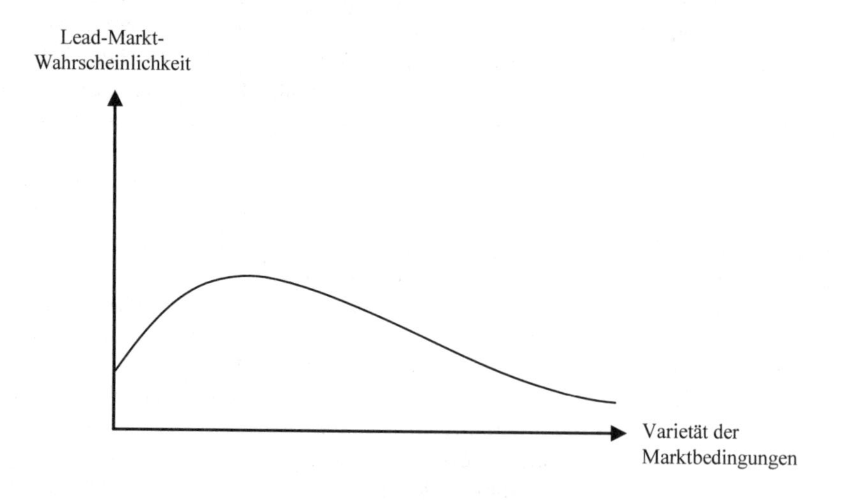

Als Nächstes stellt sich die Frage, welches Land die Lead-Markt-Rolle übernimmt, d. h. welche regional präferierte Produktvariante sich international durchsetzt. Ein Land kann ein Lead-Markt für eine ganze Industrie sein oder nur für eine ganz bestimmte Produktsparte, für andere Sparten jedoch nicht. Im Automobilbereich etwa sind die USA der Lead-Markt für die neuerdings weltweit populären Freizeit-Geländewagen oder für den New Beetle von Volkswagen. Deutschland ist dagegen der Lead-Markt für Limousinen der Oberklasse. Eine Lead-Markt-Analyse muss deshalb für jedes Innovationsprojekt durchgeführt werden. Die Identifizierung von potenziellen Lead-Märkten kann zunächst anhand einer Analyse der fünf beschriebenen Faktoren ablaufen. Jeder Faktor wird dabei auf Relevanz für das vorgesehene Innovationsprojekt geprüft. Im zweiten Schritt ist dann zu ermitteln, in welchem Land die einzelnen Faktoren am stärksten wirken. So muss gefragt werden: Gibt es einen internationalen Trend, der die Nachfrage nach dem neuen Produkt steuert? Wenn ja, welches Land ist am weitesten fortgeschritten. Welches Land kann die eigenen Präferenzen am stärksten ins Ausland transferieren? In welchem Land ist der Wettbewerb am stärksten? Über diese international vergleichende Analyse lassen sich potenzielle Lead-Märkte identifizieren. Anschließend kann das Unternehmen entscheiden, welche Maßnahmen es ergreifen will, das Innovationsprojekt auf den potenziellen Lead-Markt auszurichten – gegeben seine Ressourcen und seine Fähigkeiten.

4.1.3 Ist der Heimatmarkt der wichtigste Markt?

Als Siemens in den 1970er Jahren über die Markteinführung der gerade zur Reife entwickelten Faxtechnologie nachdachte, waren die Marktforscher skeptisch hinsichtlich einer erfolgreichen Produkteinführung in Europa und den USA: Die Prototypen der Faxgeräte stellten sich als „unhandliche Ungetüme" heraus, die Texte und Bilder nur „mehr schlecht als recht" auf einem Papier minderer Qualität und unter Verbreitung eines unangenehmen Geruches übertragen konnten. Fernschreiber und Telextechnologie schienen im Vergleich hierzu weit überlegen. Sie erfreuten sich einer großen Verbreitung und galten als technologisch weit entwickelt und mit erheblichem technischem Potenzial ausgestattet. Allerdings waren Fernschreiber in einem wichtigen Teil der Welt nicht erfolgreich. Aufgrund der piktografischen Schrift funktionierte die Eingabetastatur in Japan nur bedingt. In Japan bestand zweifellos ein großes Marktpotenzial für das Faxgerät, größer vielleicht als das für Fernschreiber in den westlichen Ländern. Die Marktstrategen witterten hier eine Chance, der Fax-Technologie doch noch zum Durchbruch zu verhelfen. Könnte Japan der Ausgangspunkt oder Lead-Markt einer neuen textbasierten Telekommunikation sein, der die Besonderheiten des japanischen Marktes dafür nutzt, einen neuen, weltweit wettbewerbsfähigen technologischen Standard setzen zu können? Mehr noch, könnte Siemens als Unternehmen diesen potenziellen Lead-Markt für sich nutzen, um den Weltmarkt für textbasierte Telekommunikation zu beherrschen? Die Idee überzeugte: Die Sparte Telekommunikation von Siemens gab die neue Faxtechnologie nicht auf, sondern führte die Geräte zunächst in Japan ein.

Die japanische Niederlassung übernahm die Verantwortung für die Markteinführung und Weiterentwicklung der Technologie. In der Tat wurde die Faxtechnologie in kürzester Zeit ein Erfolg für das Unternehmen: Aufgrund der weltweit hohen Nachfrage Mitte der 1980er Jahre konnten die Produktionskosten drastisch gesenkt werden. Die damit verbundenen geringeren Preise sowie Qualitätsverbesserungen der Geräte ließen die Faxtechnologie auch in Europa und den USA ein Erfolg werden. Siemens wurde durch die Produkteinführung in Japan der weltweit führende Anbieter von Faxgeräten.

So oder ähnlich könnte eine erfolgreiche Lead-Markt-Strategie für das Faxgerät ausgesehen haben. Natürlich führte Siemens keine Lead-Markt-Analyse durch, sondern ließ sich traditionsgemäß bei Technologieentscheidungen vom Heimatmarkt leiten. Die geringen Marktaussichten für Faxgeräte in Deutschland veranlassten Siemens, nicht auf diese Technologie zu setzen, sondern sich auf die Weiterentwicklung der Telextechnologie zu konzentrieren. Im Gegensatz hierzu investierten japanische Firmen massiv in die Faxtechnologie und setzten dabei große Mengen auf dem japanischen Markt um. Kostenreduktionspotenziale und ausgereiftere Technik führten tatsächlich zu einer weltweiten Verbreitung von Faxgeräten, aber eben durch japanische Firmen. Ende der 1980er Jahre wurde der Weltmarkt für Faxgeräte zu 90 % von japanischen Firmen dominiert (Yoffie 1997, S. 33). Die Telextechnologie wurde fast vollständig vom Markt verdrängt, mit entsprechenden Umsatzeinbußen für die europäischen und amerikanischen Unternehmen.

Dieses Beispiel demonstriert die Bedeutung von Lead-Märkten als Referenzmärkte für die Neuproduktstrategie eines Unternehmens. Natürlich weiß jedes große Unternehmen, dass es sich bei der Entwicklung von Innovationen nicht nur am heimischen Markt orientieren kann, sondern dass es den globalen Markt im Auge haben muss. Warum hat Siemens dann letztendlich doch die Reaktionen des deutschen bzw. europäischen Marktes wichtiger genommen als die Chancen, die sich auf anderen Märkten ergeben hätten, z. B. in Japan? Ein Grund ist sicherlich die Nähe zum heimischen Markt, zu dem Erfahrungen und Wissen vorhanden sind und in dem Kontakte zu Kunden und ein gutes Servicenetz bestehen. Signale aus dem heimischen Markt werden schneller aufgenommen, sie sind sicherer und meist kommen die wichtigsten Kunden vom heimischen Markt. Der Marktanteil ist normalerweise im Heimatmarkt am höchsten. Auslandsmärkte und der japanische Markt im Speziellen sind oft weniger gut vom Unternehmen erschlossen, die notwendigen Marktinformationen für die Entwicklung von Unternehmen aufwendiger zu beschaffen und die Markttests teurer. Außerdem ist der Markteintritt in den japanischen Markt für ein ausländisches Unternehmen nicht gerade einfach. Kulturelle Eigenheiten des japanischen Marktes setzen andere als die gewohnten Marktstrategien voraus. Der Zugang zum japanischen Markt wurde noch in den 1970er Jahren vom Staat behindert, Direktinvestitionen in Japan waren nur sehr beschränkt möglich.

Es anderer Grund liegt darin, dass ein Unternehmen nicht von vornherein weiß, ob von einem Land eine weltweite Führungsrolle ausgeht. Es gibt viele Ländermärkte, in denen spezielle Bedingungen herrschen. Würde ein Unternehmen in jedem der wichtigen Ländermärkte, in denen die Innovation eingeführt werden soll, eine Marktstudie durchführen, so wäre das nicht nur sehr aufwendig. Es hilft auch nicht viel weiter, wenn für jeden Ländermarkt andere Anforderungen an die Innovation identifiziert werden. Da ein Unternehmen nicht für jedes Land ein eigenes Produkt entwickeln kann, setzen die Unternehmen meist auf einzelne Länder, die sie als die wichtigsten erachten. Anstatt zu versuchen, sich über die widersprüchlichen Erwartungen auf dem Weltmarkt einen Reim zu machen, wählen viele Unternehmen bewusst oder unbewusst einen Markt aus, den sie für besonders wichtig halten. Technische Entscheidungen werden dann danach getroffen, was auf dem Referenzmarkt gefragt ist oder dort besondere Aussicht auf Erfolg hat. Meist nimmt der Heimatmarkt diese Referenzmarktposition ein. Das Heimatland ist im Bewusstsein der Manager viel präsenter als andere Länder, die sie nicht so gut kennen. Neben diesem auf Unsicherheit beruhenden Grund gibt es zudem auch einen rationalen Grund, sich speziell auf den Heimatmarkt zu konzentrieren, selbst wenn man das Lead-Markt-Phänomen kennt. Denn exportstarke Unternehmen haben ihren internationalen Erfolg oft der Lead-Markt-Eigenschaft des Heimatmarktes zu verdanken. Sonst wären sie ja nicht so erfolgreich geworden. Die Unternehmen nehmen deshalb an, dass ihr Heimatmarkt auch zukünftig ein Lead-Markt für ihre Innovationen sein wird. Im Falle von Siemens sieht man, dass in vielen Produktsparten in der Tat der deutsche Markt ein guter Wegweiser für die Produktentwicklung war. Viele Innovationen von Siemens haben sich in Deutschland zuerst durchgesetzt bevor sie exportiert werden konnten. Daraus hat Siemens den falschen Schluss gezogen, das Deutschland auch für die elektronische Textübertragung ein Markt werden würde, der die richtige Technologie auswählt, also die Technologie, die sich auch international durchsetzt.[25]

Wenn der Heimatmarkt aber keine Lead-Markt-Qualitäten aufzuweisen hat, dann bleibt das Unternehmen auf den Heimatmarkt beschränkt und es gerät möglicherweise von ausländischen Unternehmen aus dem Lead-Markt im eigenen Heimatmarkt unter Druck oder wird gar ganz verdrängt. Beim Faxgerät, oder besser gesagt bei der elektronischen Textübertragung, war der deutsche Markt kein Lead-Markt. Bei diesem Beispiel wäre aber noch die Frage zu beantworten, ob Siemens nicht davon ausgehen konnte, dass der deutsche bzw. europäische Markt oder sogar zusammen mit dem amerikanischen groß genug für die eigene Produktentwicklung bei den Fernschreibern war und ob dieser nicht dauerhafte und rentable Geschäfte versprach. Das hätte man sicher nicht ausschließen können. Aber man hätte auch nicht völlig darauf setzen dürfen. Denn einerseits verspricht die Elektronik bei einem Massenmarkt erhebliche Kostensenkungen, die ja dann auch eintreten sind. Zum anderen hätte man schon damals bei genauerer Betrachtung des japanischen Marktes die Möglichkeit eines Massenmarktes für Fax-Geräte erkennen können. Schon der Jahrhunderterfinder Thomas Alva Edison hatte vermutet, das Japan ein besonders geeigneter Markt für das Fax-Gerät sein würde (Coopersmith 1993).

Unternehmen in kleinen Ländern, die an große Länder angrenzen, z. B. Kanada, Mexiko oder Österreich, sehen aber auch häufig in ihrem großen Nachbarn einen Referenzmarkt. Dies geschieht aber meist nur deshalb, weil der Nachbar eine

---

[25] Anders als bei der elektronischen Textübertragung, bei der Deutschland kein Lead-Markt ist, ist der Markteintritt in die Automobilelektronik, den Siemens in den 1990er Jahren begonnen hat, eine – der Lead-Markt-Theorie nach – Erfolg versprechende Entscheidung. Denn Deutschland ist ein Lead-Markt für Innovationen in der Automobiltechnik.

besondere Bedeutung als Absatzmarkt spielt. Aus dem Lead-Markt-Ansatz kann nun abgeleitet werden, dass der Lead-Markt die Rolle eines Referenzmarktes für die Innovationsentwicklung einnehmen sollte. Da es zunächst darauf ankommt, der Innovation im Lead-Markt zum Erfolg zu verhelfen, sollten vor allem die Anforderungen des Lead-Marktes beachtet und befolgt werden.

Die Berücksichtigung von Lead-Märkten ist für international agierende Unternehmen ein wichtiger Ansatzpunkt zur Bildung globaler Neuproduktstrategien. Lead-Märkte bieten als Referenzmärkte aber noch zusätzliche Vorteile. Die Entwicklung globaler Produkt- oder Prozessinnovationen lässt sich so zunächst auf einen regional begrenzten Markt, den Lead-Markt, fokussieren und damit vereinfachen und beschleunigen. Ressourcen müssen nicht über eine Vielzahl von potenziellen Einführungsmärkten gebunden werden, sondern lassen sich auf einen Markt beschränken. Das auf dem Lead-Markt erfolgreiche Produkt kann danach im Rahmen unterschiedlicher Internationalisierungsstrategien (Wasserfall- oder Sprinkleransatz) international eingeführt werden. Dabei wird man die Marketingstrategie direkt auf die Verdrängung der heimischen Innovationsdesigns in den Lag-Märkten ausrichten und sich die Etablierung des eigenen Designs zum dominanten Design zum Ziel setzen. Die Lead-Markt-Strategie kann also eine klare Ausrichtung aller Marketingfunktionen, von der Produktpolitik bis zur Werbestrategie, beinhalten.

4.2 Strategieoptionen

Jedes innovierende Unternehmen muss bestrebt sein, von den Bedingungen in den Lead-Märkten zu lernen, seine Innovationen an die dort herrschenden Kundenpräferenzen anzupassen, den Lead-Markt als Referenzmarkt zu betrachten sowie als Quelle für Innovationen und als Testmarkt zu nutzen. Je nach der Situation des Unternehmens, seinen Ressourcen, seiner Organisation und dem speziellen Kontext des Innovationsprojektes stehen dem Unternehmen unterschiedliche Optionen offen, auf potenzielle Lead-Märkte zu reagieren, z. B. mit

- einer Abstimmung der Prototypentwicklung mit den Anforderungen im Lead-Markt,
- traditionellen Marktforschungsaktivitäten zur Gewinnung von Daten über Kundenpräferenzen des potenziellen Lead-Marktes,
- der Konsultation von Markt- und Unternehmensberatungen im potenziellen Lead-Markt,
- der Durchführung von Kooperationen oder strategischen Allianzen mit Wettbewerbern und Zulieferern im potenziellen Lead-Markt,
- dem Aufbau von "Horchposten" im potenziellen Lead-Markt,
- der Durchführung der Forschungs- und Entwicklungsaktivitäten im potenziellen Lead-Markt.

Konsequenterweise müssten alle Innovationsaktivitäten in den Lead-Markt verlegt werden, um eine effiziente Interaktion zwischen Produktentwicklung und Lead-Markt zu ermöglichen (Bartlett, Ghoshal 1990). Forschungs- und Entwicklungsaktivitäten stehen nicht losgelöst von ihrer jeweiligen ummittelbaren Umgebung, sondern sind eingebettet in die Umwelt, die Infrastruktur und die Interaktion mit den Kunden des Landes, in dem sie durchgeführt werden. Die Internationalisierung der Forschungs- und Entwicklungsaktivitäten multinationaler Unternehmen hat gezeigt, dass die Interaktion mit dem Umfeld das wichtigste Motiv für die Ansiedlung einer FuE-Einheit ist (Gerybadze, Reger, Meyer-Krahmer 1997). Eine Ansiedlung von Forschungs- und Entwicklungskapazitäten im Lead-Markt ist aber nicht für alle Unternehmen und in allen Ländern möglich. Gezielte Marktforschung, Testmarketing, Kooperationen mit Unternehmen im Lead-Markt sind weitere Möglichkeiten, in eine enge Kommunikation mit den potenziellen Anwendern im Lead-Markt zu treten. Ein „Horchposten" ist eine kleine Gruppe von Mitarbeitern in einer ausländischen Niederlassung, die die Aufgaben hat, den Markt und die lokalen Unternehmen zu beobachten und der Zentrale über alle Entwicklungen in den Produkten und Technologien, in denen das Unternehmen aktiv ist, zu unterrichten. Der Aufbau von Horchposten im Lead-Markt kann mit geringeren finanziellen Mitteln ebenfalls die Herausbildung einer Lead-Markt-Orientierung in der Innovationsentwicklung unterstützen.

Wenn in der Analyse Japan als Lead-Markt oder als Land mit dem höchsten Lead-Markt-Potenzial für ein bestimmtes Innovationsprojekt identifiziert wird, bedeutet das für die Lead-Markt-Strategie, dass ein Unternehmen den japanischen Markt als Referenz- und Einführungsmarkt vor Augen haben sollte. Die Frage, die sich anschließt, ist: Welches technische Design ist auf dem japanischen Markt am besten geeignet und lässt die höchste Wahrscheinlichkeit eines Markterfolgs erwarten? Man kann auch umgekehrt herangehen, indem man sich fragt, welche technischen Konzepte ausscheiden, weil sie auf dem japanischen Markt keinerlei Aussicht auf Erfolg haben.

Dieses Prinzip der Lead-Markt-Strategie stellt die Marktforschung im Lead-Markt in den Mittelpunkt der Vorentwicklungsphase. Es sollte versucht werden, Antworten auf die folgenden Fragen zu erlangen:

- Was sind die Präferenzen der potenziellen Nutzer im Lead-Markt und in welchem Ausmaß weichen sie von den Präferenzen auf anderen Märkten ab?
- Wie hoch sind die Preise der für die Innovation relevanten Einsatzfaktoren und welche Entwicklung nehmen sie weltweit?
- Welche Infrastruktur kann im Lead-Markt genutzt werden und welche nicht?
- Welche komplementären Produkte zur Innovation werden im Lead-Markt angeboten und welche nicht?
- Welche konkurrierenden Innovationsdesigns sind auf dem Lead-Markt vertreten und warum haben sie einen Markterfolg oder Misserfolg erzielt?
- Welche staatlichen Regulierungen im Lead-Markt sind zu beachten?

Alle hier angesprochenen Rahmenbedingungen wirken auf ein im Lead-Markt erfolgreiches Design einer Innovation ein. Die Beantwortung dieser Fragen steckt den Rahmen für die Vorentwicklung ab. Es kann daraus eine Vorauswahl unter den zur Verfügung stehenden Technologien, Komponenten, Verfahren, Protokollen usw. getroffen werden. Diese Marktinformationen können im Falle Japans als Lead-Markt dazu genutzt werden, einen technischen Entwicklungspfad einzuschlagen, der in Japan der dominante ist oder aller Voraussicht nach sein wird. Wenn z. B. ein bestimmtes Verfahren oder Design im Bereich der geplanten Innovation in Japan schon heute häufig eingesetzt wird, dann kann dies zum Anlass genommen werden, sich zunächst auf das in Japan gängige Verfahren zu konzentrieren. Die anderen, aufgrund der dortigen Marktbedingungen oder gesetzlicher Auflagen und Zulassungsvorschriften nicht eingesetzten Innovationsdesigns scheiden erst einmal aus. Grundsätzlich kommt es darauf an herauszufinden, welches Design sich auf dem Lead-Markt durchsetzen wird. Das heißt nicht, dass nur die bisher im Lead-Markt verwendeten Verfahren und Techniken eine Chance haben. Eine laufende Marktbeobachtung muss gleichzeitig den Einsatz alternativer Spezifikationen verfolgen und die Marktreaktion evaluieren. Die Marktbeobachtung kann auf folgenden Ansätzen basieren:

- Recherche der Erfahrungen konkurrierender Unternehmen im Lead-Markt mit alternativen Innovationsdesigns (aus Zeitschriften und Veröffentlichungen, bei Konferenzen und Messen, aus Berichten von Marktforschern)
- Methoden zur Messung von Präferenzen (z. B. Conjoint Measurement)
- Testmarkt-Methoden
- „Horchposten" im Lead-Markt

Die Marktbeobachtung sollte darauf ausgerichtet sein, so früh wie möglich zu ermitteln, ob die Innovation und welches Innovationsdesign sich durchsetzen kann. Daraus ergeben sich Konsequenzen wie z. B. die Sicherung von Technologiekompetenzen und Lizenzen. Es ist dabei nicht immer nötig auf dem Lead-Markt tatsächlich mit der Innovation präsent zu sein. Es ist auch möglich, die entsprechende Innovation nur auf ausgewählten Märkten außerhalb des Lead-Marktes einzuführen, wenn erst einmal klar ist, welches Innovationsdesign im Lead-Markt präferiert wird. Dies ist dann z. B. eine bessere Strategie, wenn der Lead-Markt für ausländische Unternehmen einen hohen finanziellen Einsatz erfordert oder die sonstigen Markteintrittsbarrieren hoch sind. Allerdings kann die Möglichkeit des Erwerbs von Lizenzen von Lead-Markt-Unternehmen geprüft werden, die dann zum Markteintritt in anderen Ländern genutzt werden können. Je nachdem, wie stark ein Unternehmen im Lead-Markt selbst aktiv ist, sind unterschiedliche Strategie-Optionen sinnvoll. Im Folgenden sind diese Optionen aufgeführt, wobei sie nach der Stärke der Aktivität absteigend geordnet sind:

- Entwicklung der Innovation für den Lead-Markt und Erstmarkteinführung im Lead-Markt,

- Entwicklung eines Prototyps, der den Anforderungen im Lead-Markt entspricht, aber zuerst im Heimatmarkt eingeführt wird (oder in einem anderen Markt, der für das Unternehmen von besonderer Bedeutung ist).
- Entwicklung einer Innovation für den Heimatmarkt bzw. für einen anderen Markt oder einen Kunden des Unternehmens unter Beachtung der Anforderungen sowohl dieses Marktes/Kunden als auch des Lead-Marktes.

Die letzten beiden Fälle sind gewissermaßen „heimatmarktorientierte Lead-Markt-Strategien", die aber eine angemessene Berücksichtigung des Lead-Marktes vorsehen. Kooperationspartner sind ein geeignetes Mittel, um ein Unternehmen an einen Lead-Markt anzubinden, in dem das Unternehmen noch keine Kapazitäten aufgebaut oder wenig Markterfahrung angesammelt hat. Ein Kooperationspartner kann als Brücke zum Lead-Markt und als Quelle für Marktinformationen aus dem Lead-Markt fungieren. Von der Lead-Markt-Strategie aus bewertet sind dann lokale Partner im Heimatmarkt umso weniger bedeutend, je mehr ein Unternehmen im Lead-Markt etabliert ist und umgekehrt. Partner können Lieferanten, lokale Unternehmen der gleichen Produktsparte oder gar Konkurrenten sein, mit denen man strategische Allianzen vereinbaren kann. Kooperationen mit Unternehmen aus potenziellen Lead-Märkten bieten im Vergleich zum Aufbau eigener Entwicklungskapazitäten in ausländischen Niederlassungen den Vorteil, dass bereits bestehende Unternehmen aufgrund der langen Hersteller-Kunden-Bindung einen guten Überblick über die Bedingungen des eigenen Marktes besitzen. Dies ist besonders in der Markteinführungsphase von Bedeutung, denn zu diesem Zeitpunkt fallen die wichtigsten Informationen zur Fortentwicklung des Produktes an. Zudem verursachen Kooperationen weniger Kosten als der Aufbau eigener Niederlassungen und stellen daher ein geringeres unternehmerisches Risiko dar.

Ein Beispiel für diese Strategie ist der Mobilfunk der 3. Generation in Japan. Die nordischen Länder in Europa hatten sich seit den 1980er Jahren beim Mobilfunk als Lead-Märkte etabliert. Japan verfügte zwar schon 1979 über das erste zellulare Mobilfunknetz der Welt, der japanische Markt hat aber, z. T. aufgrund der Preisgestaltung, keine Lead-Markt-Qualitäten. Entsprechend wurden Mobilfunksysteme japanischer Bauart im Weltmarkt von fast keinem anderen Land angenommen. Hinsichtlich der kommenden 3. Generation des zellularen Mobilfunks wurde wegen der vergangenen Misserfolge von der traditionellen Strategie der eigenständigen Technikentwicklung abgewichen und stattdessen versucht, sich an die Technikentwicklung des europäischen Marktes anzukoppeln. Parallel hierzu wurden Kooperationen mit Unternehmen in skandinavischen Ländern gesucht. Im Ergebnis wurde ein gemeinsamer Standard, der so genannte W-CDMA-Standard vereinbart. Dies stellt sicher, dass die Technik, die in Japan eingesetzt wird, auch in den europäischen Ländern eingeführt wird und somit ein Erfolg versprechender Kandidat für das weltweit dominante Design ist. Denn wiederum wurde nicht von Anfang an ein Weltstandard entwickelt. Die europäischen und amerikanischen Hersteller und Netzbetreiber konnten sich nicht auf einen gemeinsamen Standard einigen. In den USA, die ihrerseits einen eigenen Standard durchsetzen will, wird die CDMA-Technik favorisiert, die von der amerikanischen Firma Qualcomm entwickelt wurde.

Dass die japanischen Unternehmen diesmal nicht auf die Ankoppelung an den großen US-Markt gesetzt haben, sondern auf den europäischen Markt, zeigt, dass sie von der führenden Rolle Europas in der Anwendung der Mobiltelefonie profitieren wollen und Ausstrahlungseffekte auf den restlichen Weltmarkt erwarten. Aufgrund des Lag-Markt-Charakters des japanischen Mobilfunkmarktes suchte sich der führende japanische Mobilfunkanbieter den schwedischen Weltmarktführer Ericsson als Kooperationspartner und Zulieferanten und drückte dem japanischen Markt quasi das europäische System auf (ein Wettbewerber hat allerdings auch das amerikanische System eingeführt). Hierdurch stellt die japanische Telekom sicher, dass in Japan zukünftig die Produkte des Lead-Marktes für Telekommunikation eingesetzt werden.

Die internationale Markteinführung von Innovationen erfolgt bisher entweder nach dem Wasserfallmodell oder dem Sprinklermodell (Riesenbeck, Freeling 1991). Die traditionelle heimatmarktorientierte Innovationsentwicklung führt in der Regel zu einer Internationalisierung nach dem Wasserfallmodell. Nachdem die Innovation im Heimatmarkt erfolgreich vermarktet wurde, wird ein Auslandsmarkt ausgewählt, um dort die Innovation als ersten Schritt hin zur Internationalisierung einzuführen. Der erste Exportmarkt ist meist ein Markt, der dem Heimatmarkt kulturell besonders ähnlich ist, geographisch nahe liegt oder in dem das Unternehmen schon Markterfahrung gesammelt und Distributionskapazitäten aufgebaut hat. Als Nächstes wird ein weiterer Markt nach den gleichen Kriterien ausgewählt usw. Das Unternehmen „tastet" sich Schritt für Schritt in den Weltmarkt hinein. Der Nachteil ist hierbei natürlich die lange Zeit, die für solch eine schrittweise Markteinführung benötigt wird und die den Wettbewerbern, die Chance gibt, in der Zwischenzeit die noch nicht abgedeckten Ländermärkte mit Imitationen zu besetzen. Besonders krass ist dieses Problem bei leicht kopierbaren Gütern wie z. B. bei Software und Spielfilmen auf Speichermedien.

Das Sprinklermodell begegnet diesem Problem. Hierbei wird eine Innovation nach dem Heimatmarkt in allen oder in den wichtigsten Ländermärkten gleichzeitig eingeführt. Einige Unternehmen, z.B. die Softwareschmiede Microsoft, schaffen es sogar, die Markteinführung eines neuen Produktes, den so genannten „Rollout" eines Produktes, gleichzeitig in allen Ländern weltweit zu bewältigen. Das ist natürlich ein großer organisatorischer und finanzieller Kraftakt. Er ist aber auch mit großen Risiken verbunden, denn im Falle der gleichzeitigen Einführung am Weltmarkt fehlen die Erfahrungen aus einer Marktersteinführung, die ein Unternehmen dann nutzen kann, um das Produkt entsprechend zu verbessern, bevor es weltweit eingeführt wird. Je höher die technische Komplexität einer Innovation, desto wahrscheinlicher sind „Kinderkrankheiten", die nach der Markteinführung auftreten und die zu teuren Garantiefällen und Rückrufaktionen führen können. Das Lead-Markt-Modell führt zu einer etwas anderen Markteinführungsstrategie, die gleichzeitig den Grundproblemen der beiden bisherigen Markteinführungsstrategien begegnet. Bei der Lead-Markt-Strategie wird eine Innovation zunächst für den Lead-Markt entwickelt und dort auch als Erstes eingeführt. Da in den anderen Ländern zunächst andere Innovationsdesigns oder ein etabliertes Produktdesign bevorzugt werden, ist die Gefahr des Markterfolgs von Wettbewerbern mit dem gleichen oder einem ähnlichen Produktdesign in den andern Märkten unwahr-

Abb. 49: Internationale Markteinführungsstrategien

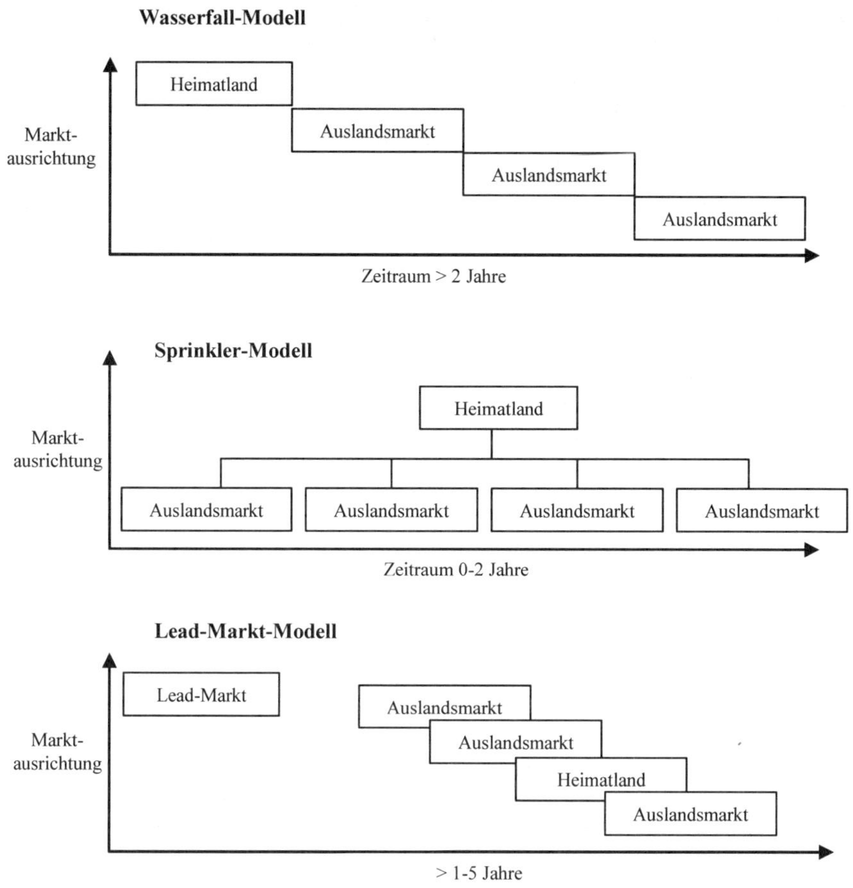

Wasserfall-Modell

Markt-ausrichtung

Heimatland

Auslandsmarkt

Auslandsmarkt

Auslandsmarkt

Zeitraum > 2 Jahre

Sprinkler-Modell

Markt-ausrichtung

Heimatland

Auslandsmarkt

Auslandsmarkt

Auslandsmarkt

Auslandsmarkt

Zeitraum 0-2 Jahre

Lead-Markt-Modell

Markt-ausrichtung

Lead-Markt

Auslandsmarkt

Auslandsmarkt

Heimatland

Auslandsmarkt

> 1-5 Jahre

scheinlich. Es ist ja gerade die Eigenschaft eines Lead-Marktes zunächst eine Innovation exklusiv zu nutzen, obwohl sie in anderen Märkten grundsätzlich auch verfügbar wäre.

Bevor die Innovation in den Lag-Märkten eingeführt wird, kann das Unternehmen im Lead-Markt Erfahrung sammeln und die Innovation ausreifen lassen. Die Markteinführung in den Lag-Märkten kann das Unternehmen dann starten, wenn diese Märkte „reif" für die Innovation sind. Das heißt z. B., nachdem die Kosten auf ein Niveau gesenkt werden konnten, bei dem die Lag-Märkte auf die Lead-Markt-Innovation umschwenken oder nachdem ein internationaler Trend auch die Lag-Märkte erreicht hat. Dieser Fall kann in den einzelnen Lag-Märkten zu unterschiedlichen Zeitpunkten eintreten. Es kann auch ein Wasserfall-Modell der Markteinführung verfolgt werden, in diesem Fall aber ausgehend vom Lead-Markt. In Abbildung 49 werden die Unterschiede der drei Markteinführungsstrategien noch einmal graphisch deutlich gemacht. Horizontal von links nach rechts ist die zeitliche Abfolge der Einführung in den einzelnen Märkten abgetragen. Vertikal sind die Ländermärkte nach dem Grad der Marktausrichtung positioniert; je weiter oben ein Land steht, desto stärker ist das neue Produkt auf die Bedingungen in diesem Markt ausgerichtet. Bei den beiden ersten Einführungsstrategien ist die Innovation noch am stärksten auf das Heimatland ausgereichtet. Beim Lead-Markt-Modell hingegen ist das Produkt auf den Lead-Markt ausgerichtet und nicht auf den Heimatmarkt. Der Heimatmarkt ist einer der Märkte, in denen das Produkt später eingeführt wird, er spielt keine herausgehobene Rolle mehr.

4.3 Modellierung des Lead-Markt-Potenzials

Frühere Ansätze einer Identifizierung von optimalen Einführungsmärkten können bestenfalls als Ad-hoc-Ansätze bezeichnet werden. Dort werden nur einzelne Kennziffern, wie z. B. Marktgröße, Pro-Kopf-Einkommen etc., unverbunden gegenübergestellt. In der Praxis wählen multinationale Unternehmen häufig einen oder mehrere Testmärkte aus, um ein innovatives Produkt zu testen. Testmärkte werden in der Regel danach ausgewählt, ob sie repräsentativ für den Weltmarkt oder eine große Region sind, und nicht danach, ob sie eine führende Rolle einnehmen.

Ziel ist die Identifizierung des Ländermarktes, bei dem die Lead-Markt-Faktoren am stärksten ausgeprägt sind und der damit die größte Ausstrahlung auf die internationalen Absatzmärkte ausübt. Da sich Lead-Markt-Faktoren nicht vollständig bestimmen lassen und Zukunftsprognosen immer fehlerhaft sein können, lässt sich ein Lead-Markt nie mit absoluter Sicherheit vorab bestimmen. Mit Hilfe des Lead-Markt-Konzeptes können aber für eine gegebene Innovation die Lead-Markt-Potenziale einzelner Ländermärkte ex ante eingeschätzt werden. Wenn wir von einem „Lead-Markt“ für ein neues Innovationsprojekt sprechen, meinen wir also immer einen potenziellen Lead-Markt.

Die hier vorgestellte Lead-Markt-Methode hat dabei Antwort auf folgende Fragen zu geben: Erstens, können für die zu analysierende Innovation Lead-Märkte überhaupt entstehen und zweitens, welche Länder kommen als potenzielle Lead-Märkte in Frage? Nicht für jede Innovation lassen sich Lead-Märkte identifizieren. So ist es durchaus vorstellbar, dass sich Marktumfelder so wenig unterscheiden, dass ein bestimmtes Innovationsdesign gleichzeitig in verschiedenen Ländern auftritt, also kein Lead-Markt existiert. Umgekehrt besteht die Möglichkeit, dass regionale Technologien aufgrund stark differierender Umfeldbedingungen nicht zu einem Weltstandard konvergieren. Letztlich müssen drei Bedingungen erfüllt sein, damit ein Lead-Markt entstehen kann:

1) Zwischen den bedeutenden Ländermärkten (USA, Europa und Jpan) sollte keine „technologische Lücke“ bestehen. Diese Voraussetzung scheint angesichts der weltweit ineinander verzahnten Wissenschaft für die meisten Produkte gegeben zu sein, wie auch die Beispiele oben gezeigt haben. Das Vor-

handensein einer technologischen Lücke, z. B. ein Rückstand in den technischen Produktionsmöglichkeiten für Katalysatoren, wäre für die Entfaltung des Lead-Marktes in einem der zurückliegenden Ländermärkte hinderlich, da die technischen Grundlagen für die Nutzung der Innovation im Lead-Markt fehlen könnten.

2) Verschiedene Länder entscheiden sich aufgrund differierender Markt- und Nachfragebedingungen zunächst für unterschiedliche Innovationsdesigns. Die Unterschiede dürfen dabei nicht so stark ausgeprägt sein, dass ein global dominantes Design verhindert wird.

3) Einzelne Länder weisen im Vergleich zu anderen Ländern Merkmale auf, die dazu führen, dass das in ihrem lokalen Markt erfolgreiche Innovationsdesign auch international erfolgreich ist. Es entsteht dadurch ein starker Internationalisierungsdruck, wodurch das Nebeneinander unterschiedlicher regionaler Innovationsdesigns ineffizient wird. Im Zuge des Diffusionsprozesses des global dominanten Designs werden die einzelnen regionalen und idiosynkratischen Lösungen aus dem Markt verdrängt.

Sind diese Bedingungen erfüllt, muss geklärt werden, welche Märkte als potenzielle Lead-Märkte überhaupt in Frage kommen. Zu diesem Zweck versuchen wir in der Lead-Markt-Analyse, die Lead-Markt-Faktoren in einzelne Variablen zu zerlegen und geeignete Indikatoren zu finden, mit denen diese Variablen quantifiziert werden können. Mit Hilfe dieser Indikatoren kann dann ermittelt werden, inwieweit es sich bei dem untersuchten Markt um einen (potenziellen) Lead-Markt handelt. Die Aufstellung einer Liste von Variablen erfolgt dabei immer in Hinblick auf die zu untersuchende Innovation. In einigen Fällen lassen sich die Variablen durch Indikatoren direkt messen, in anderen Fällen müssen Indikatoren gefunden werden, mit deren Hilfe Stand und Entwicklung der Variablen annähernd beschrieben werden können, so genannte Proximitätsmaße.

Abb. 50 skizziert den Zusammenhang zwischen dem strukturellen (theoretischen) Modell der Lead-Markt-Theorie (Mitte) und einem entsprechenden empirischen Mess-Modell (links und rechts). In der Theorie haben alle fünf Lead-Markt-Faktoren einen direkten Einfluss auf das Lead-Markt-Potenzial eines Landes. Bei den Lead-Markt-Faktoren handelt es sich um relative und nicht um absolute Größen, da Lead-Markt-Potenziale eines Ländermarktes aus relativen Vorteilen gegenüber anderen Ländermärkten resultieren. So ist es entscheidend, welches Kostenreduktionspotenzial eine länderspezifische Innovation im Vergleich zu anderen Innovationsdesigns besitzt. Die Betrachtung der absoluten Höhe der Kostenreduktionspotenziale spielt dabei keine Rolle. Da die theoretischen Lead-Markt-Faktoren nicht direkt beobachtbar oder messbar sind, müssen in einem empirischen Modell reale Indikatoren für die theoretischen Zusammenhänge herangezogen werden (linkes Mess-Modell). Der rechte Teil des Mess-Modells gibt das Lead-Markt-Potenzial eines Ländermarktes wieder. Das Land mit dem größten ermittelten Lead-Markt-Potenzial stellt den wahrscheinlichsten Kandidaten für den Lead-Markt dar.

Abb. 50: Strukturelles und empirisches Modell der Lead-Markt-Analyse

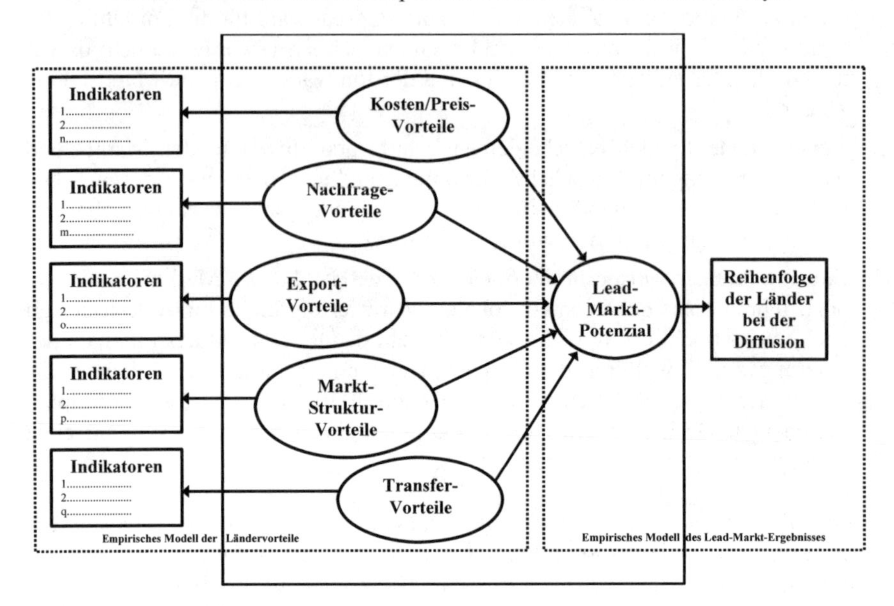

Letztlich besteht also die Aufgabe darin, Indikatoren und Daten für die Lead-Markt-Faktoren zu einem bestimmten Innovationsprojekt für alle relevanten Länder zu identifizieren und zusammenzustellen. Dies ist erfahrungsgemäß die aufwendigste – und eine manchmal frustrierende – Aufgabe. Denn nur in den wenigsten Fällen lassen sich die gewünschten Daten auf international vergleichbarem Niveau finden. Bei wirklich neuen Innovationen ist der Markt genau zu definieren, um danach die Marktgröße abschätzen zu können. In den meisten Fällen ist es aber nicht möglich, die Marktgröße tatsächlich zu messen. Es handelt sich dabei um so genannte latente Variablen, also nicht beobachtbare Variablen. Zur Abhilfe werden messbare Indikatoren verwendet, von denen angenommen werden kann, dass sie mit der tatsächlichen Marktgröße korrelieren. In den Wirtschaftswissenschaften ist es üblich, auch Variablen zu nutzen, die scheinbar nur sehr entfernt mit den idealen Indikatoren in Relation stehen. Hier sollte man nicht zu viel Zurückhaltung üben, denn erstens sind wenige Informationen besser als gar keine und zweitens helfen die Ergebnisse zur Anregung der Diskussion über mögliche Lead-Märkte.

In der Regel wird man versuchen, so viele Indikatoren wie möglich pro Lead-Markt-Faktor zusammenzustellen. In der anschließend durchzuführenden Faktorenanalyse wird dann ja ohnehin geprüft, welche Variablen eines Lead-Markt-Faktors in eine Richtung weisen oder ob ein Indikator ein völlig eigenständiges Verhalten aufweist. Man nennt dieses Verfahren „konfirmatorische Faktorenanalyse". Weicht eine Variable von den anderen innerhalb eines Lead-Markt-Faktors stark ab, so sollte sie nicht verwendet werden, weil sie allem Anschein nach etwas anderes misst als die anderen Variablen. Oft liegen die Werte für einzelne Indikatoren nicht für alle Länder vor. In diesen Fällen werden entweder einzelne Länder aus der Analyse ganz herausgenommen oder es wird – wenn dies nur wenige Indikatoren betrifft – zunächst einfach kein Wert für den bestimmten Indikator für einzelne Länder vergeben. In der anschließenden Analyse werden die fehlenden Werte durch den Mittelwert aller Länder ersetzt, damit der Einfluss des Fehlens einzelner Werte neutralisiert wird. In einigen Fällen lassen sich für einzelne Lead-Markt-Faktoren überhaupt keine geeigneten Indikatoren finden. Wenn keine Daten zu beschaffen sind, können durch Expertenbefragungen Einschätzungen eingeholt und dann in Form von Rankingwerten quantifiziert werden. So kann man z. B. Vertreter von internationalen Industrieverbänden nach Unterschieden in der Wettbewerbsintensität fragen. Eine andere Möglichkeit ist die Befragung der Tochterfirmen. Es sollten aber nur diejenigen befragt werden, die keinen Nutzen von dem Ergebnis der Analyse haben oder den Hintergrund der Fragen nicht kennen.

Am Ende müssen diese Indikatoren zu einem Index zusammengefasst werden, der das Lead-Markt-Potenzial pro Land bewertet. Um von der Indikatorenliste zum Index zu gelangen, führen wir zunächst einen Vereinfachungsschritt durch. Um die Komplexität der Vielzahl der Indikatoren auf ein überschaubares Maß zu reduzieren, werden die Indikatoren erst einmal für jeden Lead-Markt-Faktor zusammengefasst, so dass jeder Lead-Markt-Faktor einzeln für jedes Land bewertet wird und damit verglichen werden kann. In der Regel lässt sich ein Lead-Markt-Faktor nicht zu einem Wert zusammenfassen, da unterschiedliche Effekte unter einem Lead-Markt-Faktor subsumiert wurden. Eine Hauptkomponentenanalyse oder Faktorenanalyse hilft dabei, die Indikatoren je eines Faktors zu so genannten Hauptfaktoren zusammenzufassen. Die Hauptfaktoren fassen alle Indikatoren zusammen, die in die gleiche Richtung weisen und standardisieren die resultierenden Werte (Faktorladungen). Die Hauptkomponenten stellen Quantifizierungen der relativen Vorteile eines Landes hinsichtlich der verschiedenen Lead-Markt-Eigenschaften dar.

Die Faktorenanalyse wandelt die unterschiedlichen Werte der Indikatoren in standardisierte Werte um, die in einen Gesamtindex eingehen können. Der Index ermöglicht die Bildung einer Rangordnung der einzelnen Länder in Hinblick auf das Lead-Markt-Potenzial für eine bestimmte Innovation. Abbildung 51 stellt den Ablauf noch einmal in einem Pfaddiagramm dar.

Bei der abschließenden Indexbildung besteht das für Bewertungssysteme übliche Problem, dass die einzelnen Lead-Markt-Faktoren hinsichtlich ihrer Bedeutung für die tatsächliche Ausbildung eines Lead-Marktes gewichtet werden müssten. Denn es ist nicht zu erwarten, dass jeder Faktor den gleichen Einfluss darauf hat, welches Land sich als Lead-Markt durchsetzt. Allerdings lässt sich ein Gewichtungsschema bisher weder aus einem theoretischen Konzept noch aus empirischen Arbeiten ableiten. Dies könnte erst dann erreicht werden, wenn eine genügend große Anzahl von Ex-post-Studien zu Lead-Märkten mit Daten zu der Ausprägung der einzelnen Lead-Markt-Faktoren für jede Fallstudie vorliegen würde, die es erlaubt, den Einfluss einzelner Faktoren statistisch zuverlässig zu schätzen. Weder die Literatur noch unsere eigenen Studien reichen bisher allerdings dafür aus. Durch die Faktorenanalyse sind die errechneten Werte allerdings schon ge-

Abb. 51: Pfaddiagramm der Lead-Markt-Potenzial-Analyse

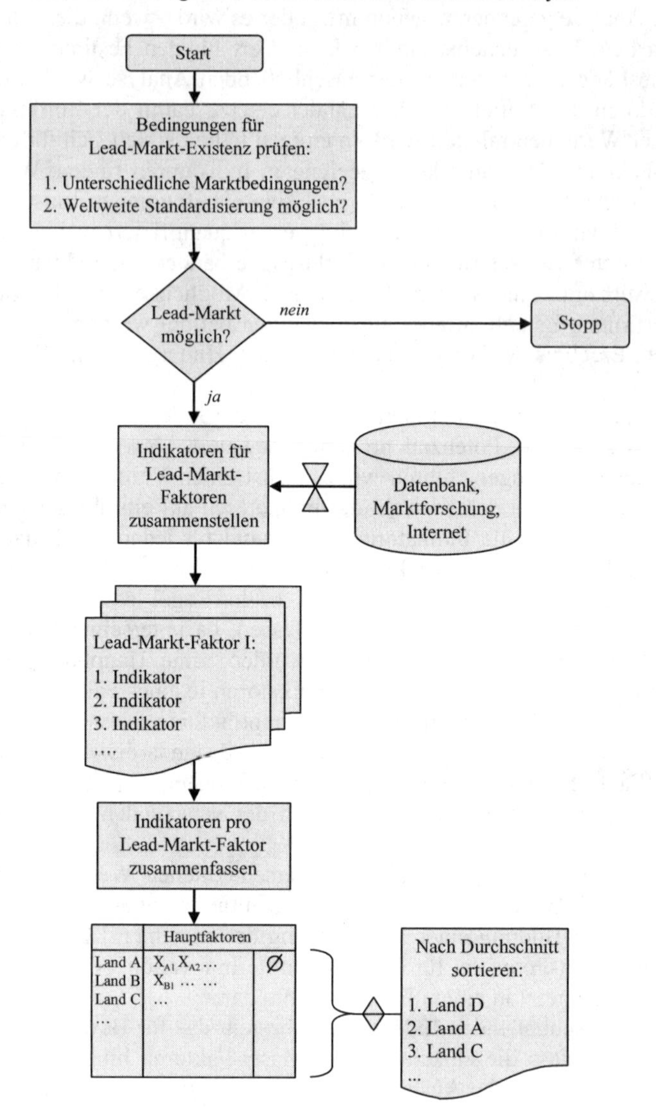

wichtet. Wir behelfen uns daher damit, die einzelnen Faktoren ohne zusätzliches Gewichtungsschema in einem Index zusammenzufassen.

Dies ist deshalb gar keine schlechte Vorgehensweise, weil die Gewichtung durch die Faktorenanalyse eigentlich im Sinne der Theorie der Lead-Märkte ist. Die Lead-Markt-Hypothese sagt ja gerade, dass der Lead-Markt-Vorteil von der relativen Position eines Landes bei bestimmten landesspezifischen Merkmalen gegenüber anderen Ländern ausgeht, also von der Verteilung der Werte und nicht von den absoluten Werten der Merkmale selbst.

Lead-Märkte sind vor allem dann zu erwarten, wenn ein Land oder wenige Länder stark von allen anderen Ländern bei den relevanten Merkmalen zum Positiven hin abweichen. In einem solchen Fall ist die Verteilung der Komponente rechtsschief. Je größer der positive Wert der Schiefe der Verteilung, umso höher ist die Wahrscheinlichkeit der Existenz eines Lead-Marktes. Wenn dagegen eine große Zahl der Länder dicht um den Maximalwert der Verteilung liegt, verfügt kein Land über einen ausgeprägten Lead-Markt-Vorteil. Durch die Hauptkomponentenanalyse werden die Lead-Markt-Faktoren standardisiert, d. h. den Ländern werden in der Weise Werte zugewiesen, dass die Verteilung eines Lead-Markt-Faktors über alle Länder hinweg den Mittelwert 0 und den Streuungswert 1 besitzt. Bei der Standardisierung werden den Ländern, die stark vom Pulk der anderen Länder abweichen, große Faktorladungen zugewiesen und Ländern, die die eng beisammen liegen, kleine Werte, also genau so, wie es nach der gerade beschriebenen Lead-Markt-Hypothese sein sollte.

Im Zweifelsfall wird der Einfluss der einzelnen Faktoren auf das Endergebnis in einer Art Sensibilitätsanalyse zu prüfen sein. In einer Sensibilitätsanalyse wird untersucht, ob das Endergebnis nur von einem Wert abhängig ist, also sensibel gegenüber Änderungen (oder fehlerhaften Daten) dieses einen Wertes ist. Wird nämlich das Endergebnis, d. h. die Reihenfolge der Länder nach ihrem Lead-Markt-Potenzial, von einem Faktor dominiert, sollte die Bedeutung dieses Faktors für das Innovationsprojekt noch einmal genauer geklärt werden und gegebenenfalls dessen Gewicht nachträglich reduziert werden.

In der Theorie der Lead-Märkte wird keine weitere Differenzierung zwischen den einzelnen Lag-Märkten vorgenommen. Lag-Märkte folgen der Entwicklung auf dem Lead-Markt, ob früher oder später, darüber liefert die Theorie keine Auskunft. Im nächsten Kapitel werden wir einige Beispiele für die Quantifizierung des Lead-Markt-Potenzials mit der eben beschriebenen Methode vorstellen.

5 Die Lead-Markt-Analyse

In diesem Kapitel werden drei Beispiele einer Lead-Markt-Analyse aus der Praxis vorgestellt.[26] Die ersten beiden Analysen wurden in Zusammenarbeit mit der DaimlerChrysler AG erarbeitet, die dritte wurde im Rahmen eines Forschungsprojektes für das Bundesministerium für Bildung und Forschung (BMBF) durchgeführt. In der Lead-Markt-Analyse wird das Lead-Markt-Potenzial aller in Frage kommenden Länder für ein bestimmtes Innovationsprojekt abgeschätzt. Hier werden zwei unterschiedliche Stoßrichtungen vorgestellt. In den ersten beiden Fällen wird die Analyse auf typische Beispiele einer Neuproduktentwicklung eines Unternehmens angewendet. Die Lead-Markt-Analyse gibt in diesen Fällen Anhaltspunkte dafür, welches konkrete Design verfolgt werden sollte und welcher Markt als Einführungsmarkt geeignet ist.

Im dritten Fall wird die Frage gestellt, welche potenziellen Lead-Märkte es für eine neuartige Produktgruppe geben kann. Fast alle Unternehmen werden hin und wieder mit der Frage konfrontiert, ob man in die Entwicklung einer neuen Produktgruppe investieren soll, die durch wissenschaftliche Entdeckungen oder die Kombination von Technologien ermöglicht wird. Diese neuen Produktgruppen sind allerdings zunächst recht abstrakt formuliert. Es gibt vielleicht hier und da schon einige Prototypen oder gar Produkte dazu, die aber bisher nur in Nischenmärkten Nachfrage finden. Das hier vorgestellte Beispiel ist das der so genannten intelligenten Textilien. Intelligente Textilien sind Textilien mit neuartigen Eigenschaften, bei denen entweder neue Chemiefasern verwendet werden oder herkömmliche Textilien mit elektronischen Bauelementen kombiniert werden. Viele Unternehmen der Textil- und Bekleidungsindustrie stehen hier vor der Frage, ob dieses neue Geschäftsfeld eine Chance für sie bietet. Obwohl diese Industrie mittelständisch geprägt ist und mittelständische Unternehmen bislang eher international ausgerichteten Strategien als weniger relevant ansehen, sind die Ergebnisse einer Lead-Markt-Analyse gerade für sie bedeutungsvoll. Denn wenn der Heimatmarkt, auf den sich der Mittelständler konzentriert, kein Lead-Markt-Potenzial besitzt, dann wäre die Markteinführung des neuen Produkts im eigenen Land wohl eine Fehlinvestition. Selbst nach anfänglichen Markterfolgen könnte sich später herausstellen, dass ein ähnliches Produkt, das aber auf die Anforderungen des Lead-Marktes, z. B. des britischen Marktes, ausgerichtet ist, weitaus bessere Absatzchancen hat – und dies weltweit. Das vom britischen Markt favorisierte Design würde das eigene Innovationsdesign im Heimatmarkt verdrängen.

---

[26] Die ersten beiden Fallstudien wurden in Zusammenarbeit mit Thomas Cleff, die dritte mit Thomas Cleff, Oliver Heneric und Christian Rammer im ZEW erstellt.

Bei den beiden Beispielen für konkrete Entwicklungsprojekte handelt es sich um zwei Innovationen der Nutzfahrzeugsparte der DaimlerChrysler AG. Beide Innovationsvorhaben betreffen aber nicht die Grundfunktionen des Fahrzeugs, sondern Zusatzleistungen. Es handelt sich dabei um Entwicklungsprojekte für Telematikanwendungen, nämlich zum einen das Innovationsprojekt „vollautomatischer Lkw" („automated guided vehicles") und zum anderen das Innovationsprojekt „virtuelle Ferndiagnose" („remote diagnosis system"). Im ersten Fall handelt es sich eigentlich um eine Dienstleistung, denn hier sollte im Falle einer Fahrzeugstörung ein neuer Service angeboten werden. Im zweiten Fall wird am Fahrzeug selbst eine neue elektronische Einheit hinzugefügt, die neue Einsatzorte ermöglicht. Bei beiden Projekten stellte sich die Frage, in welchen Märkten voraussichtlich ein global dominierendes Innovationsdesign entstehen würde. Die Produktentwicklung sollte im weiteren Verlauf auf die Bedingungen dieser Märkte abgestimmt werden und es sollten Strategien der Markteinführung entworfen werden. Die Lead-Markt-Analyse wurde zu einem Zeitpunkt durchgeführt, zu dem die Entwicklerteams schon erste konkrete Ideen zur Umsetzung der Innovation in die praktische Anwendung erarbeitet hatten. In beiden Projekten wurden tatsächlich Produkte unter Berücksichtigung der Ergebnisse der Lead-Markt-Analyse entwickelt (Kokes 2002).

5.1 Fallstudie: Virtuelle Ferndiagnose

Mit Hilfe der Lead-Markt-Methode ist im Rahmen der Zusammenarbeit des Zentrum für Europäische Wirtschaftsforschung (ZEW) mit der DaimlerChrysler AG zum ersten Mal der Versuch unternommen worden, einen potenziellen Lead-Markt für eine technologische Innovation ex ante zu prognostizieren. Hierzu wurden die Lead-Markt-Potenziale von unterschiedlichen Ländern ermittelt, wobei das Lead-Markt-Potenzial eines Landes darin besteht, das eigene Technologiedesign auch auf anderen Ländermärkten durchzusetzen.

5.1.1 Beschreibung des Innovationsprojekts

Bei diesem Innovationsprojekt handelt es sich um einen grundsätzlich neuen Service. Mit Hilfe der neuen Technologie sollte ermöglicht werden, die Gründe für Betriebsstörungen an Nutzfahrzeugen mit Hilfe eines neuartigen Ferndiagnose-Systems über eine längere räumliche Distanz zu ermitteln. Dieses System sollte zudem eine Kommunikation zwischen dem Fahrer und einem Dienstleistungszentrum herstellen, so dass entweder der Fahrer kurzfristig in die Lage versetzt werden kann, sein Fahrzeug unter Anleitung von Fachpersonal aus dem Dienstleistungszentrum selbst wieder flott zu machen. Oder aber es können auf der Grundlage der Fahrzeugdiagnose im Zentrum geeignete, zielgerichtete Maßnahmen zur Reparatur getroffen werden, wie der Einsatz von Hilfsfahrzeugen und die schnelle Ersatzteilbeschaffung. Der Bedarf für diese neue Serviceleistung ergab sich durch die

Abb. 52: Prototyp einer virtuellen Ferndiagnoseeinheit mit Kamera im Headset

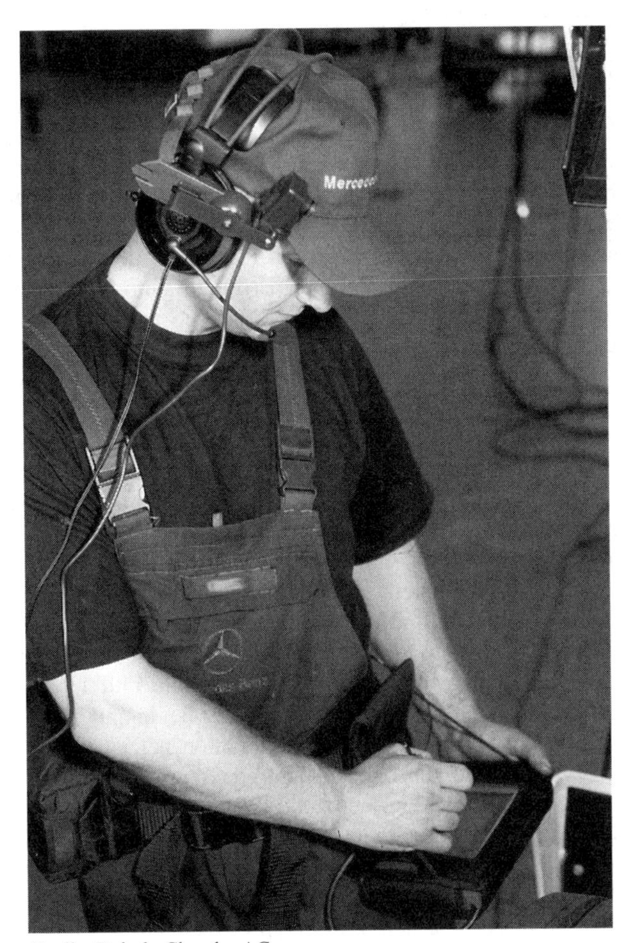

Quelle: DaimlerChrysler AG

gestiegene Komplexität neuer Fahrzeugmodelle durch den Einsatz von elektronischen Steuerelementen, die nicht nur den Fahrer bei der Reparatur auf der Strecke überfordert, sondern auch viele Reparaturbetriebe.

Aus Sicht des Entwicklerteams von DaimlerChrysler erschien dieser Service vor allem für die Ländermärkte geeignet, in denen die mit neuen computergestützten Diagnosegeräten ausgestatteten Servicestationen sehr weit auseinander liegen. Die bisherige Erfahrung zeigte, dass für Reparaturbetriebe wie für DaimlerChrysler selbst die Beschaffung der computergestützten Diagnose-Systeme in denjenigen Ländern unrentabel ist, in denen Nutzfahrzeuge des DaimlerChrysler-Konzerns nur einen geringen Marktanteil haben. In diesen Ländern gibt es nur wenige Service-Points, die in der Lage wären, die neuesten Lkw-Modelle zu warten. Dies macht es umso schwerer den Marktanteil zu erhöhen. Der neue Online-Service sollte diese Lücke schließen.

Die für diese neue Dienstleistung benötigte Technik wurde zunächst nicht genauer spezifiziert. Sie kann einfach oder äußerst komplex gestaltet werden und den Einsatz der neuesten Mobilkommunikationsmedien erfordern, je nachdem, wie die Verbindung zwischen Service-Point und Fahrzeug hergestellt wird und welche Informationen übertragen werden. Die komplexeste Variante, die vom Team zunächst favorisiert wurde, war eine Videoverbindung, bei der dem Fachpersonal im Service Point nicht nur Diagnosedaten des Fahrzeugs zur Verfügung stehen, sondern auch ein visuelles Bild des Fahrzeugs übertragen wird. Dieses Bild von einer Mikrokamera sollte in einer Brille aufgenommen werden, die der Fahrer aufsetzt (eine Variante dieser Innovationsidee zeigt Abb. 52). Es würde damit das gleiche Bild zum Service-Center übertragen, das der Fahrer sieht. Dies hat den Vorteil, dass dem Fahrer Hilfestellung zur Diagnose und Reparatur des Fahrzeugs in Echtzeit ermöglicht werden kann. Als Kommunikationstechnologien wurden beispielsweise die dritte Generation des zellularen Mobilfunks UMTS, Satellitentelefone oder das Internet angedacht. Die Entscheidungen über die genaue technische Umsetzung und die verwendeten Technologien sollte in Abhängigkeit vom zu identifizierenden Lead-Markt getroffen werden.

Eine Lead-Markt-Analyse ist für dieses Projekt sinnvoll, weil in den unterschiedlichen Ländermärkten unterschiedliche Neigungen im Hinblick auf die Nutzung von IT-Dienstleistungen und Unterschiede in Bezug auf die vorhandene Infrastruktur bestehen. So liegen die Penetrationsraten von Telekommunikationsdienstleistungen wie Tele-Arbeitsplätze, Mobiltelefonie und Internet-Dienstleistungen in den skandinavischen Ländern weit über denen in anderen Ländern Europas. Die Mobilfunksysteme oder Telekommunikationsnetze, die das Ferndiagnosesystem nutzen würde, sind von Land zu Land recht unterschiedlich in Bezug auf den verwendeten Standard, die Frequenz und die Netzabdeckung. Selbst in ländlichen Gegenden – und besonders hier scheint der Einsatz virtueller Ferndiagnose besonders wichtig – kann in Europa mobil telefoniert werden, während sich in den USA und Australien das entsprechende Netz der zellularen Mobiltelefonie noch im Aufbau befindet. In den spärlich bewohnten Gebieten dieser Länder scheint auf Dauer nur das Satellitentelefon als Mobilfunksystem in Frage zu kommen. Außerdem variieren die Preise für IT-Dienstleistungen zwischen Europa und den USA.

Es bestehen also eindeutige Hinweise auf unterschiedliche Marktumfelder, die die Ausbildung zunächst unterschiedlicher Technologiedesigns vermuten lassen. Eine erste oberflächliche Bewertung der Lead-Markt-Faktoren lässt allerdings auch erwarten, dass internationale Netzwerkvorteile vorhanden sind und ein genutztes System ein erhebliches Kostenreduktionspotenzial besitzt. Denn der Güterhandel auf der Straße ist in vielen Ländern grenzüberschreitend, was Druck auf eine internationale Standardisierung ausübt. Wie bei vielen anderen elektronischen Systemen gehen hohe Kostensenkungspotenziale von der Integration der elektronischen Komponenten aus.

5.1.2 Relevanz der Lead-Markt-Analyse für DaimlerChrysler

Ist das Lead-Markt-Konzept überhaupt relevant für die Innovationsprojekte von DaimlerChrysler? Bisher war dies bei den meisten Innovationen in der Automobilindustrie nicht der Fall. Die Nutzfahrzeugindustrie ist durch eine große Vielfalt unterschiedlicher Marktumfelder gekennzeichnet, die bisher einen weltweit standardisierten Lkw verhindert hat. Es bedarf nur eines oberflächlichen Vergleichs um festzustellen, dass US-amerikanische Trucks mit europäischen Lkw wenig gemein haben. Bei Nutzfahrzeugen ist es sogar bei den Fahrzeugkomponenten schwer, Innovationen in allen regionalen Fahrzeugmodellen durchzusetzen. Dies ist auf eine unterschiedliche gesetzliche Regulierung, unterschiedliche Straßenbedingungen und Fahrgewohnheiten, divergierende Treibstoffpreise sowie weit auseinander gehende Traditionen hinsichtlich der Ausstattung und des Designs der Lkws in den USA, Europa und Asien zurückzuführen. So wird die steuerlich relevante Fahrzeuglänge in den USA von der Ladefläche her bestimmt, während sie in Europa das gesamte Fahrzeug umfasst, was dazu führt, dass in den USA eine lange Motorhaube sich nicht nachteilig auf die zulässige Gesamtlänge auswirkt. Diese unterschiedlichen Regelungen wirken sich also auf die gesamte Fahrzeugkonstruktion aus. Nur wenige Komponenten sind damit gleichzeitig in Fahrzeugen aus den unterschiedlichen Regionen einsetzbar. Allerdings gibt es Ausnahmen. Im Bereich von Telematikkomponenten wie das Satelliten-gestützte Positionssystem GPS (Global Positioning System) entstanden nach typischen Lead-Markt-Verlaufsmustern global dominierende Innovationsdesigns. Dies ist aber genau der Bereich, in den auch das hier geplante Innovationsprojekt einzuordnen ist. Innerhalb von Industrien, deren Produkte von Markt zu Markt variieren, kann es also Komponenten geben, z. B. Elektronik, bei denen große Vorteile in der internationalen Standardisierung liegen und sich dadurch ein Produkt als global dominantes Design durchsetzt.

Ein weiterer Faktor legt die Vermutung nahe, dass das Lead-Markt-Modell im vorliegenden Fall höchst relevant ist. Der Lead-Markt für die Telematikinnovationen war bisher nicht Deutschland. Durch die Fragmentierung der Märkte und die geringe Überlappung der Fahrzeugentwicklung ist die Nutzfahrzeugsparte von DaimlerChrysler in regionale Gesellschaften aufgespaltet, die selbstständig Fahrzeuge und Komponenten entwickeln: Mercedes-Benz in Europa, Freightliner in den USA und Fuso in Japan. Diese „multi"-nationale Strategie war an sich erfolgreich. Sie hat in der Tat zu hohen Marktanteilen in allen wichtigen Regionen geführt. Traditionell ist die Markteinführung von Innovationen für Nutzfahrzeuge von Mercedes-Benz nach wie vor stark auf den europäischen und hier vor allem den deutschen Markt fokussiert. Die Entwicklung findet vollständig in Deutschland statt. Der deutsche Markt wird aufgrund seiner Größe, der qualitätsbewussten Nachfrage, des hohen Know-hows der Anwender und des Vertriebspersonals als Sprungbrett für die weiteren Märkte genutzt. Insbesondere auf dem europäischen Markt steigt dabei die in den Nutzfahrzeugen eingesetzte Komplexität der Technologie. Eine weltweite zuverlässige und hohe Qualität der Instandhaltungskapazitäten wird somit zu einem immer wichtigeren strategischen Ziel der europäischen Nutzfahrzeughersteller. Der deutsche Kunde zeichnet sich zudem besonders durch eine hohe Zahlungsbereitschaft für neue Fahrzeugtechnologien aus. Im Gegensatz hierzu ist aus der Sicht der deutschen Konzernzentrale der amerikanische und asiatische Markt weniger geneigt, diejenigen neuen Fahrzeugtechnologien nachzufragen, die sich international durchsetzen werden. Das Know-how der Anwender in Bezug auf neue Lkw-Technologien wird im Vergleich zu Europa als gering eingeschätzt. Der deutsche Markt wird nicht zuletzt deshalb als idealer Test- und Ersteinführungsmarkt für neue Fahrzeugtechnologien gesehen.

Im Gegensatz zu den vielen anderen Fahrzeugtechnologien wurde das satellitenbasierte GPS zunächst vom amerikanischen Markt angenommen, bevor es auf dem europäischen Markt Fuß fassen konnte. GPS wurde zu einem internationalen Standard, nachdem es in den USA für das geografische Flottenmanagement von Nutzfahrzeugen eingesetzt worden war. GPS bildete sich als Standard vieler heute bekannter Telematik-Anwendungen heraus und könnte ebenfalls eine Komponente des vorliegenden Innovationsvorhabens der DaimlerChrysler AG sein. Damit käme der US-amerikanische Markt als Lead-Markt in Frage. Dagegen wurde von den Projektmitarbeitern von Anfang an geäußert, dass Deutschland als Lead-Markt weniger in Frage käme. Denn die deutschen Kunden sind im Vergleich zu Kunden anderer Länder eher weniger dazu geneigt, Dienstleistungen in Anspruch zu nehmen. Generell ist der Anteil der Dienstleistungen am gesamten Bruttosozialprodukt in Deutschland im Vergleich zu anderen Ländern niedriger. Dies alles spricht also nicht dafür, dass Deutschland der optimale Ersteinführungsmarkt für eine im Fahrzeug implementierbare, telekommunikationsbasierte Dienstleistung wie die virtuelle Ferndiagnose ist. Damit konnten die Verantwortlichen der Grundsatzentwicklung des Geschäftsfeldes Nutzfahrzeuge der DaimlerChrysler AG in Deutschland leicht davon überzeugt werden, in einer Lead-Markt-Analyse einmal systematisch die Lead-Markt-Eigenschaften von Ländern für das neue Entwicklungsprojekt zu bewerten.

Das Ergebnis würde aber nicht unbedingt den Einführungsmarkt vorschreiben, sondern zunächst nur Hilfestellung bei der technischen Umsetzung der neuen Dienstleistung geben. Der angepeilte potenzielle Lead-Markt bedingt in hohem Maße das Design der neuen Technologie. Die Lead-Markt-Strategie würde vor allem dann einen Unterschied zum bisherigen Vorgehen machen, wenn bei der Analyse ein Land außerhalb von Europa als Markt mit dem höchsten Lead-Markt-Potenzial identifiziert werden würde. So bietet Europa ein dichtes Netz zellularer Mobiltelefonie, weite Teile der USA und Asiens sind hingegen nur über Satellitentelefone mobil erreichbar. Es war allerdings von Anfang an klar, dass die weltweite Unternehmensstruktur von DaimlerChrysler einer Markteinführungsstrategie entlang der Lead-Markt-Strategie enge Grenze setzen würde. Denn die weit reichende Selbstständigkeit der Tochterunternehmen in den USA und Japan würde einer Markteinführung der neuen Dienstleistung in diesen beiden Ländern und den Ländern, die diesen beiden Tochterfirmen zugeordnet sind, entgegenstehen. Für eine vollständige Umsetzung der Lead-Markt-Strategie würde es wahrscheinlich mit einer Verbesserung der internationalen Zusammenarbeit zwischen den Konzerntöchtern nicht getan sein, sondern es würde auch eine grundsätzliche Änderung der internationalen Konzernstruktur voraussetzen. Das Projektteam der DaimlerChrysler AG war aber bereit, schon zu einem frühen Zeitpunkt auf eine

Technologie für den Lead-Markt zu setzen, auch dann, wenn die Markteinführung zunächst in Europa starten würde. Das Potenzial einer weltweiten Markteinführung könnte dann im zweiten Schritt erschlossen werden. Im Folgenden wird dargestellt, wie für das Entwicklungsprojekt die Lead-Markt-Faktoren für unterschiedliche Länder bewertet und potenzielle Lead-Märkte identifiziert wurden.

5.1.3 Indikatoren der Lead-Markt-Faktoren

Die erste und wichtigste Aufgabe bei der Aufstellung eines empirischen Modells besteht in der Suche nach international vergleichbaren Daten als Indikatoren zur Abbildung der einzelnen Lead-Markt-Faktoren für alle in Frage kommenden Länder. Entsprechende Daten finden sich in einer Reihe von Datenbanken internationaler Organisationen wie der OECD, dem Internationaler Währungsfond, der Weltbank oder der Vereinten Nationen. Für einige Variablen wurden allerdings keine geeigneten Daten gefunden. In einem solchen Fall wurden Experteninterviews durchgeführt, die Einschätzungen über länderspezifische Besonderheiten entsprechender Lead-Markt-Faktoren erlauben. Wird eine Lead-Markt-Analyse wie im vorliegenden Fall in einem multinationalen Unternehmen durchgeführt, besteht meist die Möglichkeit, Experten aus den verschiedenen internationalen Niederlassungen über den jeweiligen lokalen Markt zu befragen. Dadurch wird auch verhindert, dass Informationen über das eigene Innovationsvorhaben nach außen dringen.

Die Aufstellung der Indikatoren erfolgte in mehreren Schritten. Am Anfang stand eine strukturierte Diskussion mit dem Projektteam von DaimlerChrysler. Zunächst wurden das Innovationsprojekt und die möglichen technischen Spezifikationen der neuen Dienstleistung sowie alternative technische Umsetzungen erörtert. Im zweiten Schritt wurden die verschiedenen Spezifikationen im Hinblick auf internationale Trendentwicklungen, Kostensenkungspotenziale, erwartete geeignete Ländermärkte und gegebenenfalls vorhergehende Erfahrungen bei vergleichbaren Innovationen allgemein diskutiert. Diese Informationen sind für die Aufstellung der Indikatoren wichtig, um sicherzustellen, dass alle relevanten Zusammenhänge berücksichtigt werden und dass alle Länder, die von den Teammitgliedern als Lead-Märkte eingeschätzt werden, einbezogen werden.

Tabelle 2 gibt einen Überblick über die im Rahmen des Projektes verwendeten Variablen und die Zwischenschritte zur Quantifizierung der Lead-Markt-Faktoren. Wir beginnen in der ersten Spalte mit den theoretisch hergeleiteten fünf Gruppen von Lead-Markt-Faktoren, die jeweils in eine Reihe von Unterpunkten aufgegliedert sind. In der mittleren Spalte sind diesen Faktoren bestimmte Variable zugeordnet, die im Idealfall die Eigenschaft des jeweiligen Lead-Markt-Faktors quantitativ abbilden. Diese idealen Variablen sind aber meist nicht direkt messbar, sondern müssen mit mehr oder weniger guten Maßen näherungsweise abgebildet werden. Beispielsweise wird der Lead-Markt-Faktor Wettbewerb idealerweise mit der so genannten Marktmacht oder der Profitrate und den Kosten eines Markteintritts für den jeweiligen Produktbereich bewertet.

Tabelle 2: Variablen und Indikatoren des Projektes „virtuelle Ferndiagnose"

Lead-Markt-Faktoren	Ideale Indikatoren	Verwendete Indikatoren
	Preis- und Kostenvorteile	
Preisreduktions-Potenzial	Durchschnittliche Herstellungskosten, wie sich aus der Marktgröße ergeben würden	Marktgröße Lkw Marktwachstum Lkw Call-Center-Plätze Erwartete Call Centre Plätze in 2005* Umsätze mit Telekommunikationsdiensten
Marktwachstum	Marktwachstum bei Transportdienstleistungen	Wachstum Gütertransport Gesamte Investitionen für Straßenbau
Vorlaufende Faktorkosten	Telekommunikationskosten	Kosten eines 3-Minuten-Gesprächs Festnetz Kosten eines 3-Minuten-Gesprächs Mobilfunk
	Nachfragevorsprung	
Trend	Umsatz mit Telesupport pro Kopf Umsatz mit Mobil-Kommunikation pro Kopf	Call-Center-Plätze pro Kopf Anteil Dienstleistungen am BIP Mobilfunktelefone pro Kopf
Einkommen	Durchschnittliche Umsätze von Speditionen	BIP pro Kopf
Infrastruktur	Straßendichte	Straßendichte (km/km^2)
Nutzer-Know-how	Innovationsausgaben Speditionen Anspruchsniveau Lkws	Know-how der Speditionen (Expertenbefrag.) Stückwert der importierten Lkws (5 - 20t) Stückwert der importierten Lkws (> 20t)
	Exportvorteile	
Sensibilität für globale Probleme	Einschätzung der Notwendigkeit einer Fernüberwachung von Lkw	Straßenverkehrsunfälle pro Kopf Kapitalverbrechen pro Mio. Einwohner
Exportorientierung	Exportanteil Lkw Exportanteil interaktive Telekommunikationsgeräte	Export-Import-Saldo Lkw [5-20 t] Export-Import-Saldo Lkw [>20 t] Export-Import-Saldo Mobiltelefone Export-Import-Saldo Videotelefone
Ähnlichkeit zu ausländischen Märkten	Sprachkompatibilität	Zahl der Einwohner der Länder mit der gleichen offiziellen Sprache
	Marktstrukturvorteile	
Wettbewerb	Marktmacht Marktkonzentration	Wettbewerb zw. Speditionen (Expertenbefrg,) Produktivität des Telekomsektors Marktkonzentration Lkw (Herfindahl-Index)
Markteintrittsbarrieren	Kosten des Markteintritts	Nicht verfügbar
Firmengründungen	Neugründungsrate	Nicht verfügbar
	Transfervorteile	
Risiko	Internationale Reputation von Speditionen	Nicht verfügbar
Multinationale Unternehmen	Umsatzanteil ausländischer Tochterfirmen	Auslandsproduktionsanteil heimischer Lkw Hersteller Auslandsanteil der Speditionen
Internationale Mobilität v. Nutzern	Auslandsumsatzanteil von Speditionen	Anteil Transportdienstleistungen an den Dienstleistungsexporten
Int. Aufmerksamkeit	Anteil Berichte in Publikationen des Transportsektors	Nicht verfügbar
Regierungseinfluss	Anteil staatlicher Subventionen im Transportsektor	Nicht verfügbar

* Die Lead-Markt-Analyse wurde im Jahr 2000 durchgeführt.

Da Daten für diese Konstrukte aber in der Regel nicht zu beschaffen sind, behelfen sich die Marktforscher und Kartellbehörden damit zu ermitteln, welche Marktkonzentration bei einem bestimmten Produkt herrscht. Zur Quantifizierung der Marktkonzentration nutzen wir den Herfindahl-Index. Im vorliegenden Fall wurde die Marktkonzentration in jedem Land für schwere Lkws berechnet, da das Diagnoseinstrument vor allem für diese Produktgruppe konzipiert wurde. Da der Herfindahl-Index mit der Konzentration zunimmt, der Lead-Markt-Vorteil eines Landes aber mit zunehmender Konzentration abnimmt, ist der Kehrwert des Indexes der Lead-Markt-Indikator. Zur Bestimmung des Wettbewerbsgrads bei Telekommunikationsdiensten, die einen Teil der neuen Serviceleistung erbringen würden, stand allerdings kein Konzentrationsmaß für alle zur Verfügung, Wir haben uns daher den Indikator „Produktivität des Telekomsektors" zur Messung des Wettbewerbs herangezogen, da wir annehmen, dass die Produktivität ein gutes Maß dafür ist, wie weit eine Industrie schon vom Wettbewerb getrieben wird, die gerade erst von einem Liberalisierungs- und Privatisierungstrend geprägt ist.

Um sich dem theoretischen Konstrukt des Kostenreduktionspotenzials anzunähern, wurde angenommen, dass Kostenreduzierungspotenziale vor allem von der jeweiligen Marktgröße abhängen, auch wenn diese Annahme in dieser vereinfachten Form sicher nicht immer zutrifft. Das Kostenreduktionspotenzial lässt sich dann mit Hilfe unterschiedlicher Indikatoren für die Marktgröße eines Landes bei schweren Lkws ermitteln.

Um mögliche Effekte zu erfassen, die von internationalen Trends bei den Faktorpreisen oder einer vorlaufenden Nachfrage ausgehen können, müssen zunächst internationale Trends identifiziert werden. Wenn internationalen Trends, die die Kosten oder die Nachfrage einer Innovation entscheidend beeinflussen, ermittelt werden können, müssen Indikatoren gefunden werden, die es erlauben die einzelnen Ländermärkte hinsichtlich ihrer Position innerhalb des internationalen Trends zu bewerten. Wird zum Beispiel von weltweit sinkenden Preisen eines wichtigen Einsatzfaktors ausgegangen, so führt der Ländermarkt mit den niedrigsten Kosten für diesen Einsatzfaktor den Trend an und besitzt bezüglich dieses Faktors das größte Lead-Markt-Potenzial. Im vorliegenden Fall wurden die Telekommunikationskosten als Faktorkosten verwendet, da die Kosten für die Nutzung der Ferndiagnose eine wesentliche Rolle spielen und bisher ein international fallender Trend zu beobachten war, bei dem einige Länder besonders weit fortgeschritten sind.

Nachfragevorteile gehen im vorliegenden Innovationsprojekt ebenfalls vom Telekommunikationsbereich aus, und zwar von Trends bei der Nutzung von Telekommunikationsdienstleistungen. Es werden hierbei Indikatoren benötigt, die anzeigen, wie weit ein Land bei der Nutzung von Diensten vorgeschritten ist, die der Ferndiagnose ähnlich sind oder mit ihr im direkten Zusammenhang stehen. Als Indikatoren wurden die Nutzungsintensität von Callcentern und Mobiltelefonen verwendet. Als weitere Nachfragefaktoren wurden die Liquidität der Speditionsgesellschaften, die neue Geräte für ihre Lkw-Flotte anschaffen müssen, und die Straßendichte eines Landes berücksichtig. Letztere soll den internationalen Trend des zunehmenden Transports auf der Straße im Vergleich zu Bahn oder Binnenschifffahrt abbilden. Das Know-how der Nutzer, d. h. der Speditionsunternehmen, wurde durch Befragung eines Transportexperten mittels einer Werteskala für jedes

Land erhoben. Zusätzlich wurden die Komplexität der eingesetzten Lkws und damit das Anspruchsniveau der Nachfrage durch den durchschnittlichen Preis der importierten Lkws abgebildet.

Innerhalb der Gruppe der Exportvorteile müssen drei grundsätzlich verschiedene Faktoren bewertet werden. Der Sensibilität für globale Probleme/Bedürfnisse wurde hier versucht, mit der Verbrechenshäufigkeit und der Unfallhäufigkeit näher zu kommen. Hintergrund dieser etwas eigentümlichen Wahl von Indikatoren war die Meinung des Projektteams, dass auch die Wahrscheinlichkeit eines Unfalls oder eines tätlichen Angriffs auf einen Lkw die Nachfrage nach einem Werkzeug erhöht, das es erlaubt, eine Datenkommunikationsverbindung mit einem LkW aufzubauen.

Die Exportorientierung von Ländern wird anhand der Export-Import-Relation für Lkws (getrennt nach großen und kleineren Lkws, da es hier erhebliche Unterschiede zwischen den Ländern gibt) und der Export-Import-Relation für Kommunikationsgeräte wie Video- und Mobilfunksysteme dargestellt. Für Effekte, die von der Ähnlichkeit eines Marktes mit anderen Märkten ausgehen, berücksichtigen wir im vorliegenden Fall nur die Sprachvielfalt eines Landes, denn das Diagnosesystem soll ja sprachbasiert sein. Wir gehen davon aus, dass ein System besser im Ausland ankommt, wenn es mit einer Weltsprache betrieben wird.

Die am schwersten zu bewertenden Lead-Markt-Faktoren sind sicherlich die Transfervorteile. So taten wir uns auch im vorliegenden Fall schwer, Indikatoren für die Reduzierung der Ungewissheit der Nutzer über den Nutzwert der Innovation, den staatlichen Einfluss sowie die Reputation und Aufmerksamkeit, die ein Land in der betrachteten Branche genießt, zu finden. Allein die Dominanz von multinationalen Unternehmen und die Mobilität der Nutzer, also in diesem Fall der Transportunternehmen, lassen sich hier leicht auf Grundlage der Direktinvestitionsstatistik und der Außenhandelsstatistik für Transportdienstleistungen, die von der OECD veröffentlicht werden, quantifizieren.

Insgesamt wurden damit 34 Indikatoren gefunden. Die Datenbasis umfasste die Länder, die aus Sicht der Projektteams als potenzielle Lead-Märkte in Frage kommen. Dabei handelte es sich im Wesentlichen um die in der OECD organisierten Industriestaaten. Da Firmenrepräsentanten häufig erwarten, dass optimale Einführungsmärkte nicht unbedingt zur Gruppe der OECD Staaten gehören, wurden Schwellenländer wie China, Brasilien, Argentinien, Singapur und Südafrika ebenfalls in die Analyse aufgenommen. Dadurch konnte auch vermieden werden, dass die Ergebnisse aufgrund der Auslassung der Schwellenländer in Zweifel gezogen werden können. Letztlich umfasste die Analyse 44 Länder.

5.1.4 Aggregation der Indikatoren

Um eine Rangordnung von Ländern hinsichtlich des generellen Lead-Markt-Potenzials eines Landes ableiten zu können, müssen die Werte der einzelnen Indikatoren zu einem Index zusammengefasst werden. Zunächst wurden die Items für jeden Lead-Markt-Faktor mit Hilfe der Hauptkomponentenanalyse zusammengefasst.[27] Bei einer Faktorenanalyse werden im Prinzip ein oder mehrere neue Indikatoren errechnet, die alle Indikatoren ersetzen können. Beim Innovationsprojekt „virtuelle Ferndiagnose“ lassen sich für jeden der fünf Lead-Markt-Faktoren die Indikatoren auf jeweils zwei Hauptkomponenten (Variablen) reduzieren. Um die neuen Variablen interpretieren zu können, werden meist die Indikatoren, die mit den neuen Variablen hoch korrelieren, angeschaut. Diese interpretative Zuordnung der Indikatoren zu den Hauptkomponenten kann Tabelle 3 entnommen werden. So wird etwa der Preisvorteil durch die Komponenten „Marktgröße“ und „vorauseilende Faktorkosten“ zum Ausdruck gebracht. Der Nachfragevorteil wird durch die Hauptkomponenten „Intensität der Nachfrage nach Telekommunikationsdienstleistungen“ und „Verfügbarkeit von Verkehrsinfrastruktur“ und „Anwender-Know-how im Verkehrsbereich“ abgebildet.

Der Exportvorteil lässt sich durch die zwei Hauptkomponenten „absoluter Exportvorteil“ – bestehend aus den Faktoren zur Beschreibung des absoluten Exportvorteils in unterschiedlichen Größenklassen von Nutzfahrzeugen und der absoluten Exportvorteile bei Produkten der Telekommunikation – und „interkulturelle Gemeinsamkeiten“, wie z. B. das Sprechen einer gemeinsamen Sprache, bestimmen. Der Marktstrukturvorteil wird auf die Wettbewerbsintensität im Nutzfahrzeugbau und im Bereich der Speditionen sowie die Produktivitätsentwicklung im Telekomsektor zurückgeführt. Der Transfervorteil schließlich wird durch die Aktivitäten multinationaler Unternehmen der Nutzfahrzeugproduktion und der Speditionen sowie den Anteil internationaler Transportdienstleistungen an den Transportdienstleistungen eines Landes insgesamt repräsentiert.

Tabelle 4 gibt die Werte der zehn neuen Indikatoren (Hauptkomponenten) für jedes Land wieder. Hohe, positive Werte einer jeden Hauptkomponente werden in Fettschrift gekennzeichnet, um für jede Hauptkomponente die Länder mit Lead-Markt-Vorteilen hervorzuheben. Diese Matrix wurde auch dem Projektteam von DaimlerChrysler vorgestellt, um einen Überblick über die internationale Verteilung der einzelnen Vorteile zu geben.

Bereits ein flüchtiger Blick über die Länder-Hauptkomponenten-Matrix bekräftigt den Eindruck, dass Länder ihre Vorteile häufig nicht nur bei einer Eigenschaft des Lead-Marktes allein besitzen, sondern bei mehreren Eigenschaften gleichzeitig. Lead-Markt-Vorteile treten somit nicht vereinzelt auf, sondern korrelieren positiv miteinander. In einem letzten Schritt wurden die einzelnen Faktorwerte für jedes Land zu einem Index zusammengeführt. Damit der Index nicht zu einem Artefakt der jeweils verwendeten Methode der Indexbildung wird, wurden unterschiedliche Methoden der Indexbildung eingesetzt und die daraus resultierenden Rangordnungen potenzieller Lead-Märkte miteinander verglichen:

1) Der Mittelwert über alle Faktorwerte,
2) der Mittelwert über alle Faktorwerte ohne den für ein Land jeweils größten Faktorwert,

[27] Fehlende Werte wurden durch die Mittelwerte der übrigen Werte für die anderen Länder ersetzt. Sie hatten somit keinen Einfluss auf die Streuung der jeweiligen Variablen.

Tabelle 3: Zuordnung der Items zu den Faktoren der Hauptkomponentenanalyse

	Preis/ Kosten		Nach- frage		Export		Markt- struktur		Transfer	
Indikator	Marktgröße	Faktorkosten	Trends Telekomm.	Infrastruktur/Know-how	Exportorientierung	Sensibilität, Ähnlichkeit	Wettbewerb	Marktkonzentration Lkw	Multinationale Untern.	Nutzer-Mobilität
Marktgröße Lkw	X									
Marktwachstum Lkw	X									
Call Centre Plätze 1999	X									
Call Centre Plätze 2005	X									
Umsätze mit Telekommunikationsdiensten	X									
Gütertransportvolumen	X									
Gesamte Investitionen für Straßenbau	X									
Durchschnittliche Wegebesteuerung		X								
Kosten 3-Minuten-Gespräch Festnetz		X								
Kosten 3-Minuten-Gespräch Mobilfunk		X								
Call Centre Plätze pro Kopf			X							
Anteil Dienstleistung am BIP			X							
Mobilfunktelefone pro Kopf			X							
BIP pro Kopf			X							
Know-how der Speditionen				X						
Straßendichte (km/km2)				X						
Stückwert der importierten Lkws (5 - 20t)				X						
Stückwert der importierten Lkws (> 20t)				X						
Straßenverkehrsunfälle pro Kopf					X					
Kapitalverbrechen pro Mio. Einwohner						X				
Export-Import-Saldo Lkw [5-20 t]					X					
Export-Import-Saldo Lkw [>20 t]					X					
Export-Import-Saldo Mobiltelefone					X					
Export-Import-Saldo Videotelefone					X					
Anteil der Einwohner der Länder mit der gleichen offiziellen Sprache						X				
Wettbewerb zw. Speditionen							X			
Produktivität des Telekomsektors							X			
Marktkonzentration Lkw								X		
Auslandsproduktionsanteil Lkw-Hersteller									X	
Anteil Transportdienstleistungen am Export									X	
Anteil Transportdienstleistungen an den Dienstleistungsexporten										X

Tabelle 4: Länder-Hauptkomponentenmatrix

Land	Markt-größe	Faktor-kosten	Trend Tele-kom.	Trend Infra-struktur	Export-orient.	Sensibil. Ähnlich-keit	Wett-bewerb Spedi.	Wett-bewerb Lkw	Multin. Untern.	Mobilität Nutzer
USA	**5,88**	0,12	**2,43**	-1,07	**2,19**	0,71	0,89	**1,50**	**1,07**	-0,56
Japan	**1,65**	-1,44	0,03	**1,38**	**1,96**	0,83	**1,64**	-0,24	0,10	0,56
Deutschld.	0,67	-1,18	-0,58	**1,96**	**1,66**	-0,57	0,86	0,07	**3,09**	-0,04
Schweden	-0,43	-0,62	0,47	**1,41**	**1,32**	-0,38	0,45	-1,01	**3,55**	0,65
Niederld.	-0,20	-0,42	0,52	**1,34**	0,84	-0,64	**1,22**	0,33	0,63	**1,03**
Großbritan.	0,19	-0,77	0,38	**1,06**	0,93	0,71	0,80	**1,09**	0,40	-0,39
Kanada	-0,07	0,45	**1,62**	-0,27	**1,11**	**1,52**	0,54	-0,45	0,40	-0,62
Belgien	-0,40	-1,32	0,37	**1,98**	**1,19**	0,57	0,63	0,91	0,40	-0,17
Spanien	-0,22	-0,44	-0,16	**1,41**	0,90	-0,17	0,60	**1,54**	0,40	-1,05
Norwegen	-0,53	-0,19	**1,12**	-0,35	0,06	-1,10	0,65	-0,27	0,41	**2,81**
Portugal	-0,49	0,01	-0,41	**1,10**	0,18	0,74	0,45	**1,33**	0,40	-0,86
Frankreich	0,15	-0,99	0,19	**1,17**	**1,14**	-1,22	0,65	0,58	0,84	-0,33
Österreich	-0,53	-1,03	0,33	**1,11**	**1,03**	0,57	0,96	0,47	0,40	-1,23
Irland	-0,42	-0,64	0,49	0,34	-0,29	0,85	0,51	0,83	0,40	-0,51
Italien	0,10	-2,35	0,27	**1,02**	**1,27**	-0,91	0,89	0,22	**1,12**	-0,38
Südafrika	-0,35	0,16	-1,01	0,15	-0,48	**3,73**	-0,97	-0,11	-0,12	0,15
Island	-0,16	0,48	0,37	-0,02	-0,65	0,07	-0,08	0,12	-0,18	**1,18**
Schweiz	-0,52	-1,16	0,48	0,62	0,70	-0,45	**1,77**	0,12	0,40	-1,47
Luxemburg	-0,14	-1,04	**1,53**	-0,84	-0,31	-0,27	**1,20**	0,49	-0,18	-0,02
Dänemark	-0,56	-0,94	**1,51**	-0,80	0,00	-1,14	0,84	-0,27	0,41	**1,35**
Korea	-0,04	0,96	-0,59	-0,55	**1,87**	-0,90	-0,26	-0,35	-1,15	**1,24**
Taiwan	-0,38	**2,75**	0,33	-1,29	-0,31	-0,29	-0,04	-0,71	-0,18	-0,02
Finnland	-0,54	-0,49	0,52	0,35	0,32	-1,32	0,56	-0,32	0,40	0,17
Hongkong	-0,25	0,17	**1,09**	0,09	-0,69	**1,21**	0,02	-2,07	-0,18	-0,02
Australien	0,31	-0,45	**1,78**	-0,80	-0,75	**1,12**	-0,01	-0,97	-1,15	0,28
…(einige Länder werden nicht ausgewiesen)					…	…	…	…	…	…
China	0,90	**2,41**	-1,75	0,30	0,12	-1,14	-1,18	-1,33	-0,64	-0,85
Bolivien	-0,14	-0,08	-0,59	-1,62	-0,72	0,69	-1,37	-0,09	-0,11	0,84
Polen	-0,37	-0,10	-1,19	0,11	-1,19	-0,68	-1,14	1,24	-1,15	0,76
Rumänien	-0,28	0,30	-1,25	-0,14	-1,34	-0,76	-1,29	**1,30**	-1,15	0,75
Bulgarien	-0,29	0,71	-0,33	-1,60	-1,29	-0,67	-1,29	**1,30**	-1,15	0,61
Russland	0,13	-0,86	-1,14	-0,75	-0,83	-0,61	-1,28	**1,30**	-1,15	0,60
Türkei	-0,28	0,63	-1,27	0,43	-1,17	-0,63	-1,17	0,17	-1,16	-1,15
Ungarn	-0,58	0,00	-0,54	-0,96	-0,89	-0,27	-1,00	**1,19**	-1,16	-1,58
Indien	0,10	0,95	-1,46	-1,04	-1,01	-0,68	-2,32	-1,10	-1,15	0,00
Indonesien	0,06	1,61	-1,39	-0,96	-1,11	-0,96	-2,00	-0,88	-1,16	-2,10

3) der Mittelwert über alle Faktorwerte ohne die zwei für ein Land jeweils größten Faktorwerte,
4) der Median der Faktorwerte eines Landes,
5) die Anzahl der Top-10-Platzierungen der Faktorwerte eines Landes und
6) die Anzahl der Platzierungen eines Landes unter den 10 schlechtesten Faktorwerten einer Hauptkomponente.

Die Ergebnisse der einzelnen Rangordnungen zeigen sich allerdings vergleichsweise robust gegenüber der jeweils gewählten Methode der Indexbildung. Obwohl an dieser Stelle keine der Methoden der Index- und Rankingmethoden als optimal bezeichnet werden kann, erscheint der arithmetische Mittelwert der Werte der einzelnen Faktoren durchaus als geeignet, um ein Land als Lead-Markt zu identifizieren.

Abbildung 53 stellt das Lead-Markt-Potenzial für die 12 führenden Länder in aufsteigender Rangfolge dar. Als eine Art Sensitivitätsanalyse sind zur Kontrolle die Mittelwerte angegeben, die entstehen, wenn zum einen der für jedes Land jeweils höchste Wert der Hauptkomponenten und zum anderen die zwei höchsten Werte nicht miteinbezogen werden. In zwei Fällen sind die USA das Land mit dem höchsten Lead-Markt-Potenzial. Es folgen Deutschland, Japan und weitere europäischen Länder. Erst wenn die zwei größten Werte entfernt werden, steigen Großbritannien und die Niederlande zu den führenden Ländern auf. Die Größe der Ländermärkte scheint hier zwar einen deutlichen Einfluss auf die Rangfolge auszuüben, trotzdem weisen die USA auch bei den anderen Faktoren überdurchschnittliche Werte aus, so dass man die USA hier getrost als den potenziellen Lead-Markt bezeichnen kann.

5.1.5 Konsequenzen aus der Lead-Markt-Analyse[28]

Das Wissen über die Existenz eines Lead-Marktes bzw. der Lead-Markt-Potenziale einzelner Länder können sich Unternehmen im Rahmen der Entwicklung und Ersteinführung von Innovationen strategisch zunutze machen. Zunächst einmal besteht die Aufgabe darin, die technische Spezifikation des Innovationsprojektes zu identifizieren, die von den Kunden im Lead-Markt bevorzugt wird, oder umgekehrt zu prüfen, ob das bisher favorisierte Design im potenziellen Lead-Markt Chancen hätte. Im vorliegenden Ferndiagnoseprojekt wurden viele der vorläufigen Ideen durch diese Gegenüberstellung verworfen. Denn an die USA hatte man zunächst nicht gedacht. Dies lag zum großen Teil daran, dass im US-Markt die Mercedes-Benz-Sparte der Lkws nicht relevant war, weil die amerikanische Tochterfirma von DaimlerChrysler für diesen Markt die Verantwortung trägt und selbstständig mit eigenen Lkw-Modellen beliefert, und das mit großem Erfolg.

Zu Beginn der Zusammenarbeit mit dem Projektteam „virtuelle Ferndiagnose“ von DaimlerChrysler wurde die Vermutung geäußert, diese Serviceinnovation

---

[28] Siehe hierzu auch den Bericht des Projektleiters Dr. Kokes von DaimlerChrysler (Kokes 2002).

Abb. 53: Lead-Markt-Potenzial der virtuellen Ferndiagnose

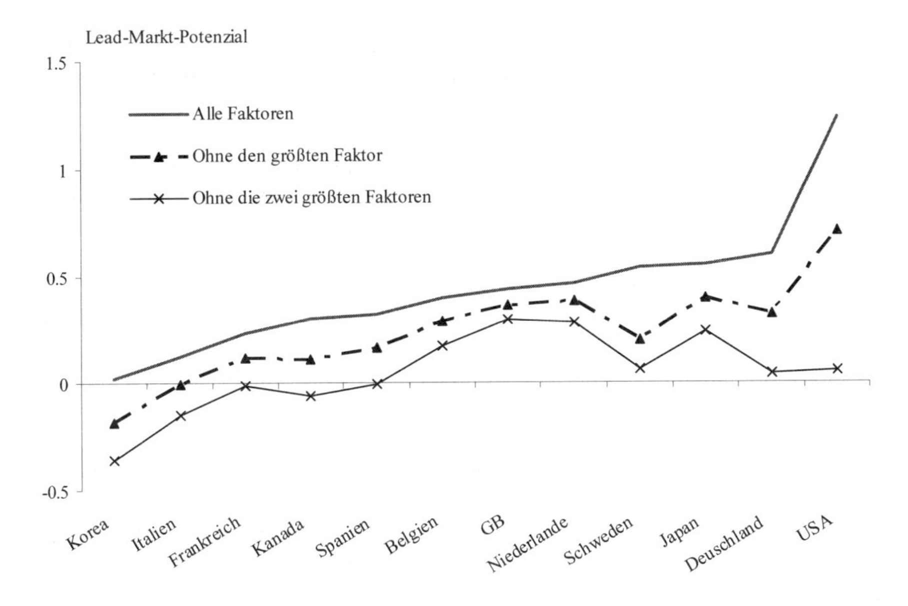

würde vor allem in den Ländern mit niedriger Dichte an Inspektions- und Instandhaltungsinfrastruktur nachgefragt wie Australien oder Südafrika. Die Lead-Markt-Methode konnte somit nicht die Erwartungen der Ingenieure von DaimlerChrysler bestätigen, sondern erbrachte ein Ergebnis, das man aus firmenspezifischen Gründen von vornherein ausschloss.

Die eigenen Annahmen über potenzielle Lead-Märkte basierten zudem auf bestimmten Landesmerkmalen, die zwar auch zu den Lead-Markt-Eigenschaften gehören, aber eben nur einen Teil des Lead-Marktes ausmachen. Andere Kennzeichen kommen hinzu und müssen mit bewertet werden. Nach Präsentation der Ergebnisse konnten die Projektverantwortlichen deshalb von den Ergebnissen der Lead-Markt-Methode überzeugt werden. Der ursprünglich geplante technologische Entwicklungspfad wurde verändert und dem potenziellen Lead-Markt angepasst. In diesem Fall wurde zunächst eine Diagnoseeinheit in einem Laptop für die Service-Werkstätten eingeführt, die eine drahtlose Datenübertragung via Internetzugang zu einem viel komplexeren Diagnosecomputer in einer Zentrale ermöglichte. Einführungsmarkt war immer noch Deutschland, aber die Marktbedingungen in den USA wurden jetzt stärker berücksichtigt. Und die deuteten auf eine klare Präferenz für das Internet und einen Laptop als Informationsverarbeitungsmedium und Datenübertragungskanal hin. Auf diesem technologischen Entwicklungspfad wird man sich der ursprünglichen Idee einer Ferndiagnoseeinheit im Fahrzeug weiter nähern können.

In letzter Konsequenz läuft das Lead-Markt-Konzept auf die Entwicklung und Einführung der Innovationen im Lead-Markt heraus. Dies würde im vorliegenden

Fall allerdings eine erhebliche Reorganisation des Konzerns erfordern. Denn noch ist die amerikanische Tochtergesellschaft unabhängig und es gibt keine Zusammenarbeit bei Entwicklungsprojekten. Idealerweise müsste ermöglicht werden, dass jede Tochterfirma mit Entwicklungskapazitäten die Entwicklungsverantwortung für ein bestimmtes Innovationsprojekt von einem anderen Teil des Konzerns übernehmen kann. Das ist natürlich nicht nur mit organisatorischen Veränderungen verbunden, sondern es berührt auch die Motivation der Mitarbeiter, neue Projektideen hervorzubringen. Denn die Einheit, die zuerst die Innovationsidee gehabt hat, müsste sie an ein Team im Lead-Markt abgeben. Bevor die Rahmenbedingungen für eine solche Neuausrichtung eines Konzerns gesetzt sind, kann die Lead-Markt-Analyse immerhin wertvolle Hinweise zu der Gestaltung der Innovation machen, die dessen internationale Erfolgschancen erhöht. Selbst wenn keine internationalen Ambitionen bestehen, dann kann die Lead-Markt Ausrichtung einer Innovation zumindest die Langfristigkeit eines Erfolgs im inländischen Markt sichern. Denn mit der Lead-Markt Ausrichtung ist eine Innovation gut gerüstet gegen Innovationen aus dem Lead-Markt.

Bei der Prognose eines Lead-Marktes gehen wir davon aus, dass das Land mit dem größten Lead-Markt-Potenzial auch die größte Wahrscheinlichkeit besitzt, tatsächlich ein Lead-Markt zu werden. Das bedeutet aber, dass sich – mit einer geringeren Wahrscheinlichkeit – auch Länder mit niedrigerem Lead-Markt-Potenzial zu Lead-Märkten entwickeln können. Ungeachtet möglicher Fehler in der Datenbasis der Lead-Markt-Analyse bleibt also Vorsicht bei der Anwendung der Methode geboten. Beim Beispiel der "virtuellen Ferndiagnose" beziehen die Vereinigten Staaten einen Großteil ihres Lead-Markt-Potenzials aus ihrer Marktgröße. Sensitivitätsanalysen hinsichtlich der gewählten Indexierungsmethode verstehen sich in einem solchen Fall von selbst. Es erscheint deshalb sinnvoll, nicht alleine das Land mit dem größten Lead-Markt-Potenzial zu betrachten, sondern ebenfalls die Ländermärkte auf den folgenden Plätzen. Idealerweise würde ein Innovationsdesign den Präferenzen aller dieser Märkte entsprechen. Es obliegt den Entscheidungsträgern in den Unternehmen – bei gegebenen finanziellen Ressourcen – Marktpräferenzen von Märkten mit hohen Lead-Markt-Eigenschaften zu berücksichtigen.

5.2 Fallstudie: Automatisch geführte Lastkraftwagen

5.2.1 Beschreibung des Innovationsprojektes

DaimlerChrysler hatte die Idee, einen Serienlastkraftwagen für spezielle Einsätze in Werksanlagen und auf der Straße zu automatisieren. Vollautomatisierte Fahrzeuge sind im Raum bewegliche Transportmittel, die ohne Fahrer und ohne Fernbedienung eines Fahrers gesteuert werden. Sie finden selbstständig mittels verschiedener Navigationssysteme zu einem vorgegebenen Ziel. Sie werden in der Fachsprache als Automated Guided Vehicles (AGV) bezeichnet. Die Führung

Abb. 54: Fahrzeugausrüstung eines automatisierten Lkw und mögliche Führungssysteme

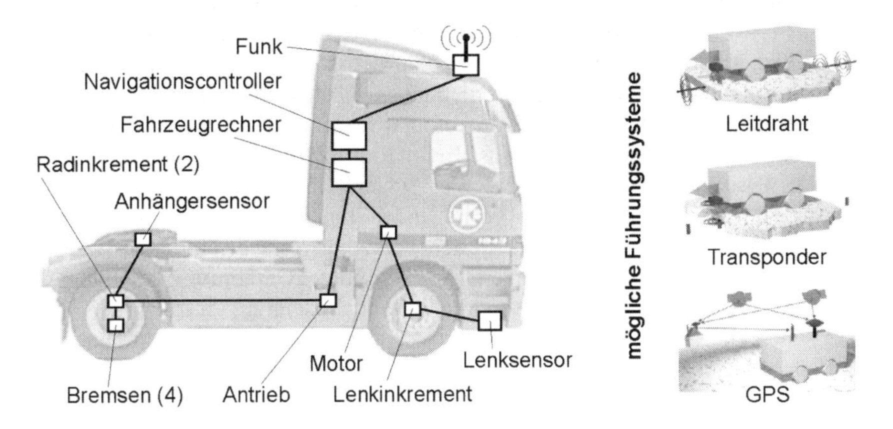

Quelle: Foxit GmbH

kann auf vielfache Weise erfolgen, z. B. über Induktionsschleifen, Leitdrähte, GPS, Infrarot- oder Radioverbindungen. Als mobile Roboter wurden sie zuerst innerhalb von Fertigungshallen oder Fabrikanlagen als Transporter eingesetzt. Die ersten Entwicklungen erfolgten bereits in den 1960er Jahren. Breiter angewendet werden sie seit den 1980er Jahren, insbesondere in Werkshallen als Transporter von Material- und Halbfertigteilen. In dem Entwicklungspfad von automatisierten Fahrzeugen sind verschiedene Nutzerkreise zu beobachten oder zu erwarten. Vor allem Automobilhersteller nutzen AGVs seit längerem zum Transport von Material und Halbfertigerzeugnissen innerhalb von Montagehallen und Lagern. Die Neuheit des vorliegenden Innovationsprojektes ist nicht so sehr die Technik, sondern die Automatisierung eines normalen Lkws für den flexiblen Einsatz in allen Orten, an denen ein Lkw zum Einsatz kommt. Der automatisierte Serienlastkraftwagen stellt eine Alternative zum spezialisierten Transportfahrzeug (AGV) dar, wie es in Fertigungshallen oder in Häfen verwendet wird. Der Vorteil der spezialisierten AGVs ist, dass sie einer speziellen Umgebung angepasst sind, z. B. durch Breite, Aufbautenhöhe, Leistung und Ladefläche. Abbildung 54 zeigt die Schemazeichnung des Innovationsprojekts und drei mögliche technische Optionen der Führung, über die erst in einer späteren Entwicklungsphase oder sogar erst in der Erprobungsphase entschieden werden soll.

Der erste Schritt wäre der Einsatz auf dem Firmengelände oder einem abgesperrten privaten Gebiet, z. B. in einem Tagebau, einem Hafen, Flughafen oder in Nuklearanlagen. Automatisierte Fahrzeuge werden schon in einigen dieser Einrichtungen genutzt. Es handelt sich dabei um speziell entwickelte Fahrzeuge, die auf bestimmte Tätigkeiten ausgerichtet sind. In diesen privaten Einsatzorten werden AGVs gewöhnlich in ein Steuerungssystem eingebettet. Sie agieren also nicht unabhängig von anderen Maschinen. In den USA und Kanada werden automatisierte Fahrzeuge auch für autonome Einsätze entwickelt, so für militärspezifische

Aufgaben, z. B. zum Minenräumen, und bei der Weltraumbehörde NASA. Bei diesen bisherigen Einsätzen kommt es vor allem auf Präzision und Sicherheit an. Automatisierte Fahrzeuge werden dort außerhalb von Werkshallen verwendet, wo z. B. die Sicherheit von Fahrzeugführern gefährdet ist oder wo die Präzision von Fahrzeugbewegungen sichergestellt werden muss. Kosteneffizienz spielt eher eine untergeordnete Rolle. Das Problem von automatisierten Fahrzeugen ist das Versicherungsrisiko eines Personenschadens. Beim Einsatz innerhalb von Werksanlagen ist das Risiko von Fehlern auf das Werksgelände begrenzt, wo nur geschulte Werksangehörige tätig sind. Beim vorliegenden Innovationsprojekt wird allerdings auch der Einsatz von automatisierten Fahrzeugen im öffentlichen Bereich angepeilt, z. B. auf öffentlichen Straßen. Hier kommt die Gefährdung von unbeteiligten Verkehrsteilnehmern als besondere Rahmenbedingung hinzu. Auch hier gibt es schon Beispiele, wie die U-Bahn in verschiedenen Städten, Reinigungsroboter in der Pariser U-Bahn, Ernteroboter und Roboter für behinderte Personen.

Es ist zu erwarten, dass automatisierte Serien-Lkws zunächst innerhalb abgeschlossner Areale und integriert in einem automatisierten System mit festen räumlichen Grenzen mit anderen Transportfahrzeugen, Robotern, Kränen und Staplern eingesetzt werden, die von einer zentralen Steuerung gelenkt werden. Der nächste Schritt ist der bivalente Einsatz im intermodalen Verkehr. Bei diesem Einsatz ist der öffentliche Straßenverkehr mit einbezogen. Die Rolle eines führenden Anwenders könnten neben anderen Einsatzszenarien Containerhäfen spielen, die zum Teil schon einen hohen Grad an Automatisierung des Umschlagsprozesses aufweisen. Die Transportfahrzeuge können in diesem Kontext über eine Navigationselektronik gesteuert werden. Der bivalente Bereich stellt zusätzliche Akzeptanzanforderungen gegenüber dem abgeschlossenen, privaten Bereich. Für beide Einsatzbereiche können somit auch unterschiedliche Bestimmungsfaktoren gelten, d. h. der Lead-Markt kann für beide Bereiche unterschiedlich sein. Der Lead-Markt für den Einsatz von automatisierten Serien-Lkws auf geschlossenen Arealen muss also nicht dem Lead-Markt für den bivalenten Einsatz, d. h. inklusive dem öffentlichen Verkehr, entsprechen. Es macht daher Sinn, diese beiden Einsatzbereiche zunächst in der Analyse des Lead-Markt-Potenzials zu trennen. In der Tat wird die Analyse zeigen, dass die potenziell führenden Anwender von AGVs nicht in den potenziellen Lead-Märkten für den breiten Einsatz im öffentlichen Verkehr liegen.

5.2.2 Relevanz des Lead-Markt-Konzeptes

Zunächst muss man sich die Frage stellen, ob es überhaupt zu erwarten ist, dass es einen Lead-Markt gibt. Dazu ist es oft sinnvoll, nach dem Lead-Markt für vergleichbare Innovationen zu suchen. Da AGVs mit Robotern viel gemein haben, scheint es sinnvoll, auf das Roboter-Beispiel aus dem zweiten Kapitel zurückzublicken. In den 1980er Jahren wurden Roboter als die dominierende Innovation der Zukunft angesehen (Freeman, Soete 1997). Diese Vision hat sich allerdings nicht erfüllt. In den 1990er Jahren werden noch immer die meisten Roboter wie zum Beginn der Automation als Schweißroboter in der Automobilindustrie eingesetzt. Andere Applikationen von Robotern werden nur langsam erschlossen. Oder man kehrt sogar wieder zur manuellen Steuerung zurück. Dienstleistungsroboter befinden sich noch immer in der Erprobungsphase oder sie werden nur in Nischenbereichen eingesetzt, und das mit sehr reduzierter Funktionalität. Wie schon weiter oben in den Beispielen dargestellt, führt Japan international beim Einsatz von Robotern. Der wirklich durchschlagende internationale Erfolg blieb jedoch aus, da die tatsächlichen Innovationspotenziale der 1980er und 1990er Jahre in der Informations- und Kommunikationstechnik lagen. Auf diesem Technologiepfad dominieren die USA. Allerdings führt Japan noch immer den Trend bei Automation und „Roboterisierung“ an. Neue spielerische Bereiche werden von japanischen Unternehmen mit langem Atem konsequent weiterverfolgt, so z B. Honda mit dem menschenähnlichen „Humanoid Roboter Asimov“ und Sony mit dem Spielzeughund Aibo. In der Tat gibt es viele Projekte in Japan, die testen, ob verschiedene Bereiche außerhalb von Werkshallen automatisiert werden können, z. B. die Landwirtschaft und die Bauindustrie. Auf den ersten Blick befindet sich also Japan an der Front der Fahrzeugautomation. Diese These soll nun in einer empirisch-statistischen Analyse auf Basis des Lead-Markt-Konzeptes überprüft werden.

Zunächst sollen allerdings noch die Existenzbedingungen eines Lead-Marktes für das vorliegende Innovationsprojekt diskutiert werden. Von der Angebotsseite her ist sicherzustellen, dass kein Land über einen so großen technischen Vorsprung oder Patentschutz verfügt, dass sich die dort entwickelten Innovationen allein durch ihren technischen Entwicklungsstand international durchsetzen und nicht wegen besonderer Eigenschaften des lokalen Marktes. Im Falle der automatisierten Fahrzeuge kommt man schnell zur Überzeugung, dass diese Bedingung für einen Lead-Markt erfüllt ist. So kommt z. B. das Japanische Technology Evaluation Centre (JTEC 1993) zum Ergebnis, dass zwischen Japan, den USA und Europa bei den Handhabungstechnologien, zu denen Roboter und AGVs gehören, keine technologische Lücke besteht. Es ist auch klar, dass einerseits die Bedingungen für den Einsatz von automatisierten Lkws von Land zu Land unterschiedlich sind und dass andererseits unterschiedliche Techniken, z. B. für die Navigation bevorzugt werden würden. Denn die Länder unterscheiden sich klar in dem Grad der Automatisierung und in der Einstellung gegenüber automatisierten Gebrauchsgegenständen. Die Lohnkosten sind ein wichtiger Kostenfaktor der Automatisierung und gleichzeitig der Faktor, der international am stärksten variiert. Ferner konkurrieren unterschiedliche Technologien bei der automatisierten Führung von Fahrzeugen, z. B. Funksteuerung, Satellitenpositionierung, Infrarot und Induktionsschleifen. Die Wahl der besten Technologie ist gerade hierbei von der Infrastruktur und anderen Umweltbedingungen abhängig. Es ist also zu erwarten, dass von Land zu Land unterschiedliche Systeme favorisiert werden.

Innerhalb der technischen Möglichkeiten ist zu entscheiden, ob das Navigationssystem

- in ein größeres System eingebettet ist und zentral gesteuert wird oder als autonome Einheit agiert und mit anderen Einheiten auf die eine oder andere Art kommuniziert,
- eine bestehende Infrastruktur (z. B. Mobilfunknetze) nutzen kann,

- daraufhin optimiert wird, die menschliche Arbeit zu substituieren oder die Qualität, Präzision oder Effizienz zu erhöhen, und
- eine einzige häufig zu wiederholende Routineaufgabe zu übernehmen ist oder ob das System flexibel einsetzbar sein soll.

Gleichzeitig ist zu erwarten, dass von dem hohen Anteil an Elektronik ein erhebliches Kostenreduktionspotenzial ausgeht. Ferner gehen von Infrastrukturmaßnahmen zum Führen der Fahrzeuge auf öffentlichen Straßen Größenvorteile und Netzwerkeffekte aus. Beides übt einen Standardisierungsdruck aus, der sich auch international auswirken kann. Die hohe Bedeutung von Zuverlässigkeit und das Gefährdungspotenzial anderer Verkehrsteilnehmer wirken ebenfalls in Richtung einer Standardisierung. All dies spricht gegen das dauerhafte Nebeneinander von unterschiedlichen Technologien von Land zu Land. Im Gegensatz zum Lkw-Design allgemein, das noch immer von großen Unterschieden innerhalb der Triade gekennzeichnet ist, ist es bei der Informationselektronik regelmäßig zu einer weltweiten Konvergenz der Technologien gekommen, wie es gerade auch bei der Navigationshilfe GPS zu beobachten war.

Eine Analyse des Lead-Markt-Potenzials der relevanten Ländermärkte ist mithin eine wichtige Methode zur Früherkennung der Technologie, die eine höhere Wahrscheinlichkeit besitzt, sich international durchzusetzen, nämlich derjenigen Technik, die in den Ländern präferiert wird, die ein hohes Lead-Markt-Potenzial besitzen.

5.2.3 Indikatoren für die Lead-Markt-Faktoren

Wir wenden zunächst die gleiche Methode an wie schon beim ersten Beispiel, wollen aber auch auf einige zusätzliche Fragestellungen näher eingehen. Denn wie wir bereits gesehen haben, ist der Einsatzort der Innovation des automatisierten Lkw vielfältiger oder breiter gesteckt als beim Innovationsprojekt der virtuellen Ferndiagnose. Zunächst werden Indikatoren spezifiziert, die die Lead-Markt-Faktoren für das vorliegende Innovationsprojekt abbilden und quantifizieren können. Die Auswahl von Indikatoren wurde wiederum zusammen mit den Mitarbeitern des Innovationsprojektes durchgeführt. Zunächst geht es also wieder darum, „ideale" Indikatoren zu spezifizieren, ohne auf die Verfügbarkeit von Daten im internationalen Vergleich zu achten. Um zu den idealen Variablen zu kommen, ist zu fragen:

- Welche Trends stehen hinter der Adoption von automatisierten Fahrzeugen?
- Welche Preise beeinflussen die Adoptionsentscheidung?
- Wodurch drückt sich die Exportorientierung der Hersteller von Automatisierungselektronik und Fahrzeugen aus?
- Welche Risiken der Adoption gibt es und welche Indikatoren könnten das Risiko abbilden?
- Wie drückt sich die Reputation eines Landes aus?

- Welche Faktoren sind kennzeichnend für den Wettbewerb innerhalb der Industrie automatisierter Fahrzeuge?

Nachdem diese inhaltlichen Fragen geklärt wurden, begibt man sich auf die Suche nach Daten, die diese Indikatoren annähernd abbilden. Da sich der Anwendungskreis des Innovationsprojektes auf mehrere Einsatzgebiete erstreckt und wir nicht wissen, welcher Einsatzbereich eine führende Rolle bei automatisierten Lkws spielen wird, verwenden wir bei der Marktgröße Indikatoren für eine Reihe von möglichen Einsatzfeldern, z. B. Flughäfen, Häfen und Straßen. Durch die anschließende Faktoranalyse wird gewissermaßen der Durchschnitt aus allen diesen Märkten gebildet. Bei den Faktorkosten sollten die Lohnkosten wie auch die Arbeitslosenrate eine Rolle spielen, denn in einigen Ländern wie z. B. Japan wird die Automatisierung auch wegen des knappen Angebots an Arbeitskräften vorangetrieben.

Als Trend wird die Anzahl von Lkws und Bussen pro Straßenkilometer, also die Verkehrsdichte, herangezogen, da die Automatisierung z. B. auf öffentlichen Straßen unter Umständen auch das Fahren in Kolonnen ermöglichen soll. Ferner sollen der Grad der Automation im verarbeitenden Gewerbe und die Alterung der Gesellschaft als allgemeine Trendmaße für die Automatisierung eines Landes verwendet werden. Bei letztem nehmen wir an, dass eine im Durchschnitt ältere Gesellschaft einen größeren Bedarf für automatisierte Dienstleistungen im öffentlichen Bereich hat. Die Fortgeschrittenheit der Nutzer wird wiederum durch die durchschnittlichen Stückpreise für Transportfahrzeuge und Roboter abgebildet. Die Stückpreise deuten auf eine Nachfrage nach teureren also höherwertigen Fahrzeugen und Robotern hin.

Auch bei der Exportorientierung beziehen wir uns auf Roboter und Transportfahrzeuge, ziehen aber auch Exporte von Automatisierungssystemen mit ein, denn dies zeigt die Exportorientierung der Automatisierungsbranche an. Die Wettbewerbsintensität messen wir über die Marktkonzentration bei Lkws und den Grad der Privatisierung von Häfen, die in vielen Ländern noch staatlich geführt werden, in einigen aber schon in private Gesellschaften umgewandelt wurden. Dahinter steht die Erfahrung, dass z. B. private Häfen stärker in effiziente Technologien investieren als staatliche. Der Anteil staatlicher Angestellter ist ein allgemeines Maß für den Privatisierungsgrad der Wirtschaft. Wiederum wurden für die Transfervorteile nur wenige Indikatoren verwendet. Der Grad der Auslandsproduktion von heimischen Lkw-Herstellern und der Anteil von Transportdienstleistungen an den Dienstleistungsexporten.

Im vorliegenden Fall wurde nur ein eingeschränkter Länderkreis von 30 Ländern berücksichtigt, und zwar die OECD-Länder, für die viele Daten und Indikatoren vorliegen und ausgewählte Länder, die von den Projektmitarbeitern als mögliche Lead-Markt-Kandidaten genannt wurden. Es ist wichtig, diese Länder zu berücksichtigen, da die Akzeptanz des Ergebnisses gering ist, wenn die Erwartungen der Projektbeteiligten an das Land mit dem potenziell höchsten Lead-Markt nicht überprüft wird, sondern von vornherein disqualifiziert wird.

5.2.4 Aggregation der Indikatoren

Die Faktorenanalyse ist dazu geeignet, die Reihe der Indikatoren auf wenige Faktoren zu reduzieren. Es werden alle Indikatoren eines Lead-Markt-Faktors, die in die gleiche Richtung weisen, zu einer Hauptkomponente zusammengefasst. In der Regel lassen sich die Indikatoren eines Lead-Markt-Faktors zu einem bis drei Hauptkomponenten zusammenfassen. Ein Faktor lässt sich nicht immer auf einen Wert zusammenfassen, da ein Vorteil auf verschiedene Phänomene zurückgehen kann, die bei jedem Land höchst unterschiedlich ausfallen können. Als Ergebnis der Faktorenanalyse erhalten wir acht Hauptkomponenten, drei für den Nachfragevorteil, zwei für den Kostenvorteil und jeweils einen für die drei restlichen Lead-Markt-Faktoren. Die Hauptkomponenten lassen sich in der Regel auch interpretieren. Tabelle 5 zeigt die schwerpunktmäßige Zuordnung der Indikatoren zu den Hauptkomponenten.

Der Preisvorteil ergibt drei Hauptkomponenten, die schwerpunktmäßig die Faktoren Marktgröße, Arbeitsangebotsengpass und Lohnkosten darstellen. Wir beziehen also drei Effekte ein, die den gesamten Preisvorteil der Innovation beeinflussen oder den Druck in Richtung Automation verstärken können. Arbeitslosigkeit und Löhne sind dabei nicht hoch korrelierend, sonst hätte man sie in einer Hauptkomponente zusammenfassen können. In der Tat ist eine geringe Arbeitslosigkeit in einem Land nicht immer mit hohen Löhnen verbunden und ein großes freies Arbeitsangebot nicht immer mit geringen Löhnen – wie man es rein ökonomisch eigentlich erwarten könnte.

Der Nachfragevorteil wird hier mit zwei Hauptkomponenten dargestellt, einem Faktor, der als Verkehrsdichte, und einem Faktor, der als Automationsgrad eines Landes interpretiert werden kann. Die Indikatoren der drei anderen Lead-Markt-Faktoren können jeweils zu einer Komponente zusammengefasst werden. Insgesamt lassen sich die 29 Indikatoren also zu acht Hauptfaktoren zusammenfassen.

Das Zwischenergebnis ist eine Matrix aus Werten, so genannten Faktorladungen, für die acht Hauptkomponenten und 30 Länder. Die Faktorladungen stellen einen (oder mehrere) Messwert(e) für jeden Lead-Markt-Faktor dar. In Tabelle 6 sind die Länder schon nach dem arithmetischen Durchschnitt der Faktorwerte geordnet, angefangen mit dem höchsten Wert. Das Lead-Markt-Potenzial eines Landes wird hier also wieder einfach durch Mittelwertbildung aller Hauptkomponenten gebildet. Die Aggregation der Lead-Markt-Faktorenwerte zu einem Wert ermöglicht ein Ranking der Länder nach dem Lead-Markt-Potenzial. Um die Sensibilität des Rankings gegenüber einzelnen Messwerten zu kontrollieren, wird das Ergebnis mit den Rankings verglichen, die mit verschiedenen anderen Methoden zur Aggregation der Werte zustande kommen. Wenn ein Land nur wegen eines einzigen Lead-Markt-Faktors oder einer Komponente als potenzieller Lead-Markt ausgewiesen wird, dann ist das Ergebnis nicht robust. Dies wird bei den anderen Rankings sichtbar, denn mit den anderen Methoden zur Aggregation würde dieses Land dann nicht mehr an vorderster Stelle auftauchen.

Tabelle 5: Zuordnung der Indikatoren zu Hauptkomponenten der Lead-Markt-Faktoren

	Kosten			Nachfrage		Export	Markt-struktur	Transfer
Item	Marktgröße	Vorlaufende Faktorkosten I	Vorlaufende Faktorkosten II	Trend in Verkehrsdichte	Nutzer-Know-how	Exportorientierung	Wettbewerb/Staatseinfluss	Multinationale Unternehmen
Luftfrachtaufkommen	X							
Frachtwachstum	X							
Containerumschlag	X							
Straßentransport	X							
Anzahl Busse	X							
Anzahl Lkws und Kleintransporter	X							
Verkehrsvolumen Busse	X							
Verkehrsvolumen Lkw	X							
Gesamte Kfz-Steuereinnahmen		X						
Stückwert Roboter-Importe		X						
Arbeitslosigkeit		X						
Trend-Arbeitslosigkeit		X						
Durchschnittlicher Stundenlohn			X					
Busse pro Straßenkilometer				X				
Anzahl Lkws pro Straßenkilometer				X				
Roboter pro 100 Industriebeschäftigte					X			
Stückwert Transportfahrzeug-Importe					X			
Anteil Einwohner über 65					X			
Exporte von Robotern						X		
Exporte von Robotern im Verhältnis zum Bestand						X		
Export-Import-Verhältnis Transportfahrzeuge						X		
Export-Import-Verhältnis Automatisierungstechnik						X		
Export-Import-Verhältnis Roboter						X		
Exporte Transportfahrzeuge						X		
Hafen-Privatisierungsgrad							X	
Anteil öffentlich Beschäftigter							X	
Marktkonzentration Lkw (Herfindahl-I.)							X	
Auslandsanteil Produktion heim. Lkw Hersteller								X
Anteil Transportdienstleistungen am gesamten Dienstleistungsexport								X

Tabelle 6: Faktorladungen der einzelnen Lead-Markt-Faktoren nach Ländern

Land	Kosten			Nachfrage		Export	Transfer	Markt-struktur
	Marktgröße	Arbeits-losigkeit	Lohn-kosten	Verkehrs-dichte	Roboter			
Japan	**1,84**	-0,04	0,53	0,17	**1,88**	**3,18**	0,44	**1,05**
Deutschland	0,34	-1,01	**1,78**	-0,41	**1,08**	**1,19**	**2,23**	0,27
USA	**4,64**	0,17	0,36	-0,12	0,13	**1,00**	0,07	**1,45**
Hongkong	-0,02	**1,53**	-1,45	**4,68**	-1,46	-1,15	-0,26	0,93
Schweden	-0,68	-1,28	0,92	-0,51	**2,38**	0,67	**3,13**	-2,05
GB	0,64	-0,53	-0,02	-0,25	0,66	0,41	-0,40	**1,89**
Niederlande	-0,30	0,52	0,69	-0,38	-0,24	0,37	0,82	0,67
Italien	0,10	-0,92	0,14	-0,18	0,59	**1,21**	0,24	-0,05
Dänemark	-0,73	0,52	0,89	-0,38	0,23	0,60	0,85	-1,41
Korea	0,54	0,86	-1,20	0,79	-0,68	-0,35	0,68	-0,08
Spanien	-0,31	-1,72	-0,49	-0,22	0,76	0,62	-0,87	**1,22**
Norwegen	-0,71	0,71	**1,13**	-0,33	0,12	-0,23	**1,91**	-0,36
Belgien	-0,48	-0,56	**1,00**	-0,44	0,91	0,54	-0,24	0,37
Singapur	0,34	0,77	-1,05	**2,03**	-0,67	-0,76	-0,73	-0,88
Portugal	-0,61	-0,17	-1,46	-0,06	0,68	-1,32	-0,73	1,03
Taiwan	-0,07	**3,56**	-1,38	0,86	-0,59	0,36	-0,26	0,32
Frankreich	0,08	-1,51	0,33	-0,35	0,29	**1,25**	0,03	-0,06
Schweiz	-0,71	-0,54	**1,20**	-0,39	0,62	0,00	-1,17	0,29
Österreich	-0,64	-0,35	0,88	-0,48	0,67	-0,06	-1,00	0,20
Finnland	-0,71	-1,54	0,81	-0,43	0,94	0,24	0,01	-0,83
Irland	-0,76	0,33	-0,29	-0,51	-0,58	-0,26	-0,48	0,44
Mexiko	-0,13	0,66	-1,96	0,19	-0,53	-1,06	-1,07	0,09
Australien	0,34	-0,39	0,05	-0,48	0,49	-0,78	-0,01	-0,72
Neuseeland	-0,23	0,16	-0,66	-0,40	-0,32	-1,69	0,34	-0,81
Griechenland	-0,59	-0,20	-0,86	-0,24	-0,47	-1,12	-1,49	0,89
Türkei	-0,28	0,22	-1,00	-0,42	-1,52	-1,04	-1,04	0,54
Brasilien	-0,24	-0,10	-1,00	-0,54	-1,83	-1,30	0,42	0,02
China	-0,04	0,73	-1,00	-0,42	-1,65	0,02	-0,80	-2,89
Kanada	-0,35	-0,12	0,12	-0,41	-0,14	0,28	-0,56	-0,51
Südafrika	-0,28	0,24	-1,00	-0,39	-1,75	-0,94	-0,04	-1,02
Maß für die Schiefe der Verteilung	3,45	1,15	0,01	3,69	0,03	0,79	1,32	-0,76

Abb. 55: Das Lead-Markt-Potenzial von Ländern bei automatisierten Lkws

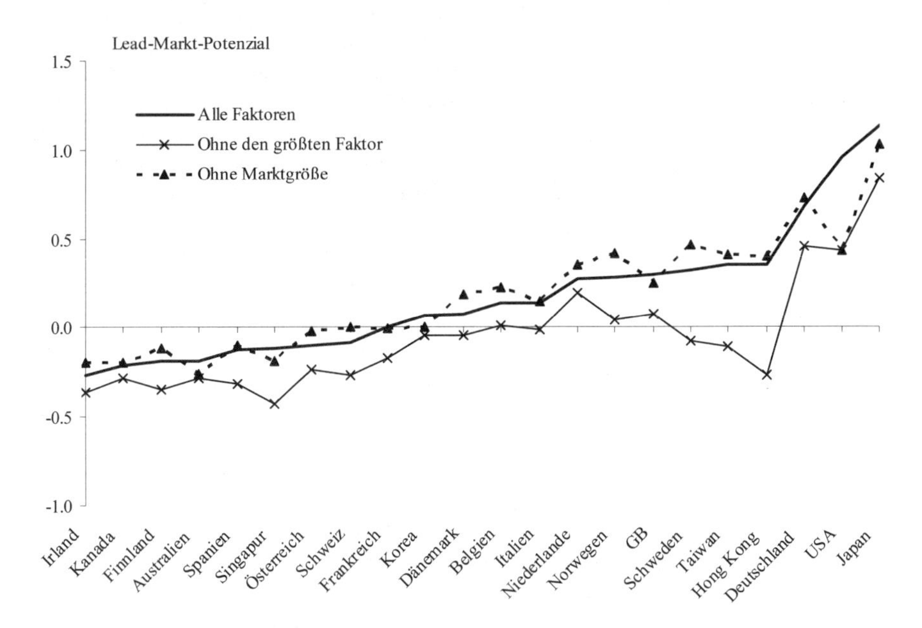

Abbildung 55 zeigt die Rangfolge nach dem arithmetischen Mittel und wiederum zweitens ohne den höchsten Wert und drittens ohne den Marktgrößenwert. Es ist ersichtlich, dass Japan den höchsten Mittelwert über alle Faktorwerte besitzt. Für Japan wird also nach unserer Methode das größte Lead-Markt-Potenzial erwartet. Es folgen die USA und Deutschland. Es ist wichtig, noch einmal darauf hinzuweisen, dass Japan primär nicht wegen seiner großen Vorliebe für Automation an vorderster Stelle liegt, sondern aufgrund der Fähigkeit, seine Präferenzen ins Ausland zu transferieren, so dass andere Länder dieselben technischen Designs übernehmen. Denn eine frühe Adoption von Innovationen allein reicht nicht für den internationalen Exporterfolg aus. Wie schon bei den Beispielen im ersten Kapitel dargestellt, stehen den Stärken Japans in einigen Industriebereichen denn auch Schwächen gegenüber. Japanische Industrien sind zwar alle auf ihrem Heimatmarkt sehr innovativ und erfolgreich, ein Auslandsmarkterfolg resultiert daraus aber nicht für alle, z. B. nicht für den Mobilfunk. Es kann hier aber konstatiert werden, dass die Automation von Lkws in die Gruppe der „Export-effektiven" Innovationsbereiche Japans zählt, d. h. Innovationen, die in Japan erfolgreich sind, haben eine hohe Chance auch in anderen Ländern angenommen zu werden.

Japan liegt auch weitgehend unabhängig von der Methode der Aggregation der Indikatoren an erster Stelle. Schaut man sich die einzelnen Lead-Markt-Faktoren an, so erkennt man allerdings unterschiedliche Stärken der führenden Länder. Da wir nichts Genaueres über den tatsächlichen Einfluss der einzelnen Lead-Markt-Faktoren auf das Zustandekommen eines Lead-Marktes wissen, sind die Ergebnisse für die einzelnen Faktoren zu diskutieren. So kann man dann zu plausiblen Schlussfolgerungen über den wahrscheinlich optimalen Lead-Markt kommen.

Japan liegt bei mehreren Lead-Markt-Faktoren an erster Stelle und zeigt auch bei den anderen Faktoren keine großen Schwächen. Bei der Markgröße aber dominieren hier wie bei den meisten Gütern die USA. Es ist einfach bei den allermeisten Innovationen der größte Markt, was bisher auch dazu geführt hat, dass die USA in vielen Industrien die Lead-Markt-Funktion innehat. An dieser Stelle kann aber auch der Einfluss der Verteilung eines Lead-Markt-Faktors auf das Endergebnis demonstriert werden. Unter allen Faktoren ist die Schiefe der Verteilung der Werte der Marktgröße am größten, was zu hohen Faktorladungen bei den USA führt. Das heißt, die relativen Unterschiede zwischen den Ländern sind bei der Marktgröße größer als bei den anderen Lead-Markt-Faktoren. Die Lohnkosten z. B. variieren bei weitem nicht so stark von Land zu Land. Damit ist der Einfluss der Marktgröße im Gesamtergebnis größer als der der Lohnkosten.

Der zweite Platz der USA geht zum großen Teil auf die potenzielle Marktgröße zurück, da die USA nur noch einen anderen Lead-Markt-Vorteil gegenüber den anderen Ländern aufweist, und zwar bei der Marktstruktur. Die Privatisierung ist in den USA weiter entwickelt als in den anderen Ländern. Bei allen anderen Lead-Markt-Faktoren schneiden die USA unterdurchschnittlich ab, so dass das Lead-Markt-Potenzial der USA sehr von dem Kostenreduktionspotenzial eines Navigationssystems abhängig ist. Neben den USA verfügt Japan über einen Größenvorteil. Japan weist allerdings auch bei zwei anderen Faktoren hohe Werte aus und kommt deshalb insgesamt auf das höchste Lead-Markt-Potenzial. Deutschland führt bei den Lohnkosten, bei allerdings hoher Arbeitslosigkeit. Umgekehrt verfügen einige südostasiatische Länder über Lead-Markt-Vorteile, nämlich bezüglich einer geringen Arbeitslosigkeit bei gleichzeitig niedrigen Löhnen. In diesen Ländern geht eine Lead-Markt-Rolle bei der Automation von der geringen Verfügbarkeit von Arbeitskräften aus und nicht von der Lohnhöhe.

Bei der ersten Komponente des Nachfragevorteils, der Verkehrsdichte, haben Stadtstaaten wie Hongkong und Singapur die größten Vorteile. Hierbei werden jedoch die Verdichtungsräume in Japan und den USA nicht berücksichtigt. Würde diese Komponente das Gesamtergebnis dominieren, dann müsste das Ergebnis wohl gesondert um große Stadtregionen in anderen Ländern, z. B. Japan, erweitert werden. Als zweite Nachfragekomponente wurde der Einsatz von Robotern und hochwertigen Transportfahrzeugen in der Produktion angesetzt. In diese Komponente geht noch der Anteil der über 65-Jährigen an der Gesamtbevölkerung ein. Japan, Deutschland und Schweden führen bei dieser Komponente klar.

Die Nutzung von Automation und Robotern ist hoch korreliert mit dem Export von Robotern. Länder wie Japan, Deutschland und Schweden, die beim Trend hin zu hoher Automation führen, haben damit auch einen Exportvorteil. Aber auch Frankreich und Italien exportieren Automationsgüter in höherem Ausmaß. Japan weist hier den höchsten Vorteilswert auf, da es nicht nur viele Roboter exportiert, sondern auch Transportfahrzeuge und Automatisierungselektronik, also genau die Kombination, die der Innovationsidee des automatisierten Transporters zugrunde liegt.

Den größten Transfervorteil weisen Deutschland und Schweden auf, da sie im Transportsektor den größten grenzüberschreitenden Verkehr haben. Allerdings ist hier die Datenbasis so dünn, dass dieser Faktor das Ergebnis nicht stark beeinflussen dürfte. Da die beiden Länder mit dem höchsten Lead-Markt-Potenzial, nämlich Japan und die USA, keinen hohen Transfervorteil besitzen, hat der Transfervorteil in der Tat keinen großen Einfluss auf die Platzierung.

Wettbewerb und Deregulierung sind im Umfeld der automatisierten Fahrzeuge in Großbritannien am weitesten fortgeschritten, noch vor den USA. Dies ist allerdings der einzige Lead-Markt-Vorteil Großbritanniens. Der Wettbewerbsfaktor ist indes ein wichtiger Vorteil in einem Umfeld, in dem der Staat große Einflussmöglichkeiten hat. Denn der Umbau der Straßeninfrastruktur für die Automatisierung von Fahrzeugen ist in der Regel eine staatliche Aufgabe. Je höher der Einfluss von privaten Investoren, desto größer ist die Wahrscheinlichkeit, dass die gewählte Technologie ökonomischen Maßstäben entspricht und profitabel ist. In den meisten Ländern gibt es staatliche Initiativen zur Einführung von automatisierten Funktionen im Straßenverkehr. Einige Länder unterstützen auch die Automatisierung von Containerhäfen, z. B. Finnland, Korea, Singapur und Malaysia. Es wird allerdings nicht erwartet, dass die Technologien, die hier gestestet werden, kommerziellen Erfolg haben. Denn staatliche Förderung hat in diesem Bereich in den wenigsten Fällen wirklich die weltweite Durchsetzung derselben Technologie zur Folge gehabt. Viele dieser Programme wie z. B. die US-Initiative zur automatisierten Autobahn sind wieder eingestellt worden, da sie keine Aussicht auf kommerziellen Erfolg haben. Das relevante Kriterium ist die kommerzielle Profitabilität und nicht die staatliche Unterstützung.

Singapur und Hongkong, die die größten Häfen beherbergen, haben außer der führenden Rolle bei der Automatisierung in Häfen keine herausragenden Lead-Markt-Stärken. Aufgrund der herausragenden Rolle dieser Häfen beim Einsatz neuer Technologien wurden sie vom Projektteam als wahrscheinliche Lead-Märkte gehandelt. Dies ist ein Zeichen dafür, wie wichtig eine systematische Analyse aller Einflussfaktoren der Internationalisierung von Innovationen ist. Die Häfen haben zwar gewissermaßen die Rolle von Lead-Nutzern, einen Lead-Markt bilden sie damit aber nicht automatisch. Im nächsten Abschnitt (5.2.5) gehen wir deshalb einmal auf den Unterschied zwischen Lead-Markt und Lead-Nutzer ein.

Die größte Schwäche der empirischen Umsetzung des Lead-Markt-Modells ist sicherlich die geringe Verfügbarkeit von Daten für diejenigen Indikatoren, die direkt die Lead-Markt-Mechanismen für die spezielle Innovationsidee darstellen. Die verwendeten Indikatoren sind z. T. sehr allgemein, d. h. nicht genügend auf die konkrete Innovation zugeschnitten. Zudem ist die Datenqualität für viele Länder ungenügend. Im vorliegenden Fall war es höchst schwierig, vergleichbare länderspezifische Daten zu erhalten. Denn der Transportsektor, die Kundenbranche für Lkws, gehört zu den Dienstleistungen, für die – anders als für das verarbeitende Gewerbe – bisher nur sehr unzureichend international vergleichbare Indikatoren vorliegen. Es werden stattdessen sehr viel unspezifischere oder ungenaue Daten genutzt. So sind z. B. Daten zur Arbeitsproduktivität im Transportsektor, die ein Maß für den Grad an Automatisierung darstellen kann, nur für wenige Länder erhältlich und selbst diese Daten scheinen nicht sehr zuverlässig zu sein. Einige

Lead-Markt-Faktoren konnten erst gar nicht mit quantitativen Daten abgebildet werden. So konnte bisher keine Quantifizierung der Produkthaftung pro Land erfolgen, obwohl diese als ein wichtiger Einflussfaktor für den Einsatz von automatisierten Fahrzeugen identifiziert wurde und sich als ein entscheidendes Hindernis für die Rolle der USA als führender Markt herausstellen könnte. Innerhalb eines Unternehmens könnte man für die Produkthaftung auch „von Hand" Noten verteilen, wenn jemand, z. B. ein Justiziar aus Erfahrung ungefähr weiß, wie streng die Haftung in den jeweiligen Ländern ist. Es konnten ebenfalls keine quantitativen Daten zur Privatisierung des Transportsektors gefunden werden. Ebenfalls erwies es sich als schwierig, den Einfluss des Staates bei der Adoption von Automatisierung im Transportbereich zu quantifizieren.

Diese Unzulänglichkeiten sollen an dieser Stelle erwähnt werden. Es sollte aber nicht der grundsätzliche Wert einer Lead-Markt-Analyse wegen Datenbeschaffungsproblemen in Frage gestellt werden. Es lohnt sich aber, bei der Datenbeschaffung mehr Aufwand zu betreiben, als es uns im Rahmen unseres Forschungsprojektes möglich war. Sie erfordert in der Regel eine aufwendigere Suche oder gar Primärerhebung. Allerdings rechtfertigt ein hohes Innovationsentwicklungs- und Einführungsbudget auch einen hohen Aufwand bei der Lead-Markt-Analyse.

Im nachfolgenden Abschnitt wird das Verhältnis von Lead-Usern und Lead-Märkten für das untersuchte Innovationsprojekt diskutiert. Denn in diesem Fall konnten Lead-User identifiziert werden, die allerdings nicht im Land mit dem höchsten allgemeinen Lead-Markt-Potenzial beheimatet sind.

5.2.5 Lead-Märkte und Lead-User

Am Beispiel der automatisierten Lkws soll der Unterschied zwischen Lead-Usern und Lead-Märkten verdeutlicht werden. Lead-Märkte und Lead-User haben viel miteinander gemein. Wie schon weiter oben angesprochen wurde, ist das Lead-Markt-Konzept aber nicht mit dem Lead-User-Konzept gleichzusetzen. Nach Eric v. Hippel sind Lead-User Unternehmen, die Innovationen entwickeln, um sie selbst zu nutzen (v. Hippel 1988). Wenn diese Innovationen auch für andere Unternehmen von Nutzen sind, war das erste Unternehmen ein führender Anwender der Innovation. Für Unternehmen sind diese Lead-User eine Quelle technischer Neuheiten und Spezifikationen. Unternehmen können bei Lead-Usern neue Innovationen für ihr eigenes Produktprogramm entdecken. Lead-User müssen dabei nicht einmal zu ihren Kunden gehören. Die Lead-User-Strategie beinhaltet, dass ein Unternehmen neue Innovationskonzepte bei Anwendungen finden kann, die selbst nicht zum Anwendungskreis der Produkte des Unternehmens gehören (v. Hippel, Tomke, Sonnack 1999; Thomke, v. Hippel 2002). Die dortigen Konzepte oder Techniken könnten aber auf die traditionellen Anwendungsbereiche des Unternehmens übertragbar sein. Lead-User nutzen Innovationen in Nischen und sind nicht unbedingt direkte Repräsentanten der Massenanwendung. Sie bereiten den Massenmarkt vor, indem Konzepte, die sich dort als brauchbar erwiesen haben, für breitere Anwendungen übernommen werden können. So wird z. B in den Rennställen der Formel 1 neue Automobiltechnik entwickelt, erprobt und eingesetzt, die später auch im Straßenfahrzeugbau Verwendung finden kann. Es besteht aber kein klares Kunden-Lieferanten-Verhältnis zwischen den Automobilunternehmen und den Formel-1-Rennställen. Auf jeden Fall ist die Formel 1 kein wichtiger Kunde für Automobilbauer.

Beim Lead-User geht es also allein um Quellen für Innovationen, die im Laufe der Zeit von vielen Anwendern genutzt werden können. Der Lead-Markt dagegen ist der geografische Ausgangsort für einen weltweiten Massenmarkt für eine neue Innovation, wo auch immer sie erfunden wurde. Es könnte also einen Lead-User für eine Innovation geben (= Quelle der Innovation), der aber nicht unbedingt im Lead-Markt (= Quelle der Massenanwendung) beheimatet sein muss. Die Anwendung eines bestimmten Innovationsdesigns beim Lead-User ist nicht unbedingt ein Vorbote für die weltweite Anwendung dieses Innovationsdesigns in anderen Bereichen. Der Schwerpunkt des Lead-User-Konzeptes liegt auf der Generierung und Umsetzung von Innovationsideen, aber weniger auf der Durchsetzung eines Innovationskonzeptes im internationalen Wettbewerb von Technologien. Letzteres ist der Schwerpunkt des Lead-Markt-Konzeptes. Ein Beispiel für einen solchen Fall liegt bei dem automatisierten Lkw vor, der in innovativen Logistiksystemen parziell fahrerlos betrieben werden kann.

Die Häfen Rotterdam und Singapur sind Lead-User der Automation des Containerumschlags und des Containertransports. Hier werden in der Tat Automatisierungskonzepte für den effizienten Umschlag von Containern entwickelt und getestet, für die automatisierte Serien-Lkws eingesetzt werden könnten (Beise 2001). Lead-User bedeutet, dass die dort eingesetzten Innovationen auch in anderen Containerterminals rund um die Welt eingesetzt werden könnten. Wenn es sich also um ein konkretes Innovationsprojekt in der Hafentechnik handelt, sind Lead-User und Lead-Markt identisch. Beim automatisierten Lkw betrachten wir aber eine Reihe von Einsatzgebieten, inklusive dem bivalenten Einsatz im intermodalen Umschlagsverkehr. Häfen sind dagegen Nischenmärkte.

Weder Singapur noch die Niederlande weisen allerdings generell hohe Lead-Markt-Potenziale für automatisierte Lkws auf. Im Gegensatz dazu wurde als Markt mit dem höchsten Lead-Markt-Potenzial Japan ausgemacht, dessen Häfen wiederum nicht zu den ersten Nutzern von neuen Technologien gehören, sondern eher ökonomisch ineffizient und zurückhaltend beim Aufgreifen von Innovationen sind.

Beide Konzepte, Lead-User und Lead-Märkte, widersprechen sich nicht, sondern erweisen sich als wichtige Informationsquellen für die strategische Innovationsplanung und Innovationseinführung. Lead-User sind eine Quelle von neuen Innovationskonzepten. Die beiden Häfen sind Quellen für Innovationskonzepte rund um die Automatisierung von Transportern einschließlich der Führungsmethode, der Navigationselektronik, der Steuerungssoftware und der Integration in ein Gesamtsystem. Innovationen können auch zusammen mit ihnen entwickelt und erprobt werden. Innovationen sollten aber immer auf die Märkte mit hohem Lead-Markt-Potenzial ausgerichtet sein und an die dortigen Verhältnisse adaptiert werden. Erst daran anschließend ist eine Weltmarkteinführung sinnvoll. Im Falle des bivalent einsetzbaren automatisierten Lkws heißt dies, dass die Häfen Rotterdam und Singapur als strategische Einführungskunden fungieren könnten, die Entwicklung und die breite Markteinführung für ein Vielzahl von Anwendungen im öffentlichen Verkehr aber vor dem Hintergrund der Umweltbedingungen in Japan durchgeführt werden sollten. Denn die Diffusion der automatisierten Transporter im öffentlichen Bereich – im Gegensatz zu der Phase der privaten Anwendung in geschlossenen Arealen –, wird voraussichtlich von Japan aus beginnen. Nachdem die Funktionalität und die Zuverlässigkeit automatisierter Lkws in Japan demonstriert werden konnte, die Kosten durch Massenfertigung der elektronischen Steuerteile reduziert und die Technik auf dem japanischen Markt ausgereift ist, sollten die Chancen für eine erfolgreiche Weltmarkteinführung erheblich gestiegen sein.

5.2.6 Konsequenzen für das Innovationsprojekt

In der Analyse des Lead-Markt-Potenzials wurde Japan als Markt ermittelt, der sich als potenziell bester Ausgangsmarkt für bivalent einsetzbare automatisierte Serien-Lkws präsentiert. Dieser Markt kann als Plattform für den langfristigen Aufbau der hierzu notwendigen Technologie und Marktkompetenz für automatisierte Fahrzeuge genutzt werden, wenn eine dominante Position auf dem Weltmarkt angestrebt wird.

Deutschland auf Platz zwei konkurriert um diese Position als Lead-Markt. Die USA schneiden nur aufgrund des großen Heimatmarktes gut ab, haben aber erhebliche Nachteile bei den anderen Faktoren, z. B. bei der Produkthaftung, die wir der Gruppe der Transfervorteile zugeordnet haben. Das Ergebnis der Lead-Markt Analyse legt die Ausrichtung auf den japanischen Markt nahe. Diese Ausrichtung auf dem japanischen Markt ist umso genauer, je näher man dem japanischen Markt ist, im wörtlichen Sinne, also je mehr man vor Ort ist. Der japanische Markt kann als Referenzmarkt dienen und durch ständiges Monitoring beobachtet werden. Im Rahmen dieses Monitorings sollten alle Automatisierungsprojekte japanischer Unternehmen, staatliche Förderprojekte und Initiativen zur Automatisierung von Transportfahrzeugen beobachtet oder soweit möglich daran partizipiert werden. Das Unternehmen muss versuchen ein Insider auf dem potenziellen Lead-Markt in dem Segment der geplanten Innovation zu werden. In Bezug auf die eigene Entwicklung beinhaltet die Marktbeobachtung die Dokumentation der japanischen Infrastruktur und die Durchführung von Marktstudien, Akzeptanzbefragungen und sonstiger Maßnahmen bis hin zu Fahrtests und Modellversuchen in Japan.

In Japan gibt es in der Tat etliche öffentlich geförderte Initiativen zur Automatisierung im Straßenverkehr. Die Automated Highway Systems Initiative, kurz AHSRA, initiiert von der japanischen Regierung und der Automobilindustrie, und das Dual Mode Trucks Programm (DTM), das vom Bauministerium unterstützt wird, sind nur die wichtigsten Beispiele. Obwohl wenige Informationen darüber in Europa und den USA aktiv gestreut werden, stehen diese Förderprogramme doch ausländischen Unternehmen offen. Dies könnte eine Gelegenheit sein, sich an einem Entwicklungskonsortium in Japan zu beteiligen, das auf die Entwicklung eines standardisierten Steuerungssystems abzielt. Innerhalb dieses Konsortiums können zudem persönliche Kontakte aufgenommen werden und mögliche Kooperationspartner und Zulieferer für die konkrete Umsetzung des eigenen Innovationsprojektes ausgewählt und gewonnen werden.

Neben diesen langfristigen Chancen gibt es allerdings auch aktuelle Risiken. Das größte Problem ist die anhaltende Stagnation des japanischen Marktes, die langfristige Investitionen behindert. Die zunehmende Arbeitslosigkeit unterstützt nicht die Substitution von manueller Arbeit. Der Robotereinsatz in der Industrie ist rückläufig, die Begeisterung für die totale Automatisierung der Erkenntnis gewichen, dass Humankapital einen wichtigen Stellenwert innerhalb des verarbeitenden Gewerbes einnimmt. Auf der anderen Seite behält die Regierung die hohen Investitionen in öffentliche Infrastruktur zur Ankurbelung der Wirtschaft bei.

Eine attraktive Strategie wäre eine Kooperation mit einem japanischen Unternehmen, das Erfahrungen bei der Automation von Transportfahrzeugen hat. Hier werden zwei Vorteile realisiert. Erstens ist die Automatisierung keine Kernkompetenz von DaimlerChrysler, so dass hier ohnehin ein Kooperationspartner gesucht wird. Zweitens wird damit nicht nur die technische Kompetenz des japanischen Partners angezapft, sondern auch dessen Marktzugang. Der japanische Partner kann die Brücke zum japanischen Markt bilden und Aufgaben von der Marktbeobachtung bis zu den Prototypentests übernehmen. Der Nachteil eines ausländischen Partners, nämlich die geringe Marktkenntnis auf dem deutschen Markt, wird hier zum Vorteil umgemünzt. Denn nicht der deutsche Markt ist der Referenzmarkt, sondern der heimische Markt des Kooperationspartners. Die hohe Exportorientierung der japanischen Elektronikunternehmen kann zudem dazu dienen den Weltmarkt zu erschließen.

Innerhalb Europas ist Deutschland das Land mit dem höchsten ausgewiesenen Lead-Markt-Potenzial für automatisierte Lkws. Das könnte bedeuten, dass Deutschland als Heimatbasis für Europa fungieren kann, muss es aber nicht. Denn es ist damit nicht gesichert, dass die anderen europäischen Länder auch das deutsche Konzept übernehmen. Wenn Japan tatsächlich ein größeres Führungspotenzial besitzt, könnte es damit seine Technik auch in Europa gegen das deutsche Konzept durchsetzen. Die Nähe zum europäischen Markt muss dabei keine Rolle spielen, wie man an vielen Beispielen für die Erfolge der japanischen Industrie in Europa sehen konnte.

5.3 Fallstudie: Hightech-Textilien

5.3.1 Beschreibung des Technologiefeldes

Der Begriff „Hightech-Textilien“ oder intelligente Textilien wird unterschiedlich verwendet, eine allgemein akzeptierte Definition gibt es noch nicht. Im weitesten Sinne bezeichnet man als Hightech-Textilien Fasern, Garne, Gewebe, Membranen oder Bekleidungsstücke, die eine besondere Funktionalität in Punkto Festigkeit, Leichtigkeit, Durchlässigkeit, Leitfähigkeit, Wasser- oder Bakterienabweisung usw. aufweisen. Da besonders hohe Funktionalitäten in der Vergangenheit vor allem im Bereich technischer Textilien dominierten (bei Bekleidung ging es dagegen vorrangig um Tragekomfort, Pflegeintensität und Ästhetik/Optik), wurden intelligente Textilien bisher häufig auch mit technischen Textilien gleichgesetzt. Technische Textilien sind alle Textilien, die in der Industrie oder in Industrieprodukten eingesetzt werden, d. h. die nicht im Haus oder bei der Alltagsbekleidung genutzt werden. Neue Hochtechnologietextilien werden zunehmend aber auch bei Bekleidung und Heimtextilien eingesetzt, z. B. bei Sport- und Aktivbekleidung oder bei modischer Bekleidung und Taschen. In den letzten Jahren sind vor allem die atmungsaktiven Textilien (Wasserdampf-Durchlässigkeit) bei Bekleidung erfolgreich, die Feuchtigkeit von innen nach außen abführen, aber vor Flüssigkeit von außen schützen. Hier kommen die mikroporösen Membranen aus Kunststoff zum Einsatz, die unter Markennamen wie Gore-Tex, Sympatex oder Thinsulate vermarktet werden.

Davon zu trennen sind Entwicklungen so genannter „Smart Clothes“ oder „Wearable Electronics“. Hierbei werden in die Bekleidung elektronische Geräte wie z. B. Mobiltelefone, Biosensoren oder Minicomputer eingearbeitet. Die Textilien selbst werden – zumindest bei den bisherigen Prototypen – in der Regel nicht verändert. Bisher werden allerdings erst sehr wenige Smart Clothes auf dem Markt angeboten. Eine Jacke mit eingearbeitetem Mobilfunktelefon, die das Gründerunternehmen der Jeansindustrie Levi Strauss in Kooperation mit dem Elektronikhersteller Philips auf den Markt brachte, wurde von der Presse begeistert aufgenommen. Tatsächlich blieb die Nachfrage allerdings begrenzt. Hier wird der Markt für diesen völlig neuen Produktbereich gewissermaßen noch getestet.

Eine Kombination von intelligenter Bekleidung und intelligenten Textilien wird erst dann eintreten, wenn die Elektronik Funktionalitäten der Textilien wie elektrische Leitfähigkeit nutzt. Diese Funktionen beruhen dann aber auf neuen Eigenschaften der Textilfasern. In dieser Untersuchung wird allein auf die besondere Funktionalität der Textilfasern und Gewebe Bezug genommen.

Noch deutlich breiter als in den beiden ersten Beispielen ist der Anwendungsbereich der Hightech-Textilien. Es handelt sich eigentlich gar nicht mehr um ein bestimmtes Innovationsprojekt, sondern um einen neuen Innovationsbereich. Als Hightech-Textilien werden alle Textilprodukte betrachtet, die sich durch besondere physikalische, chemische oder anwendungstechnische bzw. funktionale Eigenschaften auszeichnen. Entsprechende Anwendungen erstrecken sich sowohl über traditionelle als auch über technische und neue Segmente der Textilbranche. Im traditionellen Segment werden drei Bereiche unterschieden, in denen Hightech-Textilien zum Einsatz kommen:

- Im Sektor Bekleidung spielt der Einsatz von Funktionsfasern eine zunehmende Rolle. Hierbei sollen die Trage- und Komforteigenschaften bei extremen Bedingungen verbessert werden. Die Funktionsfasern zeichnen sich beispielsweise durch einen schnellen Feuchtigkeitstransport oder eine spezielle Wärmeisolierung aus, die vor allem im Outdoor-Bereich nachgefragt werden.
- Der Heimtextilbereich umfasst Gardinen, Dekostoffe, Wandbespannungen, Teppiche, Möbelbezugsstoffe und Bettausstattungen. Intelligente Textilien

können unter anderem im Segment der Sicherheitstextilien durch ihre Flammenhemmende Wirkung eingesetzt werden.

- Daneben kann man noch die neuen „Smart Textiles" zu einem Betätigungsfeld zusammenfassen, obwohl er sich mit den beiden oberen überlappt. Hier konzentriert sich die Forschung auf den Einsatz von Bio-, Informations- und Messtechnologien. Die Anwendungen erstrecken sich vom Schutz vor UV-Strahlung oder Smog bis hin zur Hemmung des Wachstums von Bakterien.

Technische Textilien werden entsprechend den nachfragenden Industrien in Anwendungsbereiche untergliedert. Der wichtigste industrielle Abnehmer von Textilien ist die Autoindustrie (20 %). Es folgen die Möbel- und Teppichbranche (16 %), die Medizintechnik (12 %) und die Bauindustrie (9 %). Die Industrie verwendet weiterhin solche Textilien in großem Umfang für Umwelttechnik, z. B. Filtration (16 %), und Verpackung (5 %). Neue Anwendungen von Textilien mit bisher geringem Anteil – allerdings hohem Potenzial – sind Abdeckmatten und Verschalungen im Straßenbau, Deponiebau, in der Landwirtschaft und in anderen Tiefbaubereichen (Geotextilien). Im Folgenden werden die wichtigsten Anwendungsfelder für technische Textilien aufgeführt.

- Die Automobilindustrie ist heute der größte Abnehmer für technische Textilien, sie hat Mitte der 1990er Jahre weltweit Textilien im Wert von 11 Mrd. US-$ pro Jahr bezogen (DRA 1997). Die deutsche Automobilindustrie verbrauchte 1994 Textilien im Wert von rund 3 Mrd. DM. Durchschnittlich werden heutzutage 10-11 kg Textilien in einem Fahrzeug verbaut, angefangen bei den Sitzen und Teppichen bis zu den Gurten, Filtern und dem Airbag. Hinzu kommen Textilverstärkungen in Reifen und Verbundmaterialien. Der Automobilbau gibt wichtige Innovationsimpulse, er übt aber auch Kostendruck aus, der dazu beiträgt, Textilien gegenüber Substitutionsmaterialien wettbewerbsfähig zu machen.
- Die Umwelttechnik nutzt die Eigenschaften von Textilien hauptsächlich für Filter (Luft, Wasser), aber zunehmend auch für Bodenabdichtungen oder als Erosionsschutz, der z. B. zur umweltfreundlichen Sicherung von erosionsgefährdeten Böschungen dient. Diese werden als Geotextilien bezeichnet.
- Im Bereich der Bautechnik gibt es Entwicklungen, wie die des Textilbetons, der in Dachplatten, für Rohre oder Fassadenelemente zum Einsatz kommt. Dieser zeichnet sich hauptsächlich durch eine hohe Korrosionsunempfindlichkeit, Feuerfestigkeit und Zugfestigkeit des Materials aus. Im Tiefbau und im Bereich der Landwirtschaft (Drainage) kommen vermehrt Geotextilien zum Einsatz.
- In der Medizin- und Gesundheitstechnik werden Textilien überwiegend zur Bereitstellung von Hygieneprodukten verwendet. Neuere Entwicklungen zeigen auch neue Bereiche auf, wie z. B. textile Implantate, die als Verstärkung von Bändern und Sehnen oder auch für die Wundheilung zum Einsatz kommen.

Neben diesen Anwendungsbereichen werden technische Textilien auch in einer Reihe von weiteren Industrien eingesetzt, z. B. Filter in der Nahrungsmittel- und Getränkeerzeugung, in der Pharmaindustrie oder in der Mikroelektronik.

Ist bei einer solchen Fülle von Anwendungsgebieten das Lead-Markt-Konzept eigentlich relevant? Eigentlich schon, jedenfalls, wenn man nach der Vergangenheit geht. Denn auch die Entwicklung breiter Technologiefelder war von einem Lead-Markt-Muster geprägt. In den Lead-Markt-Beispielen im zweiten Kapitel dieses Buches ist das Beispiel der Kunstfasern schon diskutiert worden. Wir haben bezüglich der eingesetzten Fasern vier globale Trends in der Textilindustrie erkennen können:

1. Ersatz von natürlichen oder auf Zellulose basierenden Fasern durch synthetische Fasern.
2. Vormarsch von Olefinen innerhalb der synthetischen Fasern.
3. Zunehmende Nachfrage nach Vliesen als spezieller Einsatzbereich von Olefinen.
4. Vermehrte Anwendung von Fasern im Bereich technischer Textilien.

Zumindest bei den ersten drei Trends deuten die Daten darauf hin, dass die USA eine führende Rolle einnehmen. Diese scheint zu einem großen Teil auf ihre Marktgröße zurückzuführen zu sein. Denn damit gehen Kostenvorteile einher, die die frühe Herausbildung neuer Anwendungsgebiete unterstützen. Allerdings führen die USA nicht generell in der Bekleidungsindustrie. Eine traditionell führende Rolle wird von Bekleidungsproduzenten in Europa, speziell Italien, eingenommen, wo vor allem im Modebereich die Trends gesetzt werden. Hier wurde der Trend zu Hightech-Materialien in der Tat als Gefahr für die führende Rolle des Landes identifiziert (Economist 1998b). Italienische Textilhersteller gelten jedoch als äußerst flexibel und weltmarktorientiert. Neue Materialtrends wurden bereits von italienischen Modehäusern aufgegriffen, z. B. bei den Taschen von Prada aus synthetischen Fasern.

In der weiteren Analyse soll dieser erste Eindruck der führenden Rolle der USA und die Position traditionell starker Länder in einzelnen Bereichen der Textil- und Bekleidungsindustrie geprüft werden. Zur Ermittlung des Lead-Markt-Potenzials werden aufgrund der immensen Vielfalt der Anwendungsbereiche von intelligenten Textilien zwei Vorgehensweisen verfolgt. Zuerst soll ein qualitativer Ansatz gewählt werden, indem für jeden einzelnen Anwendungsbereich die Lead-Markt-Faktoren mit Hilfe einer Expertenbefragung qualitativ bewertet werden sollen. Ein solcher qualitativer Ansatz kann zwar generell alternativ zu dem quantitativen Ansatz erfolgen. Der quantitative Ansatz hat allerdings den Vorteil der höheren Objektivität und der Aufaddierung aller Faktoren zu einem Wert des Lead-Markt-Potenzials. Auf der anderen Seite kann man natürlich einwenden, dass der quantitative Ansatz eine Scheinobjektivität liefert und bei qualitativen Ansätzen mehr Einsichten in die Zusammenhänge von Lead-Markt-Eigenschaften und dem internationalen Innovationserfolg zu gewinnen sind.

Beim zweiten Schritt wird auf denselben Indikatorenansatz wie bisher zurückgegriffen, bei dem für jeden der fünf Lead-Markt-Faktoren Indikatoren zusammengestellt und zu einem Index-Wert für das Lead-Markt-Potenzial von Ländern gebündelt werden.

5.3.2 Zur qualitativen Bewertung des Lead-Markt-Potenzials

Bei diesem qualitativen Ansatz sollen mit Hilfe einer Expertenbefragung Lead-Märkte in verschiedenen Anwendungsbereichen von Hightech-Textilien identifiziert werden. Hierbei liegt der Fokus nicht auf Informationen über die jeweils interviewten Firmen, sondern auf Nachfragetrends, Marktstrukturen und Innovationsstrategien. Im Rahmen des Lead-Markt-Projekts wurde eine Befragung von 20 Firmen und dem Textilverband durchgeführt. Dabei wurden sowohl kleine und mittelständische Firmen als auch Großkonzerne in sieben Anwendungsbereichen (Automobil, Umwelttechnik, Bautechnik, Kleidung, Gesundheit-/Medizintechnik, Heimtextilien) ausgewählt. Die Interviewpartner waren zum großen Teil im Produktmanagement oder Marketing tätig.

Bei den durchgeführten Interviews mit Unternehmens- und Verbandsvertretern wurde nicht die Lead-Markt-Rolle von Ländern als Ganzes diskutiert, sondern die Rolle einzelner Länder bei den einzelnen Lead-Markt-Faktoren. Dies ist wichtig, da häufig die Lead-Markt-Rolle eines Landes mit dem wissenschaftlich-technischen Vorsprung verwechselt wird oder andere Interpretationen eines Lead-Marktes einfließen. Zudem werden einzelne Lead-Markt-Faktoren von den Unternehmen oft als nicht wichtig oder gar als schädlich für ihr Geschäft angesehen, z. B. sind die hohe Wettbewerbsintensität oder ein starker Druck auf Preise und Kosten in einem Land oft abschreckend und werden eher nicht als positive Lead-Markt-Eigenschaft gedeutet. In den Interviews wurden deshalb der Reihe nach die einzelnen Lead-Markt-Faktoren im internationalen Vergleich diskutiert.

Zuerst wurden die Nachfragesituation, internationale Trends und die Marktentwicklungen diskutiert. Die Experten sollten die Akzeptanz neuer Trends erklären und warum verschiedene Länder in diversen Bereichen eine führende Rolle einnehmen. Im zweiten Schritt befassten wir uns mit der Preissituation. Hierzu sollen die Experten Aussagen über Preisentwicklungen der letzten Jahre machen sowie einen Ausblick über die zukünftige Preisentwicklung auf den unterschiedlichen Märkten, vor allem Europas, Asiens oder der USA, geben. Die Unternehmen identifizierten auch Länder, von denen ein Preisdruck am Weltmarkt ausgeht oder wo der Preiswettbewerb am intensivsten ist. Weiterhin wurden Angaben zu Ländern gemacht, die auf bestimmten Gebieten Kostenvorteile haben und deren Situation mit der Situation in Deutschland kritisch verglichen werden kann.

Der nächste Teil betraf die internationalen Transfermechanismen von Innovationen. Hier sollten die Unternehmen angeben, welche Länder eine hohe Reputation im Bereich Hightech-Textilien besitzen. Es wurde über die für sie relevanten Fachzeitschriften und deren Herkunftsland diskutiert und welche Messen in welchen Ländern für sie von Bedeutung sind. Dabei wurde auch dem Aspekt der staatlichen Regulierung sowie der Rolle von technischen Standards und der Durchsetzung konkurrierender Standards Aufmerksamkeit geschenkt.

Als nächstes wurde über die Exportfähigkeit der in einzelnen Ländern favorisierten Produkte diskutiert. Die Firmen sollten hierbei Auskunft über die Ausrichtung ihrer Marktorientierung auf den Heimatmarkt oder auf Exportmärkte geben. Weiterhin wurden Angaben dazu gemacht, von wem sich Unternehmen die wichtigsten Anregungen oder Impulse für neue Produkte oder Weiterentwicklungen holen. Diese Impulsgeber mussten dabei Ländern zugeordnet werden. Die Anforderungen auf Seiten der deutschen Kunden sollten denen anderer Länder gegenübergestellt werden. Im letzten Teil sollten die Interviewten Auskünfte über den Wettbewerbsdruck in den einzelnen Ländern geben. Dabei war vor allem zu berücksichtigen wo viele neue Unternehmen im Bereich der Hightech-Textilien in den Markt eintreten. Zusätzlich sollten die Firmen einschätzen, auf welche Produkteigenschaften (wie z. B. Preis, Qualität, Design) sich der Wettbewerb in den einzelnen Ländern konzentriert.

Die Ergebnisse der Befragung sind in Tabelle 7 zusammengefasst. In der Tabelle werden alle von den Befragten genannten Länder aufgelistet, die in einem der Anwendungsbereiche und für einen der Lead-Markt-Faktoren eine herausragende Position einnehmen. Für jeden Lead-Markt-Faktor einzeln sollte dasjenige Land oder diejenigen Länder angegeben werden, die als führend eingeschätzt wurden. Die Kurzbezeichnungen stehen jeweils für eines der sieben oben angeführten Anwendungsgebiete.

Wurde ein Land von mehreren Unternehmen als führend bei einem Faktor genannt, ist dies mit Fettdruck gekennzeichnet. Die Nennung der Länder erfolgte durch die Experten ohne Beschränkung auf eine vorgegebene Ländergruppe, d. h. jedes Land hatte die gleiche Chance, als potenzieller Lead-Markt genannt zu werden. In der letzten Spalte wird unsere anschließende Einschätzung der Lead-Markt-Rolle eines Landes über alle Lead-Markt-Faktoren nach Anwendungsbereichen differenziert wiedergegeben.

Im Folgenden werden die Ergebnisse der Interviews zusammenfassend für die Anwendungsbereiche für Hightech-Textilien dargestellt. Wie schon erwartet ist die USA für viele Anwendungsbereiche der Hightech-Textilien in der Tat der potenzielle Lead Markt.

a) Umwelttechnik

Im Anwendungsbereich der Umwelttechnik (Umwelt) wurde die USA als das Land mit den stärksten Lead-Markt-Potenzialen angegeben. Hierbei ist der Nachfragevorteil von großer Bedeutung, was auf die Größe des dortigen Marktes zurückzuführen ist. Aber auch Deutschland kann durch frühe Umweltregulierung bei vielen Produkten eine Lead-Markt-Rolle einnehmen, wie z. B. bei Rauchgasfilteranlagen oder Raumluftfiltern. Durch die Rauchgasentschwefelung, die in Deutschland staatlicherseits vorgeschrieben wurde, entwickelte sich ein großer Markt für Acrylfilter, die die dabei entstehenden hohen Temperaturen aushalten.

Eine bestimmte Umweltregulierung wird international eingeführt, wenn sie sich in einem Land bewährt. Dies trägt somit auch zur internationalen Verbreitung von Innovationen bei (Beise und Rennings 2005). Aus der frühen staatlich induzierten Anwendung kann sich allerdings auch ein Preis- und Kostenvorteil ableiten. Denn

Tabelle 7: Experteneinschätzung der Lead-Markt-Faktoren einzelner Länder bei Hightech-Textilien

Land	Lead-Markt-Faktoren					Lead-Markt-Potenzial
	Nachfrage-Vorteil	Preis- und Kosten-Vorteil	Transfer-Vorteil	Export-Vorteil	Markt-struktur-Vorteil	
USA	**Umwelt** **Bau** **Bekleidung** **Medizin**	**Umwelt** **Bau** **Medizin** Bekleidung	Umwelt **Bau** **Medizin**	**Medizin**	Umwelt **Bekleidung** Medizin	**Umwelt** **Bau** **Bekleidung** **Medizin**
Deutsch-land	**Auto** **Medizin** **Bekleidung** Umwelt Bau	Auto Bau Medizin	**Auto** Umwelt Bau Medizin	**Auto** Umwelt Bau **Medizin**	**Auto** Umwelt Bau Medizin Bekleidung	**Auto** **Medizin** Umwelt Bau Bekleidung
Italien	**Bekleidung**	_	**Bekleidung**	**Bekleidung**	Bekleidung	**Bekleidung**
Groß-britan-nien	Medizin Heimtex	Medizin	Medizin Heimtex Bekleid	Heimtex	_	Medizin Heimtex
Schwe-den	Auto	_	**Auto**	_	_	**Auto**
Belgien	_	**Heimtex**	Heimtex	**Heimtex**	_	**Heimtex**
Frank-reich	Auto Bekleidung Medizin	Auto **Bekleidung**	**Bekleidung**	Bekleidung	Auto Bekleidung Medizin	Auto Bekleidung
Japan	**Bau** Umwelt Auto	Umwelt Bekleidung **Heimtex**	**Heimtex**	Umwelt Bekleidung	Bekleidung	Umwelt Bekleidung Heimtex
Spanien	Bekleidung	Bau Bekleidung Medizin	Heimtex	_	Medizin	_

der Markt in Deutschland ist genügend groß, um eine Kostendegression zu ermöglichen, die dazu führen kann, dass auch in anderen Ländern ohne strenge Umweltauflagen die deutschen Produkte preislich wettbewerbsfähig sind.

Durch die staatliche Vorgabe von Grenzwerten für Prozesse (z. B. Emissionsobergrenzen für Schadstoffe je m^3 Abluft) wird ein Wettbewerb innerhalb der Umwelttechnikindustrie um die effizientesten Lösungen gefördert. Dieser bringt unterschiedliche Innovationsdesigns hervor, die zueinander in Konkurrenz stehen.

Die Orientierung der deutschen Anwender an den kosteneffizientesten Lösungen – auch als Ergebnis hoher Faktorpreise in Deutschland – führt zur Selektion jener Designs, die die günstigste Kosten-Nutzen-Relation aufweisen und damit auch weltweit durchsetzungsfähig sind. Insgesamt lässt Deutschland in Bezug auf die Textilien in der Umwelttechnik eine positive Tendenz in fast allen der oben genannten Lead-Markt-Faktoren erkennen.

Dem Lead-Markt-Effekt der Umweltregulierung stehen in Deutschland allerdings auch einige ungünstige Nachfragestrukturen entgegen. Im Bereich Umwelttechnik in der Energieerzeugung war die Nachfrage in Deutschland lange Zeit – im Vergleich zu anderen großen Märkten – weniger stark auf Kosteneffizienz orientiert. Dies lag an einer wenig wettbewerbsintensiven Marktstruktur mit lokalen Monopolisten, die höhere Kosten durch Umweltregulierung über den Preis an ihre Kunden weiterreichen konnten. In Ländern, in denen schon zeitig eine Liberalisierung des Strommarktes vorgenommen wurde bzw. dieser Markt von Anfang an kompetitiv organisiert war (USA, Kanada, Australien, Großbritannien, Südafrika) ging von den Kraftwerksbetreibern schon früher ein entscheidender Preisdruck aus.

b) Automobil

Im Automobilbereich (Auto) lassen sich für Deutschland, Schweden und Frankreich Lead-Markt-Qualitäten feststellen. Die deutlichsten Ausprägungen wurden für Deutschland konstatiert, was auf die allgemein starke Lead-Markt-Rolle der deutschen Automobilindustrie zurückzuführen ist. Hier wird von den Interviewpartnern ein starker Nachfrage-, Transfer-, Export- und Marktstrukturvorteil angegeben. Die Lead-Markt-Rolle Deutschlands bei Automobilen greift somit auch in die Textilindustrie über.

Wie aus den Interviews deutlich wurde, konnte Deutschland im Bereich der Hightech-Textilien vor allem mit Neuentwicklungen in den Bereichen Filtertechnik, Airbags, Sicherheitsgurte und Auto-Innenraumverkleidung Akzente auf dem Weltmarkt setzen. Als weitere potenzielle Lead-Märkte der Automobilindustrie wurden durch die Befragung USA und Schweden identifiziert. Den USA wurde nur ein schwacher Marktstrukturvorteil bescheinigt. Schweden weist einen hohen Nachfragevorteil hinsichtlich von Sicherheitskonzepten aus. Hier kommen Hightech-Textilien vor allem bei Airbags zum Einsatz. Neuentwicklungen wie beispielsweise Seitenairbags erfreuen sich im skandinavischen Raum einer hohen Nachfrage.

Ein Beispiel für die Lead-Markt-Rolle Deutschlands im Anwendungsbereich Automobil ist der Auto-Innenraumfilter. Der Einsatz von technischen Textilien im Automobilsektor betrifft nicht nur die von außen sichtbare Innenraumauskleidung (Tufting-Teppiche), sondern auch die Filtertechnik. Innenraumfilter werden eingesetzt, um die Zuluft in den Autoinnenraum von Partikeln (Pollen, Staub etc.) und Geruch möglichst frei zu halten, aber auch um die Innenluft etwa von Zigarettenrauch zu säubern. Hier konnten sich deutsche Anbieter dank der Nutzung der Lead-Nachfrage deutscher Autohersteller am Weltmarkt durchsetzen, obwohl sie zunächst Nachzügler am Markt waren. Die ersten Innenraumfilter wurden Ende der 1970er Jahre in Japan entwickelt. Hier kamen auf der Hutablage installierte Umluftfilter (Luftabscheider) zum Einsatz. Diese konnten sich wegen ihrer Komfort mindernden Eigenschaften (Geräuschpegel, starke Luftzirkulation) international nicht durchsetzen. Mitte der 1980er Jahre führten schwedische Hersteller Zuluftfilter auf Glasfaserbasis ein. Sie griffen damit als Erste den neuen Trend auf, den Autoinnenraum von Pollen, Staub, Ruß und anderen schädlichen Partikeln freizuhalten. Der Impuls hierzu entstand durch das vermehrte Auftreten von Schadstoffen in der Luft, die daraus resultierende erhöhte Staubbelastung und die infolgedessen immer häufigeren Allergien bei den Autoinsassen. Diese Filter waren zwar kostengünstig, aber für die Geruchsfilterung ungeeignet und hielten zudem hohen Temperaturunterschieden nicht stand. Anfang der 1990er Jahre setzten deutsche Hersteller von höherpreisigen Fahrzeugen erstmals Innenraumfilter auf Aktivkohlebasis ein, die allerdings sehr teuer und vor allem sehr Platz raubend waren. Das schließlich weltmarktfähige Innovationsdesign wurde Mitte der 1990er Jahre von einem deutschen Textilunternehmen in Kooperation mit einem deutschen Mittelklassewagenproduzenten entwickelt: ein Platz sparender Innenraumfilter mit standardisierten Maßen auf synthetischer Vliesstoffbasis, der eine kostengünstige Massenfertigung erlaubt. Eingesetzt werden diese meist als Kombifilter, d. h., dass neben der Partikelfiltration auch eine weitere Absorptionsschicht vorhanden ist, die Gerüche herausfiltert.

Die Lead-Markt-Rolle Deutschlands ergab sich in diesem Fall wieder daraus, dass sich in Deutschland ein Massenmarkt etablierte, der eine rasche Senkung der Produktionskosten je Filter förderte. Der Massenmarkt ging hierbei nicht von der Luxusklasse aus, sondern von Autos der Mittelklassewagenhersteller, die ebenso wie die Hersteller der Oberklasse einer anspruchsvollen Nachfrage gegenüber stehen. Der Einsatz von Innenraumfiltern ist heute mit nahezu 95 % aller Neufahrzeuge in Deutschland quasi Standard. In anderen Ländern wird der Innenraumfilter zunehmend als Serienausstattung eingebaut, da er durch die Massenfertigung und Standardisierung der Filtergrößen in Deutschland sehr kostengünstig geworden ist.

c) Bekleidung

Im Bereich Bekleidung gewinnt der Einsatz von neuen Textilien zunehmend an Bedeutung. Als wesentlicher Trend im Bereich der Hightech-Textilien ist die Entwicklung von Funktionsfasern zu nennen. Hierunter versteht man die Übernahme von bestimmten Funktionen wie beispielsweise UV-Schutz, Absorptionsfähigkeiten von Flüssigkeiten oder Schutz vor extremen Temperaturen. Es gibt drei wichtige Erstanwendungsbereiche neuer Funktionsfasern: Arbeitsbekleidung, Outdoor-Bekleidung und modische Bekleidung. Traditionell kommen viele Neuerungen aus der Arbeitsbekleidung. So war die Jeans, die heute große Teile der Alltagsbekleidung dominiert, ursprünglich Arbeitsbekleidung. Auch heute werden neue Bekleidungstrends – gerade in Verbindung mit elektronischen Geräten – in der Arbeitsbekleidung gesucht, z. B. bei Kurieren, Betriebsleitern oder Bauingenieuren, die vermehrt Kommunikationsgeräte mit sich führen. Hohe Funktionsansprüche gibt es vor allem bei der Arbeits- und Brandschutzbekleidung, aber auch im Heimtextilbereich, wo so genannte „Fire-Blocker" eingesetzt werden. Deutschland bietet hier ein hervorragendes Anwendungsland, da strenge Arbeitsschutzvorschriften Neuerungen beschleunigen und Großunternehmen mit Außendienstmitarbeitern (Bahn, Versorger) die nötige Zahlungsbereitschaft besitzen. Im Gegensatz dazu, ist der Markt in den USA in vielen Servicebereichen von kleinen Unternehmen geprägt.

Der stark wachsende Sektor der Outdoor-Bekleidung ist ebenfalls ein Trendsetter. Einzelne Produzenten kombinieren Naturfasern mit verschiedenen synthetischen Kunstfasern wie z. B. Polyamiden, Polyester oder Polyethylen. Zentral bei Bekleidung ist bisher die Kombination aus Wetterschutz und Tragekomfort. Funktionsbekleidung wurde vor allem von amerikanischen Unternehmen (W.L. Gore, DuPont, The North Face, usw.) eingeführt und wird heute in nasskalten Regionen (Deutschland, Großbritannien, Mittelwesten der USA) stark nachgefragt. Das Militär ist ein führender innovativer Kunde für funktionale Outdoor-Bekleidung. Die USA sind hier wie erwartet der Lead-Markt. Deutschland wie auch Frankreich und England sind Länder mit mittlerem Lead-Markt-Potenzial. Im Rahmen der Befragung konnte für Deutschland durchaus ein Lead-Markt-Potenzial im Bereich Funktionsbekleidung identifiziert werden. So sind bei Arbeitsschutzbekleidung wiederum die Arbeitsschutzauflagen und die Marktstruktur jene Faktoren, die die frühe Anwendung neuer Textilien fördern. Als ein wesentlicher Indikator wurde der Nachfragevorteil genannt, bedingt durch die hohe Inlandsnachfrage, die durch den momentanen Outdoor-Sport-Trend gestützt wird. Die Märkte sind hier noch leicht differenziert aufgrund unterschiedlicher Schwergewichte bei den Outdoor-Aktivitäten. Deutschland hat dabei aber kein geringeres Nachfragepotenzial als die USA; eine Abwägung der Lead-Markt-Eigenschaft zwischen diesen beiden Ländern ist in diesem Segment schwierig. Der intensive Wettbewerb übt allerdings einen Innovationsdruck in Deutschland aus, der wiederum auf Marktstrukturvorteile Deutschlands hindeutet.

Bei modischer Bekleidung erweist sich noch immer Italien als Lead-Markt. Italien hat durch sein Modebestimmendes Gewicht entscheidenden Einfluss auf globale Trends. Durch die hohe Anzahl kleiner und mittlerer Unternehmen aber auch von Großunternehmen hat das Land einen Marktstrukturvorteil sowie einen Transfervorteil. Durch eine große modebewusste Konsumentengruppe verfügt Italien zudem über einen signifikanten Nachfragevorteil. Auch England hat mit der Szene in London ein Zentrum, das zum Trendsetter avancieren kann. Große Bekleidungsunternehmen wie Levi Strauss haben hier ihre Markforschung angesiedelt. Deutschland ist im Aufgreifen von modischen Trends eher ein Nachzügler.

d) Sonstige Anwendungsbereiche

In der Bautechnik (Bau) können die USA und Japan als Lead-Markt bezeichnet werden. Deutschland wurde durch die Interviewpartner ein steigender Trend bescheinigt. Dieser bezieht sich hauptsächlich auf den immer mehr an Bedeutung gewinnenden Bereich der Geotextilien. Sie werden vermehrt im Straßenbau und Küstenschutz eingesetzt. Produktmanager der befragten Firmen erklärten den Nachfragevorteil der USA unter anderem durch die vereinfachten behördlichen

Genehmigungen bei neuen Bauverfahren. Deutschland weist einige Lead-Markt-Faktoren auf, die vor allem bei der Verwendung von Hightech-Textilfasern im Stahlträgerbereich liegen.

In der Gesundheits-/Medizintechnik (Medizin) gelten der amerikanische sowie auch der deutsche Markt als Lead-Märkte. Hierbei existiert ein großer Nachfragevorteil hinsichtlich Hightech-Textilien bei Konsumgütern des Hygienebereichs (Tampons, Windeln) sowie bei Industriegütern, wie beispielsweise Membranen von Herz-Lungen-Maschinen. Durch eine verschärfte Wettbewerbssituation auf den beiden Märkten Deutschland und USA ergeben sich deutliche Marktstrukturvorteile. Nach Angaben der Firmen ist der Exportvorteil durch eine verstärkte internationale Ausrichtung der Unternehmen zu erklären. Hier wird vor allem der asiatische Markt als Exportmarkt genannt.

Für den Heimtextilbereich (Heim) konnte Belgien als Lead-Markt identifiziert werden. Innerhalb Europas ist Belgien Preis- und Kostenführer. Seine Lead-Markt-Vorteile liegen in einer auf Skalenerträge ausgerichteten Produktionsstruktur mit einer starken Exportorientierung und dem raschen Aufgreifen neuer Trends, wie jenem zu gemusterten Teppichen. Bei diesem Anwendungsbereich sind die USA eher im Nachteil. Beispielsweise werden in den USA fast ausschließlich weiche und dicke Teppiche mit einem sehr hohen Gewicht je Flächeneinheit abgesetzt. Diese Produktdesigns sind in anderen Märkten wie z. B. Europa nicht gefragt.

5.3.3 Indikatoren des Lead-Markt-Potenzials

In einem zweiten Schritt wird versucht, das Lead-Markt-Potenzial wiederum mit Hilfe eines Indikatorensystems zu bewerten. In diesem Abschnitt stellen wir das Ergebnis der indikatorgestützten Analyse des Lead-Markt-Potenzials von Ländern für Hightech-Textilien vor. In Tabelle 8 sind die verwendeten Indikatoren differenziert nach den fünf Lead-Markt-Faktoren aufgelistet. Letztlich konnten 20 Indikatoren verwendet werden. Im Vergleich zu den bisher durchgeführten innovationsspezifischen Lead-Markt-Analysen ist das wenig. Denn es war mangels offizieller Statistiken nicht immer möglich, Indikatoren für alle relevanten Aspekte eines Lead-Markt-Faktors zu finden. Einige Indikatoren beziehen sich auch nur auf bestimmte Anwendungsbereiche innerhalb der Hightech-Textilien. Da nicht alle Lead-Markt-Faktoren anhand vorhandener Sekundärstatistiken quantitativ abgebildet werden konnten, wurden Expertengespräche mit Vertretern von Faserproduzenten, Textilverarbeitern (z. B. Spinnereien), Bekleidungsherstellern und Herstellern technischer Textilprodukte geführt. Ferner wurde auf Konferenzberichte und Ergebnisse von Marktforschungsunternehmen zurückgegriffen. Wie zu erwarten war, ist die Quantifizierung der Lead-Markt-Faktoren umso schwerer und ungenauer, je unspezifischer ein Innovationsprojekt definiert ist.

Die sechs für den Kostenvorteil verwendeten Indikatoren können zu einer Komponente zusammengefasst werden. Denn sie alle bilden in der Regel die Marktgröße ab, die im Textilbereich mit der Größe des Landes mehr oder weniger korreliert. Für den Nachfragevorteil gehen vier Indikatoren in die Analyse ein, die zu zwei Hauptfaktoren zusammengefasst werden können. Der Exportvorteil wird mit neun Indikatoren quantifiziert. Dieser Detaillierungsgrad ist nötig, um der Unterteilung der Handelsströme in unterschiedliche Teilbereiche der Textil- und Faserindustrie, für die ein höherer Technologieanteil angenommen werden kann, gerecht zu werden. Allerdings lassen sich diese Indikatoren zu nicht weniger als zu vier Hauptkomponenten zusammenfassen. Dies zeigt die unterschiedliche Spezialisierung der Länder auf einzelne Bereiche der Textil- und Faserindustrie.

Für den Transfervorteil konnten nur für einen Indikator Daten für eine ausreichende Zahl von Ländern gefunden werden. Der Marktstrukturvorteil ist angesichts der Datenlage am schwierigsten abzubilden. Das Konzentrationsmaß des Marktanteils der drei größten Textilunternehmen bildet nur einen Aspekt der Wettbewerbsintensität ab. Es liegt zudem auch nur für einen Teil der Länder vor.

Auf die Darstellung der Hauptkomponenten-Matrix wird an dieser Stelle verzichtet. Abbildung 56 zeigt das Ergebnis der Zusammenfassung der Lead-Markt-Faktoren zu einem Index mit Hilfe des arithmetischen Mittels. Die USA weisen danach das höchste Lead-Markt-Potenzial auf. Es folgen Belgien, die Niederlande, Großbritannien, Deutschland und Italien. Japan liegt am Ende der Rangfolge. Das Ergebnis deckt sich gut mit den Aussagen der Unternehmen. Die sehr simple Schätzung des Lead-Markt-Potenzials bei Hightech-Textilien hat also die ersten

Tabelle 8: Verwendete Indikatoren des Lead-Markt-Potenzials bei Hightech-Textilien

Lead-Markt-Vorteil	Idealer Indikator	Verwendeter Indikator
Nachfragevorteil	Outdoor/Sport-Aktivitäten	Olympia-Medaillen Konsumanteil von Haushaltstextilien Konsumanteil von Bekleidungstextilien Konsumanteil von Teppichen
Kostenvorteil	Kostenreduktion als Funktion der Marktgröße für neue Textilien	Marktgröße technische Textilien 1995 (Mio. US-$) Marktgröße synthetische Fasern 1999 (Mio. US-$) Marktgröße Bekleidung 1999 (Mio. US-$) Marktgröße Teppiche 1999 (Mio. US-$) Marktgröße Haushaltstextilien 1999 (Mio. US-$)
Exportvorteil	Exportorientierung bei Fasern	Exportanteil Fasern (%) Exportanteil Textilien und Bekleidung (%) Außenhandelsposition Teppiche (%) Außenhandelsposition Bekleidung (%) Außenhandelsposition Vliesstoffe (%) Außenhandelsposition synthetische Fasern (%) Außenhandelsposition Aramid (%) Außenhandelsposition Nylon u. ä. (%) Außenhandelsposition technische Textilien (%)
Transfervorteil	Ausländische Tochterfirmen multinationaler Unternehmen, die Textilien nachfragen	Direktinvestitionsbestand der Textilindustrie
Marktstrukturvorteil	Wettbewerbsintensität in der Textil und Bekleidungsindustrie	Marktanteil der drei größten Textilunternehmen

Abb. 56: Geschätztes Lead-Markt-Potenzial nach Ländern bei Hightech-Textilien

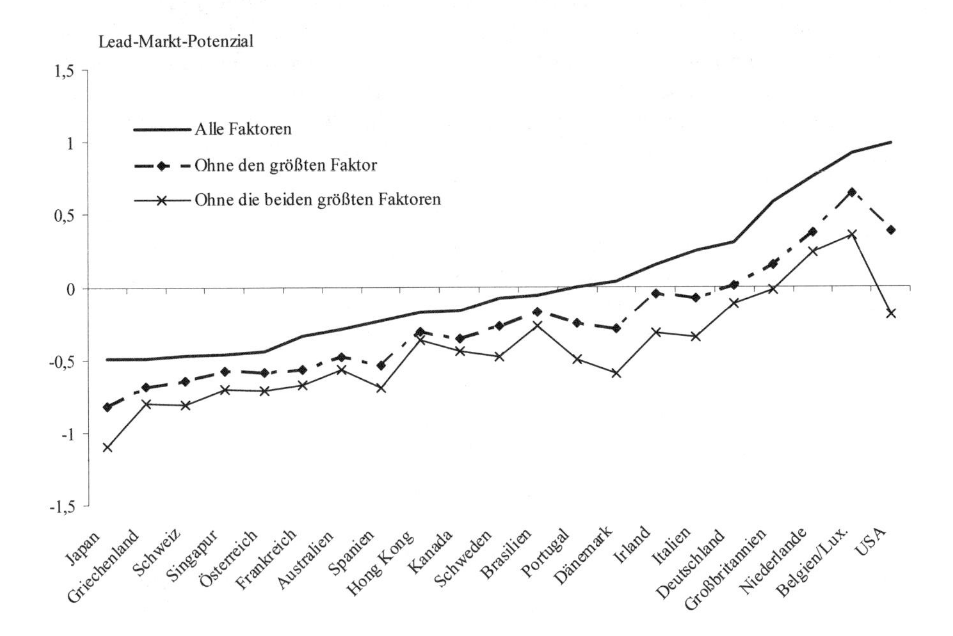

Befunde zu einer Lead-Markt-Rolle der USA bestätigt. Das Ranking im Bereich Hightech-Textilien demonstriert zudem, dass auch kleinere Länder wie Belgien durch die Methode als potenzielle Lead-Märkte identifiziert werden können. Obwohl der kleine Inlandsmarkt eher einen Nachteil darstellt, können auch kleine Länder vielfach eine herausragende Lead-Markt-Position aufbauen.

Bei der gestrichelten Linie haben wir den größten Lead-Markt-Faktor je Land aus dem arithmetischen Mittel herausgenommen, bei der Line mit Kreuzen der zwei größten Werte. Hierbei wird getestet, ob der aggregierte Lead-Markt-Index nur durch einen oder zwei dominierende Vorteile geprägt wird. Diese einfache Sensitivitätsanalyse zeigt, dass die USA zwar hauptsächlich vom großen Inlandsmarkt profitieren, aber auch bei den anderen Faktoren auf überdurchschnittliche Werte kommen. Allerdings zeichnen sich die Benelux-Länder dadurch aus, dass sie eine ausgeglichene Verteilung der Lead-Markt-Vorteile aufweisen.

5.3.4 Konsequenzen für Innovationsprojekte

Welche Schlussfolgerungen lassen sich aus einer solch groben Analyse eines Technologiefeldes für die Unternehmen ziehen? Die hier vorgenommene Abschätzung wurde zum einen nach Anwendungsbereichen differenziert und zum anderen erstreckte sie sich undifferenziert über eine breite Palette von Anwendungsbereichen neuer Hochtechnologietextilien. Die Analyse ist in beiden Fällen recht grob. Zudem wurden nur Indikatoren verwendet, für die internationale Daten vorliegen. Wichtige Anwendungen für neue Fasern und Textilien konnten nicht berücksichtigt werden. Der Aussagewert des Ergebnisses ist also durch die Betrachtung der gesamten Textilindustrie im Gegensatz zur Betrachtung einer einzelnen Innovation reduziert. Dennoch gestattet der Blick auf die gesamte Industrie wie auch auf die einzelnen Anwendungsbereiche der Hightech-Textilien eine grundsätzliche Einschätzung der Lead-Markt-Position verschiedener Länder.

Ein Unternehmen in der Textilindustrie kann aus diesen Einschätzungen eine erste vorsichtige Strategie für dieses Produktfeld entwickeln, zum einen eine regionale Strategie und zum anderen eine Technologiestrategie. Die regionale Strategie bezieht sich auf die Marktausrichtung der Forschungs- und Entwicklungsaktivitäten für das neue Produktfeld. Wenn sich ein Unternehmen für ein bestimmtes Anwendungsfeld entschieden hat, z. B. weil es darauf schon spezialisiert ist oder die hierfür höchste Wachstumsdynamik erwartet, kann eine spezifischere Lead-Markt-Analyse durchgeführt werden. Andererseits kann ein Unternehmen auch bewusst der gesamte Anwendungsbereich abgedeckt wissen wollen, weil man sicher gehen will, dabei zu sein, wenn irgendein Anwendungsbereich den Durchbruch schafft. In diesem Fall mag eine vorläufige Konzentration auf den potenziellen Lead-Markt über alle Produkte hinweg eine notwendige Vereinfachung darstellen. Umgekehrt hat die Präferenz von Ländermärkten Konsequenzen für die Auswahl von bestimmten Anwendungsfeldern, auf die sich das Unternehmen konzentrieren sollte. Aus dem Ergebnis der Lead-Markt-Analyse kann damit eine Technologiestrategie abgeleitet werden. Ein mittelständisches Unternehmen beispielsweise, das es aus nahe liegenden Gründen der Effizienz bevorzugt, sich auf den Heimatmarkt als Referenzmarkt zu konzentrieren, sollte sich konsequenterweise auf die Anwendungsbereiche spezialisieren, in denen der Heimatmarkt Lead-Markt-Vorteile hat. Für andere Anwendungsfelder liegt es nahe, Kooperationspartner in den potenziellen Lead-Märkten zu suchen. Die starke Position der Benelux-Länder für den gesamten Weltmarkt macht deutlich, dass eine enge Zusammenarbeit mit diesen Ländern in der Technologiepolitik und der Unternehmenspolitik von Vorteil ist.

Die Lead-Markt-Untersuchung zu Hightech-Textilien zeigt, dass mit Hilfe eines kombinierten qualitativen und quantitativen Ansatzes auf recht einfachem Weg wichtige Hinweise zur möglichen regionalen Dynamik eines neuen Technologie- oder Produktfeldes gewonnen werden können. Durch eine detaillierte Analyse kann eine erste Abschätzung der relevanten potenziellen Lead-Märkte für jedes der Anwendungsfelder intelligenter Textilien durchgeführt werden. Gleichzeitig kann die Position des Heimatlandes innerhalb des Lead-Markt-Rankings und einzelner Anwendungsfelder bewertet werden. Für Deutschland z. B. identifiziert die Analyse insbesondere die Automobilindustrie als Kunden für den internationalen Erfolg von Textilunternehmen. Aber auch bestimmte umwelttechnische Anwendungen sowie die Konsumnachfrage im Bereich Outdoor-Textilien können einen Lead-Markt konstituieren, was zu Nachfragevorteilen für deutsche Unternehmen führen kann. Damit können die schieren Größennachteile des eigenen Marktes im Vergleich zu den USA teilweise wettgemacht werden. Auch einige kleinere Länder können günstige Bedingungen auf ihrem Heimatmarkt für eine starke Stellung am Weltmarkt für Hightech-Textilien nutzen. Für die Benelux-Länder gilt dies vor allem für den Bereich Heimtextilien, während Italien beim Einsatz neuer Textilien im Bekleidungs- und Modebereich die Vorteile einer Trendsetzenden und preisbewussten Nachfrage und einer starken Internationalisierung der eigenen Textilindustrie zu nutzen vermag. Die USA und mit Abstrichen auch Großbritannien haben im Faserbereich, im Anwendungsfeld Gesundheit und Medizin sowie bei der Bautechnik Lead-Markt-Vorteile.

Teil IV

Lead-Märkte und Politik

6 Der Lead-Markt-Ansatz in der Innovationspolitik

6.1 Nationale Wettbewerbsfähigkeit und Lead-Märkte

Wie wir gesehen haben, spielen die Nachfrage und die Marktdynamik beim technischen Fortschritt vielfach eine entscheidende Rolle.[29] Denn die Nachfragepräferenzen prägen oder formen die technische Spezifikation von Innovationen. Produktionsverfahren reflektieren die jeweiligen Faktorpreisverhältnisse, in dem sie diejenigen Faktoren stärker nutzen, die relativ günstiger sind. Schließlich bestimmt die Verfügbarkeit von komplementären Gütern und von Infrastruktur den Nutzen und damit die Anwendung von Innovationen. Wettbewerb zwingt die Unternehmen zusätzlich, Innovationen anzubieten. Die Anreize der Unternehmen, in Forschung und Entwicklung zu investieren, gehen letztlich von der Marktnachfrage und –Marktdynamik und der Marktstruktur aus. Appelle der Politik ‚mehr in die Forschung' zu investieren, geht an der Ursache vorbei. Die Marktbedingungen müssen stimmen.

Gehen wir zunächst einen Schritt zurück. Seit Anfang der 1960er Jahre werden in der Wirtschaftswissenschaft zur Erklärung des technischen Fortschritts zwei Thesen diskutiert: Die eine betont die Bedeutung der Nachfrage für den technischen Fortschritt *(demand pull),* die andere postuliert einen rein wissenschaftsgetriebenen technischen Fortschritt (*technology push*). Die Bedeutung der Nachfrageverhältnisse ist in vielfacher Hinsicht empirisch belegt worden, nicht zuletzt durch die Arbeiten von Schmookler (1966) in den 1960er Jahren, zu induzierten Innovationen in den 1970s Jahren (Binswanger, Rutton 1978) und von v. Hippel zum Lead-User-Phänomen in den 1980er Jahren. Es gibt heute eine Reihe von Forschern, die glauben, dass der Markt eigentlich das an Innovationen bekommt, was er erwünscht hat (Coombs et al. 1987). Andere sehen die Rolle des Marktes eher in einem Auswahlverfahren unter verschiedenen alternativen Innovationsdesigns (z. B. in dem evolutionären Ansatz von Nelson, Winter 1982). In den 1980er Jahren hat sich immerhin auch ein gewisser (Minimal-)Konsens unter den Ökonomen etabliert, dass der Markt den technischen Fortschritt auch in den wissenschaftsbasierten Feldern zumindest mit prägt.

Dabei überdeckte der Streit über die Frage, ob Nachfrage oder wissenschaftliche Erkenntnis den technischen Fortschritt mehr beeinflusst, die Frage, welche Aspekte der Nachfrage auf welche Weise Innovationen begünstigen, die besonders erfolgreich sind oder sich sogar weltweit durchsetzen. Die Verfechter der De-

---

[29] Dieser und die folgenden Abschnitte sind unter Mitwirkung von Christian Rammer entstanden.

mand-Pull-Theorie beschäftigten sich kaum mit der Frage, warum eine Innovation, die von der Nachfrage induziert wird, überhaupt international erfolgreich sein kann und nicht auf einige wenige Länder beschränkt bleibt. Denn wenn die Marktbedingungen zwischen den nationalen Märkten variieren, was fast immer der Fall ist, dann werden unterschiedliche Innovationen nachgefragt. Länder würden also unterschiedliche nationale technologische Wege einschlagen. Dass sie es in vielen Bereichen nicht tun, sondern letztlich gemeinsam ein Innovationsdesign nutzen, wurde bisher hauptsächlich durch die technische Überlegenheit einer Innovation erklärt. Wie wir bisher gezeigt haben, können besondere Merkmale der lokalen Nachfrage allerdings auch eine entscheidende Rolle spielen.

Theorieansätze, die die besonderen Merkmale nationaler Nachfragebedingungen zur Erklärung des Exporterfolgs von Ländern heranziehen, reichen bis auf Vernons internationales Produktlebenszyklusmodell (Vernon 1966) und Linders Heimatmarkttheorie (Linder 1961) zurück. In neuerer Zeit ist die nationale Nachfrage als systematischer Faktor der internationalen Wettbewerbsfähigkeit von Ländern erstmals wieder von Porter (1990) aufgegriffen worden. Porter nennt mehrere Elemente einer nationalen Nachfrage, die die internationale Wettbewerbsfähigkeit unterstützen: die Größe, das Wachstum und die Struktur der lokalen Nachfrage, anspruchsvolle Nutzer, voraus laufende Nachfrage und die weltweite Ausbreitung von nationalen Nachfragepräferenzen. Diese Erfolgsfaktoren sind bei Porter allerdings nicht im Einzelnen theoretisch begründet, sondern stützen sich auf Fallstudien zu Ländern, die in bestimmten Güterbereichen führend sind.

In der volkswirtschaftlichen und politischen Diskussion um die Wettbewerbsfähigkeit von Nationen geht es vor allem um den Technologiewettlauf, um Kompetenzen in Wissenschaft, Forschung und Entwicklung, Risikobereitschaft, Venture Capital und Innovationsfreudigkeit. Die Rolle der nationalen Nachfrage und der lokalen Marktbedingungen wird in den Untersuchungen dagegen bisher wenig theoretisch und empirisch fundiert betrachtet. In den Publikationen der OECD oder der Ministerien zur Bewertung der Position eines Landes im Technologiewettlauf wird meist ein Messkonzept für Innovationsinput und Innovationsoutput verfolgt. Maßgeblich für den Wettbewerbserfolg eines Landes gelten die wissenschaftlichen Kompetenzen, die durch die Ausgaben für Forschungs- und Entwicklung und Patente bewertet werden. Der Erfolg wird dabei in der Regel durch die Außenhandelsposition eines Landes ausgedrückt.[30] Dies ist zwar nicht falsch. Es werden dabei aber zwei Dinge nicht berücksichtigt. Erstens, werden die von Land zu Land variierenden marktseitigen Anstöße für Unternehmen, in die Entwicklung neuer Innovationen zu investieren nur wenig betrachtet oder gar quantitativ bewertet. Zweitens wird angenommen, dass Innovationen zu Exporten führen. Wir haben aber in diesem Buch argumentiert, dass nicht alle Innovationen exporteffektiv sind, sondern nur diejenigen, bei denen der Inlandsmarkt durch besondere Merkmale gekennzeichnet ist. Die Analyse der Nachfragebedingungen in Ländern als Determinanten der technologischen Leistungsfähigkeit stellt damit ei-

---

[30] Siehe z. B. die regelmäßigen Berichte von BMBF (versch. Jgg,), OECD (1997), EU Commission (versch. Jgg), NSF (verschied. Jgg,).

ne ergänzende Komponente der Berichte zur Wettbewerbsfähigkeit eines Landes dar, die einen eigenen Erklärungsbeitrag leistet.

In vielen Technologien ist das wissenschaftliche Wissen zwischen den USA, Europa und Japan gar nicht so wesentlich verschieden. Historische Analysen international erfolgreicher Innovationen und Technologien wie z. B. Halbleiter (Tilton 1971), Computer (Bresnahan, Malerba 1999), Telekommunikationstechnik (Coopersmith 1993) oder Roboter (Schodt 1988) bestätigen die Befunde aus unseren Fallstudien, dass die wissenschaftlichen Ergebnisse in vielen Ländern bekannt waren und in den industriellen Ländern wissenschaftlich genutzt wurden, lange bevor eine daraus resultierende Technologie eine weite Verbreitung fand. Die internationalen Unterschiede in den technischen Kompetenzen entstehen meist erst durch die Produktentwicklung und die angewandte Produktionstechnologie, d. h. die konkreten Erfahrungen, die ein Unternehmen mit einer neuen Technologie oder einem neuen Produkt durch den Aufbau einer Massenfertigung und das Feedback vom Markt macht (learning-by-doing und learning-by-using, siehe Rosenberg 1982).

Ein Vorsprung bei wissenschaftlichen Erkenntnissen nutzt Unternehmen wenig, wenn die ersten Innovationen vom Markt nicht angenommen werden. Erst durch den Marktdurchbruch in einem Land gelingt es – wegen der Marktnähe vor allem lokalen – Unternehmen, einen Wissensvorsprung vor ausländischen Konkurrenten zu erlangen. Dieser Wissensvorsprung basiert vor allem auf einer längeren Erfahrung mit der Produktion und bei der Anwendung einer Innovation. Dieser Erfahrungsvorsprung drückt sich dann zahlenmäßig in einer höheren Produktivität aus. Häufig schon ist beobachtet und gleichermaßen beklagt worden, dass Erfindungen in einem Land gemacht werden, die erfolgreichen Innovationen dann aber von Unternehmen anderer Länder – also die „Früchte wissenschaftlicher Arbeit vom Ausland geerntet wurden“. So wurden der Roboter, der Videorecorder, das Faxgerät oder die zellulare Mobilkommunikation nicht in den Ländern zuerst zu einem Markterfolg, in denen die Technik führend entwickelt wurde.

Diese Beispiele zeigen, dass zwischen technischer Vorreiterrolle und internationaler Wettbewerbsfähigkeit kein einfacher, positiver Zusammenhang besteht. Es kann sogar empirisch gezeigt werden, dass wissenschaftlicher Vorsprung und technologische Stärken eines Landes nicht immer deckungsgleich sind. Ein Vergleich von wissenschaftlichen und technischen Stärken Deutschlands in 19 Technologiefeldern zeigt wenig Übereinstimmung (Legler, Beise u. a. 2000, S. 52). Die Stärke eines Landes in der Wissenschaft kann die technologische Wettbewerbsposition eines Landes also nicht erklären.

Deshalb wurde schon in den 1960er Jahren, z. B. auch von der OECD (1968), die These vertreten, dass das Problem Europas nicht bei der wissenschaftlichen Fähigkeit und Kompetenz liege, sondern bei der Umsetzung in Innovationen, die am Markt erfolgreich sind. Folglich wären die Unternehmen schuld, wenn andere Länder wissenschaftliche Fortschritte erfolgreich umsetzen. Dieser Nachteil kann aber nur an landesspezifischen Faktoren liegen. Aus der Lead-Markt-Hypothese schließen wir, dass der Erfolg von Ländern auf dem Weltmarkt in bestimmten Industrien nicht auf einem Vorsprung in der Wissenschaft beruht, sondern auf den Lead-Markt-Eigenschaften des heimischen Marktes. Denn Unternehmen – auch multinationale – reagieren vor allem auf Innovationssignale vom Heimatmarkt, entwickeln Produkte, die abgestimmt sind auf die inländischen Präferenzen und Umweltbedingungen und geben Technologien auf, wenn sie auf dem Heimatmarkt zunächst nicht angenommen werden.

Umgekehrt haben Länder oft Innovationen früh genutzt, die sich dann aber nicht international durchsetzen konnten. Die Analyse des Zusammenhangs zwischen den Nachfragebedingungen und der internationalen technologischen Wettbewerbsfähigkeit von Ländern muss sich also in erster Linie auf den Effekt der Marktbedingungen, vor allem der Nachfrage, auf die Entwicklung und Adoption von Innovationen, die auch international angenommen werden, richten.

Der nächste Abschnitt beschäftigt sich mit der Rolle der Politik, insbesondere der Innovationspolitik innerhalb des Lead-Markt-Ansatzes. Welche Aufgaben hat eine Innovations- und Technologiepolitik überhaupt, wenn Marktnachfrage und Marktdynamik die Anreize der Unternehmen, FuE zu betreiben und Innovationen zu entwickeln, bestimmen? Für innovationspolitische Schlussfolgerungen erscheinen zunächst folgende Aussagen des Lead-Markt-Ansatzes von besonderer Bedeutung:

(1) Lead-Märkte sind oft nicht die ersten Länder, die Innovationen nutzen, sondern die Länder, denen andere Länder bei der Auswahl von bestimmten Innovationsdesigns folgen.

(2) Das dominante Innovationsdesign muss keineswegs in dem Land technologisch entwickelt worden sein, in dem es als erstes breit angewendet wird. Technologieentwicklung und Führerschaft in der Technologieadoption können auseinander fallen – und tun dies auch häufig.

(3) Die Etablierung eines national favorisierten Innovationsdesigns erfolgt durch eine Selektion aus konkurrierenden Designs. Die Chance, ein weltweit überlegenes Innovationsdesign auszuwählen, wird durch einen intensiven Wettbewerb zwischen Technologieanbietern gefördert.

(4) Welches Innovationsdesign aus einem Angebot an konkurrierenden Designs sich letztlich international durchsetzt, hängt stark von der Kompatibilität eines Designs mit den künftigen internationalen Trends in dem jeweiligen Anwendungsbereich zusammen. Lead-Märkte entstehen dort, wo die lokale Nachfrage diese Trends früh antizipiert oder wo diese Trends in einem stärkeren Ausmaß spürbar sind bzw. früher als anderswo zu wirken beginnen.

(5) Für die frühe Adoption einer Innovation sind sehr häufig rasch fallende Preise als ein Ergebnis eines intensiven Wettbewerbs und der Nutzung von Skaleneffekten in der Produktion maßgebend. Eine frühe Adoption des dominanten Designs durch die heimische Nachfrage verschafft den Technologieanbietern am Lead-Markt wichtige Startvorteile für den Export. Aus der großen Zahl an Nutzern resultieren Kostenvorteile. Die Lerneffekte einer frühen Nutzung stellen ebenfalls Kosten- sowie Informationsvorteile dar. Hinzu kommen z. B. Reputationsgewinne.

(6) Die Durchsetzung eines dominanten Designs auf Lag-Märkten und damit der Exporterfolg hängt auch von den Marktbedingungen auf diesen Lag-Märkten,

insbesondere den Markteintrittsmöglichkeiten, ab. Soll die positive Wirkung von Lead-Märkten auf die internationale Wettbewerbsfähigkeit zur Entfaltung kommen, braucht es offene Märkte und die Abwesenheit von nicht-tarifären Handelshemmnissen wie etwa nationalen Regulierungen und Standards, die die Anwendung des dominanten Innovationsdesigns einschränken.

6.2 Die Politik im Lead-Markt-Modell

Neben der Identifizierung und Bewertung der Lead-Markt-Faktoren ist die Analyse der Ursachen für die national unterschiedlichen Ausprägungen der Lead-Markt-Faktoren ein weiterer wichtiger politischer Aspekt. Denn es geht hier insbesondere um die Frage, wie Lead-Markt-Faktoren von politischer Seite unterstützt bzw. negative Konstellationen geändert werden können. Die Lead-Markt-Faktoren des Modells sind von nationalen systemischen Rahmenbedingungen geprägt. Diese Rahmenbedingungen sind natürlicher Art (wie z. B. Landesgröße, Geographie, Klima), kultureller Art (wie Traditionen) oder politisch-regulativerer Art. Die natürlichen Eigenschaften eines Landes lassen sich in der Regel nicht ändern, entziehen sich also einer politischen Gestaltung. Bisweilen werden die Lead-Markt-Faktoren allerdings auch von Akteuren direkt oder indirekt beeinflusst oder gar gesetzt. Bei der politischen Analyse ist es sinnvoll, zunächst das Lead-Markt-Modell um eine Akteurs- oder Politikebene zu erweitern (Abb. 57). Die Lead-Markt-Faktoren eines Landes sind in dieser Betrachtung nicht mehr unveränderliche Landeseigenschaften, sondern Internationalisierungsfaktoren, die ihrerseits von Rahmenbedingungen beeinflusst werden, wie das in Abb. 43 ja schon angedeutet wurde. Hier rückt aber der politisch relevante Handlungsbereich in den Vordergrund. Die Beziehung zwischen der Akteurs- bzw. Politikebene und dem internationalen Erfolg steht bei einer weitergehenden Analyse im Zentrum.

Eine traditionelle Aufgabe der Industrie- und Technologiepolitik ist es, die Diffusion einer neuen Technologie auf dem Heimatmarkt zu fördern. Denn eine schnelle Diffusion einer Technologie, z. B. der Einsatz von modernen Maschinen oder der Aufbau von IT-Infrastruktur in den heimischen Unternehmen, wird als wichtig für die Wettbewerbsfähigkeit eines Landes angesehen (Hall 2004). Diese Wirkungsrichtung der Politik ist in der Grafik mit der Beziehung ① gekennzeichnet. Eine Technologiepolitik kann die frühe Adoption einer Technologie begünstigen, indem die Kosten der Adoption durch Subventionen gesenkt werden. Bei photovoltaischen Anlagen wird z. B. die Investitionssumme direkt subventioniert. Bei anderen Innovationen wird das Risiko reduziert, indem der Staat über Investitionsbanken als Bürge auftritt und im Falle des Scheiterns die Ausfälle übernimmt. Ein Land kann als Pilotmarkt bezeichnet werden, wenn eine neue Technologie oder eine Innovation vor allen anderen Ländern breit angewendet wird, egal ob andere Länder anschließend die gleiche Innovation auch adoptieren.

Mit Hilfe der Lead-Markt-Faktoren als Treiber von Internationalisierungsmechanismen können wir nun sehr schön unterscheiden zwischen der nationalen und der internationalen Diffusion von Innovationen. Wird die gleiche Innovation oder

Abb. 57: Politisches Modell der internationalen Diffusion von Innovationen

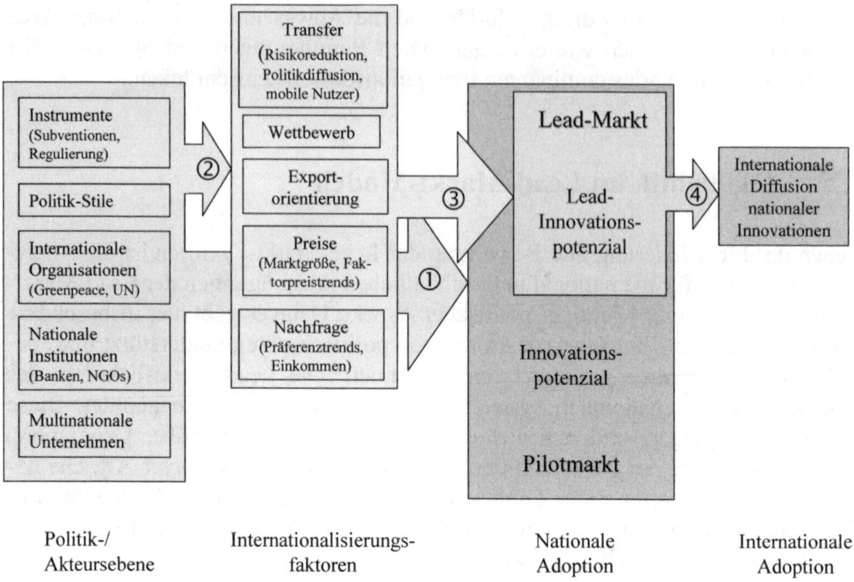

Instrumente (Subventionen, Regulierung)
Politik-Stile
Internationale Organisationen (Greenpeace, UN)
Nationale Institutionen (Banken, NGOs)
Multinationale Unternehmen
②
Transfer (Risikoreduktion, Politikdiffusion, mobile Nutzer)
Wettbewerb
Export-orientierung
Preise (Marktgröße, Faktorpreistrends)
Nachfrage (Präferenztrends, Einkommen)
③
①
Lead-Markt
Lead-Innovations-potenzial
Innovations-potenzial
Pilotmarkt
④
Internationale Diffusion nationaler Innovationen

Politik-/ Akteursebene
Internationalisierungs-faktoren
Nationale Adoption
Internationale Adoption

die gleiche Technologie, die im Inland angewendet wird, anschließend auch von anderen Ländern genutzt, dann kann man von einem Lead-Markt sprechen. In diesem Fall hätte die Politik einen Lead-Markt unterstützt. Prinzipiell könnte es auch ökonomisch gerechtfertigt sein, eine Technologie zu adoptieren, die von anderen Ländern nicht gewählt wird, wenn dadurch die Produktivität erhöht wird. Allerdings werden dann keine Exporte generiert und es besteht die Gefahr, dass die weltweite Adoption eines anderen Innovationsdesigns das Land in eine nachteilige Sonderposition versetzt, die mit dem Verlust von weltweiten Economies-of-Scale verbunden ist. Die Standardisierungsvorteile können dann so groß werden, dass die Nutzer des Landes doch noch auf das global dominante Design überwechseln.

Im normalen Fall sollte die Politik also ein Interesse daran haben, nicht nur einen Pilotmarkt, sondern einen Lead-Markt zu fördern. Die Lead-Markt-Faktoren eines Landes bilden die Grundlage der Anreize anderer Länder, die gleiche Innovation ebenfalls zu adoptieren. In diesem Buch wurde ausführlich über die Beziehung zwischen den Eigenschaften eines Landes und der Fähigkeit, bei der Adoption von Innovationen zu führen, gesprochen. Die Lead-Markt-Faktoren bestimmen dabei das Lead-Markt-Potenzial eines Landes ③. Das Lead-Markt-Potenzial erhöht die Chance, dass andere Länder dem Pilotmarkt folgen. Potenzial und Wirklichkeit stehen in einer stochastischen Beziehung ④, weil der tatsächliche Ausgang des Wettbewerbs zwischen unterschiedlichen Innovationsdesigns natürlich auch von Zufälligkeiten abhängig ist. Was in der industriepolitischen Debatte nun nur noch fehlt, ist eine Diskussion der Beziehung zwischen der politischen Aktionsebene und den Lead-Markt-Faktoren ②.

Wir wollen innerhalb der Akteurs- und Politikebene fünf Elemente unterscheiden. Die Politik selbst beeinflusst eigentlich nur Rahmenbedingungen im Inland, wenn einmal davon abgesehen wird, dass die Politik direkt die Adoption einer Innovation im Ausland befördern könnte, z. B. durch diplomatischen Druck oder Subventionen. Sie setzt eine Vielzahl an regulativen Instrumenten ein, und zwar auf allen Fachebenen, also allen Ministerien und Behörden. Die Beispiele haben schon gezeigt, an wie vielen Stellen die Politik Einfluss auf die nationale Auswahl von Innovationen ausübt. Die Regulierung prägt eben sehr stark die Bedingungen, unter denen sich der Nutzen von Innovationsdesigns entfaltet. Unterschiedliche Rahmenbedingungen führen zur Bevorzugung unterschiedlicher Innovationsdesigns von Land zu Land. Vor dem Hintergrund des Lead-Markt-Konzeptes gibt es aber zwei grundsätzliche Probleme einer staatlichen Förderung der Adoption von Innovationen. Zum Ersten wirkt eine Regulierung meist in Richtung bestimmter Innovationsdesigns. Die Auswahl innerhalb von konkurrierenden Technologien, die ja eigentlich vom Markt erfolgen soll, wird beeinflusst. Ein Merkmal des Lead-Marktes besteht nämlich gerade darin, dass ein funktionierender Markt das ökonomisch nützlichste Design identifiziert. Im Beispiel des Minitel und in anderen Beispielen französischer Industriepolitik hat die Konzentration auf ein bestimmtes Design nicht den internationalen Erfolg gebracht. Man hat „aufs falsche Pferd gesetzt". Die Konsequenzen sind dann eher von Nachteil für das Land, wenn sich ein anderes Innovationsdesign auf dem internationalen Markt durchsetzt.

Zweitens, staatliche Eingriffe zur Förderung der Adoption von Innovationen haben oft einen gegenteiligen Effekt bei der internationalen Diffusion von Innovationen. Denn die internationale Diffusion von Innovationen läuft umso schneller ab, je ähnlicher die Länder in ihren Umweltbedingungen sind. Eine Innovation muss nämlich zwei Hindernisse überwinden, um international erfolgreich zu sein. Zum einen muss sie die Wirtschaftlichkeitsschwelle für den Nutzer überwinden, zum anderen muss sie die Unterschiede zwischen den Ländern überwinden. Politikmaßnahmen sind in der Regel auf das erste Hindernis ausgerichtet. Sie sollen es dem heimischen Nutzer erleichtern, die Innovation wirtschaftlich zu nutzen. Mit der Änderung der Bedingungen für die Adoption einer Innovation in einem Land wird aber gleichzeitig das zweite Hindernis sogar noch erhöht. Denn der Eingriff in den Markt verschiebt die Bedingungen im Land, so dass zwar die Anreize, eine Innovation zu nutzen, größer werden. Der Abstand zu den anderen Ländern wird aber auch vergrößert, da das Land dadurch anderen Ländern immer unähnlicher wird. Subventionen z. B. verzerren die Marktbedingungen, die Verhältnisse in einem Land werden damit einzigartig, solange kein anderes Land die gleichen Subventionen einführt. Eine staatlicherseits geförderte Innovation braucht also erheblich mehr Lead-Markt-Vorteile, um international erfolgreich zu werden, als eine Innovation, die sich ohne staatliche Mitwirkung in einem Markt durchgesetzt hat. Getreu dieser Argumentation kann also nicht erwartet werden, dass die simple Förderung der Verbreitung einer Innovation unbedingt zur Erhöhung des internationalen Erfolges führt.

Auf der anderen Seite kann man allerdings eine Politikmaßnahme dahingehend prüfen, ob sie dazu geeignet ist, die Lead-Markt-Rolle eines Landes zu fördern oder zu schwächen. Es kann jetzt danach unterschieden werden, ob eine Politikmaßnahme nur die Adoption im Inland fördert oder zusätzlich auch zur weltweiten Verbreitung des gleichen, also des im Inland favorisierten Innovationsdesigns beiträgt. Dazu kann der Einfluss der Politikmaßnahme auf die im Lead-Markt-Modell identifizierten Lead-Markt-Faktoren überprüft werden. So könnte die nationale Regulierung dazu führen, dass ein Land an die Spitze eines globalen Trends rückt. Wenn die Benzinpreise international langfristig steigen, dann kann die Erhöhung der Benzinsteuer eine Stärkung der Lead-Markt-Eigenschaft des Landes sein, auch wenn das für den einzelnen Verbraucher zunächst mit Konsumeinbußen verbunden ist. Eine traditionelle Argumentation ist die der Risikoreduzierung durch die staatliche Förderung von Pilotanwendungen von Technologien, deren Nutzen und Wirtschaftlichkeit nicht klar ist. Im Falle des Atomreaktors war die staatliche Förderung in den USA in der Tat für den internationalen Erfolg des Leichtwasserreaktors mit verantwortlich. Zum anderen kann die Subventionierung einer Innovation die Massenfertigung etablieren, die dann zu Kostenvorteilen führt. Bei den Solarzellen z. B. ist mit diesem Argument eine große Industrie in Japan und Deutschland mit massiven staatlichen Hilfen aufgebaut worden (Jacob u. a. 2005). Dies funktioniert aber nur, wenn auch tatsächlich große Kostenreduktionspotenziale vorhanden sind, die es ermöglichen, dass eine Technologie international wettbewerbsfähig werden kann.

Durch die Einbeziehung der politischen Analyse kommt allerdings ein weiterer Mechanismus der Internationalisierung einer Innovation zum Vorschein, der bisher bei der rein ökonomischen Betrachtung vernachlässigt wurde: die internationale Diffusion von Politikinstrumenten zur Förderung der Adoption von Innovationen. Die internationale Diffusion von bestimmten Innovationsdesigns kann von Politikinstrumenten ausgehen, wenn ein Land die Adoption eines bestimmten Innovationsdesigns durch ein Politikinstrument fördert und das gleiche Instrument dann auch in anderen Ländern eingeführt wird. Ein Beispiel für die Diffusion von Politikinstrumenten ist die Abgasvorschrift, die zum Erfolg des geregelten Katalysators geführt hat (Beise u. a. 2003). Die US-amerikanischen Abgasvorschriften, die in den 1970er Jahren eingeführt wurden, waren so streng, dass sie quasi nur mit Hilfe eines Katalysators zu erreichen waren. Obwohl die Europäer andere Abgas reduzierende Technologien favorisierten (z. B. den Magermotor), setzte sich die amerikanische Abgasvorschrift letztlich international durch aufgrund der Lead-Markt Eigenschaft der USA bei der Luftverschmutzung durch Autos. Diese Lead-Markt-Rolle der USA brachte den internationalen Erfolg des Katalysators mit sich.

Folgt man der politikwissenschaftlichen Literatur (Bennett 1991, Dolowitz, Marsh 1996), so gehorcht die Politikdiffusion, d. h. die internationale Diffusion einer Politikmaßnahme, den gleichen Prinzipien wie sie unter dem Titel Transfervorteil diskutiert wurden. Der Demonstrationseffekt einer Politikmaßnahme senkt das Risiko für andere Länder, wenn sie die gleiche Politikmaßnahme einführen. Die Reputation eines Landes und die internationale Aufmerksamkeit, die es genießt, verstärken diesen Transfervorteil. Obwohl die spezielle Situation in jedem einzelnen Land eigentlich eine Anpassung der Politikmaßnahmen an die nationalen Eigenheiten empfähle, übernehmen Länder häufig ein in einem führenden Land bewährtes Instrument (z. B. die US-Abgasvorschriften). Wodurch Länder diese Reputation gewinnen, ist allerdings noch etwas unklar, denn es ist nicht allein durch Vorreiterschaft in der Umweltregulierung getan. Es muss auch die Erwartung geben, dass die Politikmaßnahme erfolgreich ist, und sie muss aufrichtig sein, d. h. nicht nur deshalb verfolgt werden, um einem Land einen internationalen Wettbewerbsvorsprung zu verschaffen. Diese industriepolitische Motivation der Regulierung scheint z. B. in Japan bei den Gesetzesinitiativen des Ministeriums für Handel und Industrie (METI) oft vorzuherrschen.

Wir können also die internationale Diffusion von Politikinstrumenten leicht in die Gruppe der Transfervorteile integrieren. Politikwissenschaftler wie z. B. Prof. Jänicke sehen allerdings nicht nur die Instrumente als Erfolgsfaktoren der Politik, sondern auch Politikstile (Jänicke 1996). Der Politikstil bezeichnet die Art und Weise, wie Politik zustande kommt und durchgeführt wird. Der Politikstil hat einen Einfluss auf das Ergebnis eines Politikinstruments. Man unterscheidet dabei in der Regel zwischen konsensorientierten und autoritären Stilen (Richardson 1982). Es ist zu vermuten, dass gerade bei der internationalen Diffusion von Instrumenten der nationale Politikstil eine wichtige Rolle spielt. So könnte ein Instrument, das durch einen „konsensualen“ Politikstil umgesetzt wurde, international mehr Anhänger finden, als Instrumente autoritärer Macht. Entscheidend ist allerdings der Erfolg eines Instruments, der Politikstil ist dann (nur) sekundär.

Nationale Institutionen prägen die Rahmenbedingungen des lokalen Marktes. Sie können vor allem die Exportorientierung eines Landes erhöhen, indem sie die lokalen Rahmenbedingungen den internationalen Bedingungen anpassen oder auf die Unternehmen einwirken, die Präferenzen auf den ausländischen Märkten zu berücksichtigen. Zum Beispiel setzen Banken auf vielfältige Weise die Rahmenbedingungen in einem Land und damit die Rahmenbedingungen für die Innovationen der Unternehmen, wenn sie über die Finanzierung von Innovationsprojekten entscheiden.

Internationale Organisationen und multinationale Unternehmen können als Akteure erheblichen Einfluss auf die internationale Diffusion von Innovationen haben. Im Falle multinationaler Unternehmen haben wir das schon bei den Transfervorteilen diskutiert. Multinationale Unternehmen haben einen Anreiz, die gleichen Innovationen über Ländergrenzen hinweg einzusetzen und standardisierte Prozesse zu verfolgen. Sie favorisieren dadurch in der Regel auch die gleichen Rahmenbedingungen in den einzelnen Ländern. Entsprechend wollen sie aus spezifischen nationalen Rahmenbedingungen keine Nachteile ziehen und drängen die nationale Verwaltung, internationale Standards zu übernehmen, wenn dies den heimischen Unternehmen Vorteile bringt. Dies gilt zwar für alle Unternehmen, multinationale Unternehmen haben aber einen weitaus größeren Einfluss auf die Politik. Auch internationale Organisationen wirken daraufhin, internationale Standards einzuführen. Internationale Standards werden dabei nicht nur von internationalen Interessenverbänden und UN-Organisationen propagiert, sondern auch von großen Nicht-Regierungsorganisationen wie Greenpeace. Diese Organisationen lenken die internationale Aufmerksamkeit auf besonders fortschrittliche nationale Initiativen und drängen auf die weltweite Übernahme diese Maßnahmen. Einzelne Länder können selbst auf internationale Normierungsverbände größeren Einfluss ausüben als andere. In diesem Sinne wurde z. B. in der Vergangenheit von den Amerikanern kritisiert, dass das europäische metrische System, ursprünglich eine französische Initiative, zum internationalen Standard erklärt wurde. Amerikanische Unternehmen werden dadurch auf den Exportmärkten benachteiligt. Die Standardisierung nach dem europäischen System beginnt gerade in jüngster Zeit in Saudi-Arabien, von wo aus sie sich wohl auf die arabischen Staaten ausbreiten wird. Europäische und japanische Produkte werden dadurch favorisiert, dass die USA es lange versäumt haben, auf die industrielle Standardisierung in der arabischen Welt in gleicher Weise Einfluss zu nehmen wie andere Länder (Cateora, Graham 2002, S. 385). Auf der anderen Seite hatten sicherlich die Amerikaner bei der Durchsetzung von offiziellen Standards in der Informationstechnik einen größeren Einfluss. Letzteres ist aber wohl eine Folge der Lead-Markt-Rolle der USA. Es sei an dieser Stelle noch einmal betont, dass in unserem Modell die Standardisierungsbehörden selbst nicht den internationalen Erfolg von Innovationen bewirken, sondern nur die Lead-Markt-Faktoren. Nationale und internationale Akteure prägen allerdings diese länderspezifischen Faktoren mit, z. B. indem sie durch die Unterstützung der in einem Land geltenden Standards diesem Land internationale Reputation und Aufmerksamkeit verleihen.

Durch die Berücksichtigung der fünf Lead-Markt-Faktoren als Internationalisierungsmechanismen von Innovationen wird eine umfassende Analyse des Einflusses der Politik und der Marktakteure auf den internationalen Erfolg von Innovationen möglich. In unserem Modell prägen Politik und Akteure die Internationalisierungsfaktoren und diese wiederum bestimmen das Lead-Markt-Potenzial eines Landes. Im nächsten Abschnitt diskutieren wir die Konsequenzen eines solchen Lead-Markt-Modells für die Industrie- und Technologiepolitik eines Landes.

6.3 Eine Lead-Markt-orientierte Technologiepolitik

Zum Konzept der Lead-Märkte als Bindeglied zwischen Forschung und Technologieentwicklung einerseits und dem Export von Innovationen andererseits stellen sich von innovationspolitischer Seite mehrere Fragen, die in diesem Abschnitt diskutiert werden sollen:

(1) Wie kann generell die Herausbildung von Lead-Märkten von staatlicher Seite unterstützt werden? Wie kann im Speziellen die Innovationspolitik die Lead-Markt-Position eines Landes in bestimmten Industrien sichern und stärken?

(2) Macht es einen Unterschied, ob der heimische Markt den Charakter eines Lead-Marktes oder eines Lag-Marktes hat?

(3) Welche Rolle spielt die Förderung von konkreten Technologien für die Lead-Markt-Eigenschaft eines Landes? Kann sie die Entstehung von Lead-Märkten fördern, oder besteht die Gefahr, dass Technologien forciert werden, die geringe Chancen haben, von anderen Ländern übernommen zu werden (idiosynkratische Innovationsdesigns)?

(4) Wie kann eine Lead-Markt-Orientierung der verschiedenen innovationspolitischen Politikbereiche aussehen?

Mit dem Lead-Markt-Gedanken wird ein neuer Aspekt in die innovationspolitische Diskussion eingebracht. Denn die Forschungs- und Technologiepolitik versteht sich vorrangig als angebotsorientiert und vorwettbewerblich. Dies wird aus dem grundlegenden Argument abgeleitet, dass sich den Unternehmen zu einem frühen Zeitpunkt bei der Technologieentwicklung noch zu wenige Anreize bieten, in Forschung und Entwicklung zu investieren. Forschungsförderung sollte gerade dann in Aktion treten, wenn noch keine Nachfrage nach bestimmten Produkten oder Prozessen vorhanden ist.

Obwohl die Nachfrageseite für die Entwicklung von neuen technischen Anwendungen, für die Richtung, die der technische Fortschritt einschlägt und den Erfolg von Innovationen mit entscheidend ist, ist sie bislang nur wenig in die Forschungs- und Technologiepolitik integriert. Allerdings wird immer dann, wenn die Nachfrage nach geförderten Technologien ausbleibt, gefordert, staatlicherseits Nachfrage zu erzeugen, um so eine breite Nutzung anzuschieben.[31]

Allerdings steht diese Art der Technologieförderung über die Nachfrageseite vor zwei Problemen: Erstens stellt sie einen staatlichen Eingriff in den Markt dar und kann Gegenreaktionen anderer Länder provozieren, die dies als Industriepolitik und Subventionierung der heimischen Industrie beurteilen und die internationale Diffusion des jeweiligen Innovationsdesigns zu verhindern suchen. Zweitens setzt sie Wissen darüber voraus, welche Technologien bzw. welche Innovationsdesigns künftig auf eine breite Akzeptanz bei den potenziellen Nutzern stoßen werden. Wie die Beispiele zeigen, lässt sich dies vorab jedoch selten sagen. Eine Innovationspolitik, die nur die eine oder andere isolierte Argumentation verfolgt, schwächt damit gleichzeitig die anderen Lead-Markt-Faktoren. Eine Innovationspolitik, die allen Faktoren entgegenkommt, sollte damit

(1) den Wettbewerb zwischen Innovationsdesigns fördern,
(2) offen für die Diffusion von neuen Technologien aus anderen Ländern sein,
(3) die Förderung von Technologien an künftigen, internationalen Trends im Bereich der Anwendung dieser Technologien ausrichten,
(4) Lead-Markt-Vorteile insbesondere bei Anwendungen suchen, die ein großes Nachfragepotenzial im Inland haben,
(5) für offene Märkte zwischen den Industrieländern eintreten, insbesondere auch durch die Förderung der Diffusion von Regulierungen und international einheitlichen Standards,
(6) sich auf Politikfelder erstrecken, die bisher nicht zur Innovationspolitik im engeren Sinn zählen und deren Zuständigkeit bei politischen Akteuren liegt, die sich nicht innovationspolitischen Zielen verpflichtet fühlen, z. B. die Gesundheitspolitik, Verteidigung und Verkehrspolitik.

---

[31] So empfiehlt die EU-Kommission in ihrer Mitteilung „Innovation in a Knowledge-driven Economy“ aus dem Jahr 2000, dass die Mitgliedsstaaten die Nachfrage nach Innovationen durch eine dynamische Beschaffungspolitik der staatlichen Verwaltung stimulieren soll.

(7) sich in besonderem Maße international orientieren und auch international abstimmt sein.

Das Konzept des Lead-Marktes erhebt nicht den Anspruch, das allein gültige Modell zur Erklärung des Erfolgs von Innovationen zu sein. Vielmehr bringt es die Nachfrage – und hier insbesondere die Bedeutung von Marktstrukturen und Nachfrageverhalten für die Adoption von weltweit durchsetzungsfähigen Innovationsdesigns – als zusätzlichen Erklärungsfaktor in die innovationspolitische Diskussion ein. Unternehmen werden nicht aufgrund der Lead-Markt-Eigenschaft des Heimatmarktes automatisch wettbewerbsfähig, es bedarf vielfältiger Managementfunktionen, Forschungs- und Entwicklungsaktivitäten, Risiko-Kapitals und unternehmerischen Handelns. Das Lead-Markt-Modell ergänzt damit die drei Elemente des Innovationserfolgs: Erstens betriebswirtschaftliche Erklärungsmodelle, die das betriebliche Innovationsmanagement in den Mittelpunkt stellen, zweitens technikwissenschaftliche Ansätze, die die Rolle von Wissenschaft, Forschung und Entwicklung betonen, sowie drittens Interaktionsansätze, die das institutionelle Zusammenwirken vieler Akteure im Innovationssystem betrachten. Die Berücksichtigung des Lead-Markt-Konzeptes in der Innovationspolitik bedeutet daher nicht, den bisher verfolgten Ansätzen ein alternatives Modell gegenüberzustellen, sondern zielt auf die Ergänzung traditioneller Instrumente ab. Das Konzept der Lead-Märkte stellt die verschiedenen Ansätze der angebots- und nachfrageorientierten Innovationspolitik gewissermaßen auf den Prüfstand.

Das Lead-Markt-Modell eignet sich aber nicht nur zur kritischen Überprüfung der traditionellen Technologiepolitik, sondern eröffnet auch neue Aspekte einer Innovationspolitik. So lässt sich direkt aus dem Lead-Markt-Modell ableiten, dass der Staat die Lead-Markt-Rolle eines Landes dadurch unterstützen kann, dass er die Lead-Markt-Faktoren eines Landes verbessert.

6.3.1 Förderung der Lead-Markt-Eigenschaften eines Landes

Lead-Markt-Faktoren sind die Marktbedingungen, die für den Exporterfolg von neuen Produkten und Prozessen, die auf dem lokalen Markt eingeführt wurden, relevant sind. Die Lead-Markt-Rolle eines Landes kann dadurch gefördert werden, dass diese Lead-Markt-Faktoren gestärkt oder die nachteiligen Eigenschaften eines Marktes beseitigt werden. Zu den nachteiligen Eigenschaften eines Landes zählen vor allem besondere Rahmenbedingungen, die von denen in anderen Ländern besonders stark abweichen, aber das Land nicht an die Spitze eines globalen Trends stellen. Diese Idiosynkrasien führen dazu, dass Innovationsdesigns nachgefragt werden, die sich auf dem Weltmarkt nicht vermarkten lassen. Eine Förderung der Lead-Markt-Rolle kann von zwei Seiten aus ansetzen:

(1) Verbesserung der Faktoren, die allgemein die Lead-Markt-Eigenschaften eines Marktes bestimmen.
(2) Gezielte Förderung der bestehenden Lead-Märkte im Rahmen gezielter industriespezifischer Politikansätze.

Unter den zu fünf Gruppen zusammengefassten Lead-Markt-Faktoren sind einige „natürlichen" Ursprungs, wie z. B. die Kostenvorteile, die durch die Landesgröße bedingt sind, oder der Nachfragevorteil, wenn er aus geografischen oder sonstigen natürlichen Rahmenbedingungen resultiert. Einige Faktoren lassen sich mehr oder weniger durch politische Maßnahmen beeinflussen.

So kann der Marktstrukturvorteil durch Förderung des Wettbewerbs innerhalb eines Landes unterstützt werden. Wettbewerbspolitik ist seit langem eine ordnungspolitische Aufgabe, da der Wettbewerb durch ein niedriges Preisniveau und bessere Abstimmung von Angebot und Nachfrage wohlstandssteigernd wirkt und wichtige Anreize für Innovationen setzt. Wettbewerbspolitik ist zugleich Lead-Markt-Politik. Eine Förderung des Wettbewerbs resultiert unter anderem aus einer Senkung der Markteintrittsbarrieren (auch für ausländische Anbieter), der Verhinderung von wettbewerbsreduzierenden Praktiken der etablierten Unternehmen, der Förderung von Neugründungen oder der Öffnung von abgeschotteten, staatlich administrierten oder durch staatliche Monopole geprägten Märkten. Die frühe Liberalisierung von Monopolmärkten hat etwa bei Telekom-Anwendungen wesentlich zur Herausbildung der heutigen Lead-Märkte beigetragen. Dagegen kann eine späte Marktöffnung wegen des geringeren Preiswettbewerbs Nachfragenachteile (z. B. eine langsamere Diffusion von Innovationen) mit sich bringen. Eine Liberalisierung kann unter Umständen aber auch Nachteile haben, und zwar dann, wenn sie einseitig erfolgt, d. h., wenn andere Märkte abgeschottet bleiben.

Eine innovationsstimulierende Marktstrukturförderung ist klar von dem Ansatz einer Förderung „nationaler Champions" zur Erhöhung der internationalen Wettbewerbsfähigkeit von Innovationen zu trennen. Bei einer Lead-Markt-Politik geht es eben nicht um die gezielte Stärkung einzelner Akteure, sondern um die Stärkung des Wettbewerbs zwischen allen Akteuren. Internationale Wettbewerbsfähigkeit wird aus Sicht des Lead-Marktes durch die frühe Konfrontation der Innovatoren mit dem Markt unter Bedingungen des freien Wettbewerbs eher erhöht als durch den Schutz vor Wettbewerb mit dem Ziel, eine starke nationale Position aufzubauen.

Der Exportvorteil ist vor allem ein Vorteil der kleinen Länder, da sie durch die geringe Heimatmarktgröße schon immer gezwungen waren, sich auf die Präferenzen der großen Märkte auszurichten. Die steigenden FuE-Kosten und Investitionen machen es allerdings auch für die meisten großen Marktwirtschaften unvermeidbar, Güter der Spitzen- und der hochwertigen Technologie für den „Weltmarkt" zu entwickeln. Nicht immer aber sind große heimische Erstkunden bereit, Abstriche an ihren speziellen Anforderungen zugunsten von Präferenzen anderer Länder zu machen, damit die Technik auch weltweit vermarktet werden kann. Dies war in der Vergangenheit vor allem bei nationalen Telekomgesellschaften, beim Militär, bei der Bahn und beim (staatlichen) Gesundheitswesen der Fall. Aufgrund der stark landesspezifischen Präferenzen und Technologietraditionen dieser staatlichen oder staatsnahen Einrichtungen, die zudem nicht immer Kosten oder Rendite bewusste Nachfrager sind, kann eine Orientierung auf sie als Erstkunden zu Innovationsdesigns führen, die nicht im internationalen Trend liegen. Das staatliche Beschaffungswesen als Förderer von Innovationen ist aus Sicht der Lead-Markt-Forschung daher kritisch zu sehen. Allerdings kann eine Beschaffungspolitik auch an Lead-Markt-Kriterien ausgerichtet werden und dadurch die Exportchancen vor allem in jenen Branchen senken, die stark von staatlicher Nachfrage abhängig sind.[32]

Die staatlichen Institutionen können zudem durch geeignete Rahmenbedingungen, aber auch durch direkte Einzelmaßnahmen darauf dringen, dass sich alle inländischen Nachfrager stärker exportorientiert verhalten. Dies ist z. B. bei Technologieentwicklungsprojekten möglich, für die von staatlicher Seite Fördergelder bereitgestellt werden. Hier kann die Exportierbarkeit der Technologie als ein Förderkriterium eingeführt werden. Aber auch die Gesetzgebung kann auf die Exportorientierung wirken, wenn sie sich an internationalen Trends orientiert. Ein Beispiel ist die Gesetzgebung für Luftreinhaltung. Nachdem klar wurde, dass der geplante Clean Air Act in den USA in den 1970er Jahren nur mit dem Katalysator in Fahrzeugen eingehalten werden konnte, wurde in Japan die gleiche Regulierung früher eingeführt, wodurch die japanischen Automobilunternehmen einen Vorsprung in der Anwendung erzielten.

Mit dem Nachfragevorteil wird vor allem die Position eines Landes hinsichtlich der Wahrnehmung von globalen Trends und der Reaktion auf diese Trends abgebildet. Er besteht dann, wenn ein Land globale Trends rascher oder früher annimmt als andere Länder. Nur in ausgewählten Fällen scheint es möglich, ein Land durch staatliche Maßnahmen quasi an die Spitze des Trends zu rücken. Dies ist in der Regel nur möglich, wenn die Anreize erhöht werden, auf bestimmte Trends frühzeitig zu reagieren. So ist Deutschland nicht das Land mit der höchsten Umweltverschmutzung, aber die strenge Regulierung hat die Entwicklung umweltschonender Technik gefördert und die Exportchancen von Innovationen in diesem Bereich verbessert. Allerdings kann das frühe Aufspringen auf einen (vermeintlichen) Trend auch die Gefahr bergen, „aufs falsche Pferd zu setzen", wenn sich der Trend doch nicht global durchsetzt.

Einfacher ist es, die Position eines Landes beim Preisvorteil zu beeinflussen. Durch Steuern auf bestimmte Faktoren oder Güter können die Preise erhöht oder gesenkt werden, je nachdem, ob der allgemeine Preistrend nach oben oder nach unten zeigt. Die Energiepreise z. B. für Benzin steigen in vielen Ländern. Die Ökosteuer auf Benzin unterstützt in diesem Sinn auch die Lead-Markt-Eigenschaft Deutschlands für Produkte, die Benzin als Energieträger nutzen. Denn die Unternehmen auf diesem Markt haben einen Anreiz, die Energieeffizienz dieser Produkte zu erhöhen, und Technologien zu entwickeln, die den Benzinverbrauch senken oder substituieren. Langfristig haben diese Technologien dann auch auf dem Weltmarkt eine Chance. Steuern können also eine Verbesserung des Preisvorteils

[32] Als Argument für staatliche Nachfrage wird hierbei vor allem die Rolle der Militärnachfrage in den USA angegeben, die oft als Anschub für die weltweite Verbreitung von neuen Technologien gewirkt hat. Allerdings hat sich die Lead-User-Eigenschaft des US-Militärs ab den 1970er Jahren wesentlich verringert (Dertouzous et al. 1980). Seit den 1980er Jahren ging man verstärkt zur „dual use"-Strategie über, die das Beschaffungswesen des Militärs an den technologischen Anforderungen und Entwicklungen in der Privatwirtschaft ausrichtet, um so auch in den Genuss von Preisvorteilen, die aus der ansteigenden zivilen Nachfrage resultieren, zu kommen.

eines Landes bedeuten, wenn sie in Richtung eines weltweiten Preistrends liegen. Preisvorteile können aber auch stark durch eine wettbewerbsorientierte Politik gefördert werden, da intensiver Wettbewerb die Preise für die Nutzer senkt. So lagen z. B. die skandinavischen Ländern frühzeitig an der Spitze des fallenden Trends der Preise für Telekommunikation, was die rasche Verbreitung neuer Informations- und Kommunikationstechnologien förderte. Doch auch beim Preistrend stellt sich für die Politik das grundsätzliche Informationsproblem. Kann ein Trend überhaupt rechtzeitig erkannt und gleichzeitig beurteilt werden, ob es sich dabei tatsächlich um einen globalen und auf Dauer wirkenden Trend oder nur um einen nationalen oder kurzfristigen Trend handelt?

Ein anderer wichtiger Aspekt des Preisvorteils sind Kostenvorteile, die aus der Marktgröße resultieren. Hier kann die Innovationspolitik günstige Rahmenbedingungen zur Nutzung der prinzipiell gegebenen Größenvorteile eines Marktes setzen. Dazu zählt beispielsweise die Verhinderung einer regionalen Zersplitterung des Heimatmarktes etwa durch nicht einheitliche Zulassungsverfahren oder andere Regulierungen. Aber auch die rasche Durchsetzung von Standards, die international anerkannt sind, fördert die Nutzung von Skalenvorteilen am Heimatmarkt.

Der Transfervorteil ist derjenige Lead-Markt-Faktor, der in der Innovationspolitik schon heute am stärksten berücksichtigt wird. Denn die staatliche Förderung der Anwendung neuer Technologien zielt auf den Demonstrationseffekt in der Diffusion von Innovationen ab, z. B. bei Anwendungszentren für neue Prozesstechnologien. Dies kann vor allem dann ein entscheidender Faktor für die internationale Diffusion einer Technologie sein, wenn die Unsicherheit über die technologische Umsetzbarkeit und ökonomische Effizienz einer neuen Technologie hoch ist. Durch die Erstanwendung kann diese Unsicherheit so weit reduziert werden, dass andere Länder bereit sind, die neue Technologie anzuwenden. Voraussetzung ist allerdings auch hier, dass die Technologie als solche nicht idiosynkratisch und daher für die Bedingungen anderer Länder ungeeignet ist.

Ein anderer Aspekt des Transfervorteils betrifft die internationale Durchsetzung von nationalen Regulierungen. Bei neuen technologischen Entwicklungen stehen am Beginn oft konkurrierende technische Lösungen, die als nationale Standards verankert oder über technische Regulierungen quasi festgeschrieben werden. Der Transfervorteil landet letztlich bei jenem Land, dem es gelingt, seinen Standard international durchzusetzen. Hier spielen die Verhandlungsmacht von Staaten, die internationale Politikkooperation und Mechanismen der Entscheidungsfindung in internationalen Gremien eine große Rolle. Die konkrete Ausgestaltung von nationalen technischen Standards kann dann fördernd auf ihre internationale Durchsetzungsfähigkeit wirken, wenn sie möglichst offen für die weitere technologische Entwicklung sind, wenn sie nicht von wenigen, marktdominanten Unternehmen getragen werden und wenn sie bereits von mehreren Ländern genutzt werden.

Eine unspezifische Technologieförderung definiert allgemeine Ziele, die eine Innovation erfüllen soll, z. B. das schadstofffreie Auto („zero emission car"), und überlässt die Wahl der Innovationsdesigns dem Wettbewerb zwischen den Unternehmen. Deren FuE-Tätigkeit wird entweder über indirekte Förderinstrumente, z. B. Steuergutschriften für FuE, oder über eine direkte Förderung unterstützt, die auf das Innovationsziel hin ausgerichtet ist und nicht auf die konkrete Technik.

Allerdings kann auch unspezifisch gemeinte Technologieförderung bestimmte Innovationsdesigns fördern. Das Beispiel des Katalysators macht dies deutlich. Nachdem die Grenzwerte in den USA für drei der schädlichsten Abgase von Personenkraftfahrzeugen im Clean Air Act der 1970er Jahre gesenkt wurden, blieb der Automobilindustrie nur der Einbau eines Katalysators als einzig verfügbare technische Lösung. Die Regulierung, die zunächst ganz unspezifisch erscheint, erzwingt also ein bestimmtes Innovationsdesign. Eine andere Grenzwertsetzung hätte auch alternative Innovationsdesigns zugelassen.

Eine indirekte Förderung der Lead-Markt-Eigenschaft eines Landes über Regulierungen oder Demonstrationsprojekte – im Gegensatz zur direkten Subventionierung von bestimmten Technologien – reduziert auch die Gefahr, dass andere Länder die Politikmaßnahmen als Versuch empfinden, die Exportchancen der Unternehmend des eigenen Landes zu erhöhen. Eine zu offensichtliche Unterstützung der heimischen Industrie mit dem Ziel der internationalen Durchsetzung eines nationalen Standards kann Gegenmaßnahmen anderer Länder provozieren und zur Verhinderung der Übernahme des heimischen Innovationsdesigns führen.

Zusätzlich zur Förderung der allgemeinen Lead-Markt-Faktoren eines Heimatmarktes kann eine Lead-Markt-Orientierung der Innovationspolitik auch an jenen konkreten Märkten oder Sektoren ansetzen, die heute bereits eine Lead-Markt-Rolle einnehmen. Hier geht es vor allem darum, die Bedingungen zu erhalten, die zur Herausbildung des Lead-Marktes geführt haben. Dies bedeutet in der Regel weniger eine aktive, staatliche Technologieförderung, als vielmehr die Sicherstellung günstiger Rahmenbedingungen für die Entwicklung neuer Innovationsdesigns und den Export von Innovationen. Dazu zählen

1. die Erhaltung des Wettbewerbs durch strenge kartellrechtliche Aufsicht,
2. eine Förderung von Gründungen und jungen Technologieunternehmen,
3. die Verhinderung von technikrelevanten Regulierungen, die die künftige Produkt- und Technikentwicklung vorab auf bestimmte Innovationsdesigns lenkt,
4. der Abbau von nicht-tarifären Hemmnissen im internationalen Handel und
5. die Sicherung günstiger Rahmenbedingungen für die Internationalisierung der Unternehmen.

Aus einer dynamischen Perspektive heraus ist es wichtig, dass auch weiterhin rasch kundennahe und weltmarktfähige Technologien hervorgebracht werden. In Branchen, für die ein Land bereits der Lead-Markt ist, ist davon auszugehen, dass die Unternehmen aus den Innovationserfolgen der Vergangenheit gelernt haben und erfolgreiche Prozesse der Kundenzusammenarbeit und Trendbeobachtung in Innovationsprojekten fortführen. Hier ist kein Anlass für innovationspolitische Intervention gegeben, sondern allenfalls eine flankierende, vorwettbewerbliche Unterstützung der Wissensbasis, auf die alle Unternehmen zugreifen können. Unternehmen in Lead-Märkten stehen vor der ständigen Herausforderung, neue Kundenbedürfnisse und Nachfragetrends mit den veränderten technologischen Möglichkeiten zu verbinden. Sie müssen aber auch danach trachten, neue technologische Potenziale und Trends hinsichtlich ihrer Umsetzung in Innovationsdesigns, die am besten den Kundenbedürfnissen entsprechen, zu testen. Hier ergeben sich für die Innovationspolitik zwei Aufgabenbereiche:

1. Verhinderung einer zu starken Heimatmarkt-Orientierung der Lead-Markt-Branche: Mit dem Auftreten neuer Technologien können sich Preisstrukturen, Komplementaritäten zu Produktionsfaktoren oder Nachfragepräferenzen ändern. Dadurch können andere Länder zu Lead-Märkten werden. Selbst der Automobilbau zeigt, dass nicht für alle neuen Anwendungen und Modelle Deutschland der führende Markt ist. Beispielsweise waren die USA der Lead-Markt für die so genannten Sport-Utility-Vehicles (SUVs). Die künftige Exportfähigkeit des Systemprodukts Auto hängt daher auch davon ab, dass einzelne Innovationen dort getestet werden, wo die Nachfrage am besten die künftigen weltweiten Präferenzen widerspiegelt. So ist es z. B. nicht klar, ob Deutschland im Bereich des Einsatzes von Informationstechnologien im Auto auch der Lead-Markt ist. Die Politik kann eine international flexible Lead-Markt-Strategie der Unternehmen dadurch unterstützen, dass sie nicht auf nationale Lösungen drängt, sondern Erfahrungen aus anderen Märkten etwa bei der Produktzulassung und bei marktspezifischen Regulierungen berücksichtigt.

2. Verhinderung einer idiosynkratischen Ausrichtung der wissenschaftlich-technischen Infrastruktur (Ausbildungsstätten, Forschungseinrichtungen, Normungsinstitutionen): Innovierende Unternehmen, die Innovationsimpulse wesentlich von Kunden oder über Nachfragetrends erhalten, sind in ihren Innovationsaktivitäten in der Regel stärker außenorientiert und kooperieren auch häufiger mit wissenschaftlichen Einrichtungen. Dies gilt in Deutschland aber nicht nur für Lead-Markt-Unternehmen, sondern in noch stärkerem Maße für Branchen, in denen die deutsche Nachfrage idiosynkratisch ist und Export hemmend wirkt. Für eine effektive Nutzung der wissenschaftlich-technischen Infrastruktur als ein Element der Wissensbasis von Lead-Markt-Unternehmen wäre eine Lead-Markt-Orientierung dieser Einrichtungen wünschenswert, d. h. eine stärkere Ausrichtung von Ausbildung, Forschung und Technikentwicklung an Kundenbedürfnissen und internationalen Trends. Dadurch können diese Institutionen ihre Position als potenzielle Kooperationspartner für die Wirtschaft verbessern.

Eine Analyse der gegenwärtigen Lead-Markt-Rolle Deutschlands zeigte Stärken im Automobilbau sowie vor allem dort, wo es um Prozesstechnologien für Industriekunden geht wie beim Maschinenbau, bei der Steuer-, Mess- und Regelungstechnik, bei den elektronischen und informationstechnologischen Bauteilen (Beise et al. 2002). Die starke Industriebasis in Deutschland und insbesondere die Präferenzen der Industriekunden für qualitativ besonders hochwertige und leistungsfähige, flexibel einsetzbare und vor allem kosteneffiziente Maschinen, Anlagen, Softwaresysteme und technische Komponenten liegt voll im globalen Trend und trägt wesentlich zur deutschen Lead-Markt-Rolle bei. Ein wichtiger Auslöser für diese Trendführerschaft ist der hohe Kostendruck, den die deutsche Industrie bei Arbeitskosten, Umweltkosten, Energiekosten und Bodenkosten sowie durch die kontinuierliche Aufwertung des Außenwerts der DM über Jahrzehnte gespürt hat. Dieser Kostendruck wird auf lange Sicht in allen Ländern zunehmen, da die nachgefragten Produktionsfaktoren knapp sind und bei einem fortschreitenden Wachstum der Weltwirtschaft im Preis tendenziell steigen werden. Bisher haben viele Branchen in Deutschland den negativen Auswirkungen dieses Kostendrucks anscheinend mit Innovationen entgegenhalten können. In einigen Branchen, wie z. B. dem Maschinenbau, trägt dies zur Lead-Markt-Rolle Deutschlands im industriellen Kernbereich bei.

6.3.2 Innovationspolitik bei Industrien in Lag-Märkten

Die Identifizierung von Branchen, Technologiefeldern oder Produktbereichen eines Landes, die Lead- oder Lag-Markt-Kriterien des heimischen Marktes unterliegen, legt es nahe, die Innovationspolitik entsprechend den unterschiedlichen Heimatmarktbedingungen auszurichten. Denn bei den Politikmaßnahmen zur Förderung von Branchen macht einen großen Unterschied, ob die Unternehmen einem heimischen Lead-Markt gegenüberstehen oder einem Lag-Markt. Im vorherigen Abschnitt wurden schon speziell zu den Industrien, die sich in einer Lead-Markt-Rolle befinden, innovationspolitische Schlussfolgerungen gezogen. Dies soll hier in Bezug auf Lag-Märkte ergänzt werden. Denn in Lead-Markt-Branchen beschränkt sich – wie oben schon ausgeführt – der innovationspolitische Handlungsbedarf auf die Sicherung dieser Lead-Markt-Eigenschaften. Bei Lag-Märkten geht es um die Frage, ob die heimatlichen Bedingungen in Richtung Lead-Markt verändert werden können. Wenn dies nicht möglich ist, geht es darum, wie die heimische Nachfrage quasi davon abgehalten werden kann, die Unternehmen um ihre Exportchancen zu bringen.

Branchen, deren Heimatmarkt Merkmale eines Lag-Marktes aufweist, zeichnen sich dadurch aus, dass sie Innovationen übernehmen, nachdem diese in anderen Ländern erfolgreich waren. Das Lead-Markt-Modell demonstriert, dass es hierfür mehrere ökonomische Gründe gibt und es nicht an einer geringen Innovationsbereitschaft des Heimatmarktes liegen muss. Lag-Märkte können auch Länder sein, die zwar bestimmte (nationale) Innovationsdesigns bevorzugen würden, jedoch mehr Vorteile aus der Übernahme eines ausländischen Innovationsdesigns ziehen. Dies ist z. B. bei einer geringen Marktgröße des Heimatmarktes oder bei hohen Unsicherheiten über die Zuverlässigkeit des heimischen Innovationsdesigns der Fall. Kann die Politik den Lag-Markt nicht durch gezielte Maßnahmen in einen Lead-Markt umwandeln, so sollte die Innovationspolitik bewusst auf die Förderung lokaler Technik verzichten und auf die schnelle Übernahme von Designs oder Standards aus dem Lead-Markt dringen. Damit wird verhindert, dass Außenseiterinnovationen produziert werden, die später vom Lead-Markt-Design verdrängt werden.

Für Lag-Märkte empfiehlt sich daher eine diffusionsorientierte Innovationspolitik, um Kostenvorteile neuer Technologien rasch zu nutzen. Hierzu zählt z. B. die Unterstützung von kleinen und mittleren Unternehmen bei der Technologieadoption oder der angewandten Forschung, die entlang des dominanten Innovationsdesigns neue Lösungen erarbeiten sollte. Eine rasche Diffusion ermöglicht auch die

Chancen, durch inkrementelle Weiterentwicklung des dominanten Designs entweder neue Marktnischen aufzutun oder durch das Angebot von Komplementärprodukten oder -dienstleistungen Marktanteile auch gegenüber Unternehmen aus dem Lead-Markt zu gewinnen. Häufig können die schnell nachfolgenden Länder einen hohen Anteil auf dem Weltmarkt erobern, da sie von den Pionieren lernen können und nicht die gleichen Kosten der Marktentwicklungsinvestitionen tragen müssen.

Eine Strategie des „schnellen Nachahmers" schließt die Ausrichtung auf den Lead-Markt ein. Hierfür empfiehlt sich die direkte Präsenz eines Unternehmens im Lead-Markt, um Kundenimpulse aufzunehmen und Produktweiterentwicklungen einzuführen. Der Informationsnachteil von Unternehmen in Lag-Märkten kann durch Kooperationen mit Unternehmen aus dem Lead-Markt aufgeholt werden. Hier muss die direkte Forschungsförderung, die gemeinsame Forschungsprojekte mehrerer Unternehmen unterstützt, offen für internationale Kooperationsprojekte sein.

Die Pharmaindustrie in Deutschland hat manche Merkmale eines Lag-Marktes, ohne dass dies jedoch der Innovationskraft der Branche Abbruch tut. Für Produktinnovationen spielt zwar die Erforschung neuer Wirkstoffe eine herausragende Rolle. Dabei handelt es sich um längerfristig orientierte Forschung, die auch starke Impulse aus der Wissenschaft erhält. Trotzdem sind für den Exporterfolg auch die Wahl des Einführungsmarktes sowie die Berücksichtigung unterschiedlicher nationaler Präferenzen einschließlich nationaler Vorschriften oder Standards wichtig. Der deutsche Heimatmarkt bietet den deutschen Pharmaunternehmen allerdings ein ungünstiges Terrain, denn die Innovationsimpulse aus dem heimischen Gesundheitswesen sind weniger geeignet, international erfolgreiche Innovationen hervorzubringen als in anderen Ländern, vor allem in den USA und Großbritannien. Deshalb haben sich die deutschen Pharmaunternehmen schon früh diesen Lead-Märkten zugewandt und eigene FuE- und Produktionsstätten in den USA gegründet. Dies zeigt, dass die Internationalisierung von FuE und der Aufbau von FuE-Kapazitäten deutscher Unternehmen im Ausland kein Defizit bei den Forschungsbedingungen in Deutschland aufzeigen muss, sondern das Resultat ungünstiger Nachfragebedingungen in Deutschland sein kann.

Außenseitermärkte sind gegenüber Lag-Märkten durch die dauerhafte Bevorzugung eines nationalen Innovationsdesigns geprägt, das erfolglos gegen andere Innovationsdesigns konkurriert. Dies schränkt die Exportfähigkeit der Branche auf lange Sicht ein. Hier ist die Innovationspolitik gefordert, idiosynkratischen Nachfragestrukturen entgegenzuwirken, etwa indem nationale Regulierungen gelockert oder an Lead-Märkten ausgerichtet werden, technische Normen internationalisiert werden und öffentliche bzw. monopolistische Nachfrage durch Öffnung der entsprechenden Märkte aufgebrochen wird. Dabei sollte sich die Politik bewusst sein, dass derartige Strukturveränderungen angesichts der grundlegenden Wirkungsweisen eines sektoralen Innovationssystems nur schwer und nur auf lange Sicht realisiert werden können.

Literatur

Adam, W. und J. Dirlam (1966), Big Steel, Invention and Innovation, *Journal of Economics*, Vol. 80, Nr. 2, S. 167-89.

Albach, H., D. de Pay und R. Rojas (1989), Der Innovationsprozess bei kulturspezifisch unterschiedlich innovationsfreudigen Konsumenten, *Zeitschrift für Betriebswirtschaft*, Ergänzungsheft Nr. 1, S. 109-129.

Altshuler, A. A., M. Anderson, D. T. Jones, D. Roos und J. Womack (1984), *The Future of the Automobile: The Report of MIT's International Automobile Program*, London.

Anderson, Ph. und M. L. Tushman (1990), Technological Discontinuities and Dominant Designs: A Cyclical Model of Technological Change, *Administrative Science Quarterly*, Vol. 35, December, S. 604-633.

Barnes, B., D. Bloor und J. Henry (1996), *Scientific Knowledge: A Sociological Analysis*, Chicago.

Bartlett, Ch. A. und S. Ghoshal (1990), Managing Innovation in the Transnational Corporation, in: Ch. Bartlett, Y. Doz und G. Hedlund (Hrsg.), *Managing the Global Firm*, London, S. 215-255.

Beise, M. (2001), *Lead Markets: Country-Specific Success Factors of the Global Diffusion of Innovations*, ZEW Economic Studies, Vol. 14, Heidelberg.

Beise, M., Th. Cleff, O. Heneric und Ch. Rammer (2002), *Lead-Markt Deutschland*, Studie für das BMBF, ZEW Dokumentation, Mannheim.

Beise, M., J. Blazejczak, D. Edler, K. Jacob, M. Jänicke, T. Loew, U. Petschow und K. Rennings (2003), The Emergence of Lead Markets for Environmental Innovations, in: J. Horbach, J. Huber, T. Schulz (Hrsg.), *Nachhaltigkeit und Innovation: Rahmenbedingungen für Umweltinnovationen*, München, S. 11-53.

Beise, M. und K. Rennings (2004), National Environmental Policy and the Global Success of Next-Generation Automobiles, *International Journal of Energy Technology Policy* (IJETP), Special Issue “Energy Conservation", Vol. 2, No. 3, S. 272-283.

Beise, M. (2005), The Domestic Shaping of Japanese Innovations, in: C. Herstatt, Ch. Stockstrom, H. Tschirky, A. Nahahira (Hrsg.), *Management of Technology and Innovation in Japan*, Berlin [u. a.].

Beise, M. und K. Rennings (2005), Lead Markets for Environmental Innovations: A Framework for Innovation and Environmental Economics, *Ecological Economics*, Vol. 52, No. 1, S. 5-17.

Bennett, C. J. (1991), Review Article: What Is Policy Convergence and what Causes It? *British Journal of Policy Studies*, Vol. 21, S. 21-233.

Bijker, W. E., T. P. Hughes und T. Pinch (Hrsg.) (1987), *The Social Construction of Technological Systems*, Cambridge, Mass.

Bingmann, H. (1993), Antiblockiersystem und Benzineinspritzung, in: H. Albach (Hrsg.), Culture and Technical Innovation: *A Cross-Cultural Analysis and Policy Recommendations*, Berlin, New York, S. 767-821.

Binswanger, H., V. Rutton (1978), *Induced Innovation: Technology, Institutions, and Development*, Baltimore, London.

BMBF (versch. Jgg.), *Zur Technologischen Leistungsfähigkeit Deutschlands*, erscheint jährlich, Bonn.

Bresnahan, T. F. und F. Malerba (1999), Industrial Dynamics and the Evolution of Firms' and Nations' Competitive Capabilites in the World Computer Industry, in: D. Mowery, R. Nelson (Hrsg.), *Sources of Industrial Leadership*, Cambridge, S. 79-132.

Brockhoff, K. (1998), *Der Kunde im Innovationsprozess*, Joachim Jungius Gesellschaft der Wissenschaften, Göttingen.

Cateora, Ph. und J. Graham (2002), *International Marketing*, 11. Auflage, New York.

Ceruzzi, P. (1999), Inventing Personal Computing, in: D. MacKenzie, Judy Wajcman (Hrsg.), *The Social Shaping of Technology*, Buckingham, Philadelphia, S.64-86.

Christensen, C. (1997), *The Innovator's Dilemma: When New Technologies Cause Great Firms to Fail*, Boston, Mass.

Coombs, R., P. Saviotti und V. Walsh (1987), *Economics and Technological Change*, Basingstoke, Hants.

Cooper, R. und E. Kleinschmidt (1987), Success Factors in Product Innovation, *Industrial Marketing Management*, Vol. 16, S. 215-223.

Coopersmith, J. (1993), Facsimile's false starts, *IEEE spectrum*, February, S. 46-49.

Cowan, R. (1990), Nuclear Power Reactors: A Study in Technological Lock-in, *Journal of Economic History*, Vol. 50, No. 3, S. 541-567.

Cringely, R. (1992), *Unternehmen Zufall: Wie die Jungs vom Silicon Valley die Milliarden scheffeln, die Konkurrenz bekriegen und trotzdem keine Frau bekommen*, Bonn [u. a.].

Cvar, M. R. (1986), Case Studies in Global Competition: Patterns of Success and Failure, in: M. E. Porter (Hrsg.), *Competition in Global Industries*, Boston, S. 483-516.

David, P. A., D. Foray und J.-M. Dalle (1998), Marshallian Externalities and the Emergence and Spatial Stability of technological Enclaves, *Economic Innovation of New Technologies*, Vol. 8, S. 147-182.

Dekimpe, M. G., Ph. M. Parker und M. Sarvary (2000), "Globalisation": Modeling Technology adoption Timing across Countries, *Technological Forecasting and Social Change*, Vol. 63, S. 25-42.

Dertouzos, M. L., R. K. Lester und R. M. Solow (1989), *Made in America: Regaining the Productivity Edge*, Cambridge, Mass.

Dobson, S. (2001), Manmade Fibers Fuel Growth of Nonwovens, *International Fiber Journal*, Vol. 16, No. 1, S. 35-38.

Dolowitz, D. und D. Marsh (1996), Who Learns What from Whom: a Review of the Policy Transfer Literature, *Political Studies*, Vol. 44, S. 343-357.

Dosi, G., K. Pavitt und L. Soete (1990), *The Economics of Technical Change and International Trade*, New York [u. a.].

DRA (1997), *The World Technical Textile Industry and its Markets: Prospects to 2005*, Manchester.

Economides, N. und Ch. Himmelberg (1995), *Critical Mass and Network Size with Application to the US FAX Market*, Working paper series / Stern School of Business, NYU.

Economist (1998a), Will It Play in Penang?, May 2nd, Europäische Ausgabe, S. 65-66.

Economist (1998b), The changing fabric of Italian fashion, US-Ausgabe, 11. April, S. 47-48.

Economist (1999), America Is Going Soft, April 3rd, Europäische Ausgabe, S. 81-82.

Edquist, Ch. und St. Jacobsson (1988), *Flexible Automation. The Global Diffusion of New Technology in the Engineering Industry*, Oxford.

EU Commission (versch. Jgg.), *European Report on Science and Technology Indicators*, Luxembourg.

EU Commission (2000), *Textile and Clothing Industry: Sectoral Analysis*, mimeo, Brüssel, October.

Evans, D. S. und R. Schmalensee (1999), *Paying with plastic: the digital revolution in buying and borrowing*, Cambridge.

Fayerweather, J. (1969), *International Business Management: A Conceptual Framework*, New York.

Fields, G., H. Katahira und J. Wind (2000), *Leveraging Japan: Marketing to the New Asia*, San Francisco.

Flamm, K. (1986), *International Differences in Industrial Robot use: Trends, Puzzles, and possible Implications for Developing Countries*, The World Bank Discussion paper, Washington, D.C.

Franko, L. (1976), *The European Multinationals*, London.

Freeman, Ch. und L. Soete (1997), *The Economics of Technical Change*, Cambridge, Mass.

Freiberger, P. und M. Swaine (1984), *Fire in the Valley: The Making of the Personalcomputer*, Berkeley.

Gandal, N., S. Greenstein und D. Salant (1999), Adoption and Orphans in the Early Microcomputer Market, *The Journal of Industrial Economics*, Vol. 48, No. 1, S. 87-105.

Gemünden, H. G., P. Heydebreck und R. Herden (1992), Technological Interweaverment: A Means of Achieving Innovation Success, *R&D Management*, Vol. 22, No. 4, S. 359-376.

Gerybadze, A., F. Meyer-Krahmer und G. Reger (1997), *Globales Management von Forschung und Innovation*, Stuttgart.

Ghemawat, P. (1993), Commitment to a Process Innovation: Nucor, USX, and Thin-slab Casting, *Journal of Economics and Management Strategy*, Vol. 2, No. 1, S. 135-161.

Gipe, P. (1995), *Wind Energy comes of age*, New York [u. a.].

Golder, P. und G. Tellis (1993), Pioneer Advantage: Marketing Logic or Marketing Legend?, *Journal of Marketing Research*, Vol. 30, S. 158-170.

Grimes, Ch. (2000), Doomed Iridium is all Set to Go Into Free Fall, *Financial Times*, 19. März, S. 10.

Gruner. K. E. und C. Homburg (2000), Does customer interaction enhance new product success? *Journal of Business Research*, Vol. 49, S. 1-14.

Grupp, H. und Th. Schnöring (1990), *Forschung und Entwicklung für die Telekommunikation: Internationaler Vergleich mit zehn Ländern*, Band I, Berlin.

Grupp, H. und Th. Schnöring (1991), *Forschung und Entwicklung für die Telekommunikation: Internationaler Vergleich mit zehn Ländern*, Band II, Berlin.

Hall, B. (2004) *Innovation and Diffusion*, NBER working paper No. 10212, Cambridge.

Herbert, V. und A. Bisio (1985), *Synthetic Rubber: A Project That Had to Succeed.* Westport, Connecticut.

Hippel, E. v. (1988), *Sources of Innovation*, New York: Oxford University Press.

Hippel, E. v., St. Thomke und M. Sonnack (1999), Creating Breakthroughs at 3M, *Harvard Business Review*, Vol. 77, No. 5 (September-October), S. 47-57.

Hoffmann, J. (2002), *Automobilmarketing im Spannungsfeld von gesellschaftlichen Umweltzielen und Kundennutzen*, Frankfurt.

Hofstede, G. H. (1980), *Culture's Consequences: international Differences in Work-Related Values*, Beverly Hills.

Hufbauer, G. (1966), *Synthetic Materials and the Theory of Internationale Trade*, London.

Hultén, St. und B. G. Mölleryd (1995), Mobile Telecommunications in Sweden, in: K.-E. Schenk, J. Müller und Th. Schnöring (Hrsg.), *Mobile Telecommunications: Emerging European Markets*, Boston, S. 1-28.

Hutchinson, J. (o. J.), *The History of Plasma Televisions*, Internet download at http://www.plasmatvscience.org/plasmatv-history1.html.

International Federation of Robotics (IFR) (1999), *World Robotics 1999*, United Nations Economic Commission for Europe, New York, Geneva.

Jacob, K., M. Beise, J. Blazejczak, D. Edler, R. Haum, M. Jänicke, T. Löw, U. Petschow und K. Rennings (2005), *Lead Markets for Environmental Innovations*, Heidelberg.

Jänicke, M. (1996), *Umweltpolitik der Industrieländer. Entwicklung - Bilanz - Erfolgsbedingungen*, Berlin.

Japanese Technology Evaluation Center (1993), *Material Handling Technologies in Japan: Executive Summary*, JTEC Report, Loyola College, Maryland, USA

Johansson, J. K. (2000), *Global Marketing: Foreign Entry, Local Marketing, & Global Management*, Boston [u. a.].

Johansson, J. K. und Th. W. Roehl (1994), How Companies Develop Assets and Capabilities: Japan as a Leading Market, in: S. Beechler und A. Bird (Hrsg.), *Research in International Business and international Relations: Emerging Trends in Japanese Management*, Vol. 6, Greenwich, Connecticut, S. 139-160.

Johnson, Ch. (1982), *MITI and the Japanese miracle: the growth of industrial policy, 1925-1975*, Stanford, Ca.

Johnstone, B. (1999), *We Were Burning: Japanese Entrepreneurs and the Forging of the Electronic Age*, New York.

Jungmittag, A., G. Reger und T. Reiss (Hrsg.) (2000), *Changing Innovation in the Pharmaceutical Industry: Globalisation and New Ways of Drug Development*, Berlin.

Kalish, Sh., V. Mahajan und E. Muller (1995), Waterfall and Sprinkler New-Product Strategies in Competitive Global Markets, *International Journal of Research in Marketing*, Vol. 12, S. 105-119.

Kawamoto, H. (2002), The History of Liquid-Crystal Displays, *Proceedings of the IEEE*, Vol. 90, No. 4, S. 460-500.

Keck, O. (1980), Government Policy and Technical Choice in the West German Reactor Programme, *Research Policy*, Vol. 9, S. 302-356.

Kilburn, D. (1997), Thai Recipe for Hair-Care Growth, *Marketing Week*, April 10th, London.

Kodama, F. (1995), *Emerging Patterns of Innovation. Sources of Japan's Technological Edge*, Boston.

Kokes, M. (2002), Das Konzept der Lead-Märkte im Praxistest: Erfahrungen von DaimlerChrysler, in: Bundesministerium für Wirtschaft und Technologie (Hrsg.), *Die innovative Gesellschaft: Nachfrage für die Lead-Märkte von Morgen*, Ergebnisse der Fachtagung am 19. April 2002 in Berlin, BMWi-Dokumentation No. 511, Bonn.

Kotler, Ph. (1978), *Marketing Management*, Englewood Cliffs.

Kotler, Ph. (2000), *Marketing Management: The Millennium Edition*, Upper Saddle River, NJ.

Kreutzer, R. (1989), *Global Marketing – Konzeption eines Länderübergreifenden Marketing: Erfolgsbedingungen, Analysekonzepte, Gestaltungs- und Implementierungsansätze*, Wiesbaden.

Latour, B. (1987), *Science in Action*, Milton Keynes.

Legler, H., M. Beise, u. a. (2000), *Innovationsstandort Deutschland: Chancen und Herausforderungen im Internationalen Wettbewerb*, Landsberg.

Lehmann, H. und T. Reetz (1995), *Zukunftsenergien-Strategien einer neuen Energiepolitik*, Basel.

Levitt, Th. (1983), The Globalisation of Markets, *Harvard Business Review*, Vol. 61, No. 3, S. 92-102.

Linder, S. B. (1961), *An Essay on Trade and Transformation*, Uppsala.

Livingstone, J. M. (1989), *The Internationalization of Business*, Houndmills: Macmillan.

Lundvall, B.-Å. (1982), Technological paradigms and technological trajectories, *Research Policy*, Vol. 11, S. 147-162.

Lynn, L. H. (1982), *How Japan Innovates: A Comparison with the US in the Case of Oxygen Steelmaking*, Boulder, Co.

MacKenzie, D. und J. Wajcman (Hrsg.) (1999), *The Social Shaping of Technoloy*, 2. Auflage, Open University Press, Buckingham, Philadelphia.

Maddala, G. S. und P. T. Knight (1967), International Diffusion of Technical Change: A Case Study of the Oxygen Steel Making Process, *Economic Journal*, Vol. 77, Sept., S. 531-558.

Mandell, L. (1990), *The Credit Card Industry: A History*, Twayne's Evolution of American Business Series, No. 4, Boston.

Mannering, F. und C. Winston (1995), Automobile Airbags in the 1990s: Market Failure or Market Efficiency? *The Journal of Law & Economics*, Vol. 38, No. 2, S. 265-279.

Mansfield, E. (1968), *Industrial Research and Technological Innovation: An Econometric Analysis*, New York.

Mansfield, E. (1985), How Rapidly Does New Industrial Technology Leak Out?, *Journal of Industrial Economics*, Vol. 34, No. 2, S. 217-223.

Mansfield, E. (1989a), The Diffusion of Industrial Robots in Japan and the United States, *Research Policy*, Vol. 18, S. 183-192.

Mansfield, E. (1989b), Technological Change in Robotics: Japan and the United States, *Managerial and Decision Economics*, Special Issue, S. 19-25.

Markides C. (1997), Strategic Innovation, *Sloan Management Review*, Vol. 38, No. 3, Spring, S. 9-23.

McAdams, A. (1967), Big Steel, Invention and Innovation, Reconsidered, *The Quarterly Journal of Economics*, Vol. 81, S. 457-474.

Meyer-Krahmer, F. (1997), Lead Märkte und Innovationsstandort, *FhG Nachrichten* 1/97.

Meyer. J. und G. Herregat (1974), The Basic Oxygen Furnace, in: L. Nabseth und G. Ray (Hrsg.) *The Diffusion of New Industrial Processes*, London.

Michalovic M. (o.J.), *The Story of Synthetic Rubber*, Download on Internet Website at: http://www.psrc.usm.edu/macrog/exp/rubber/menu.htm.

Midgley, D. F. und G. R. Dowling (1978), Innovativeness: The Concept and its Measurement, *Journal of Consumer Research*, Vol. 4, March, S. 229-242.

Mitchell, B. (1981), *European Historical Statistics 1750-1975*, 2nd Ed., New York.

National Science Foundation (versch. Jgg), *Science and Engineering Indicators*, Washington, D.C.

Nelson, R. und S. Winter (1982), *An Evolutionary Theory of Economic Change*, Cambridge, Mass.

OECD (1968) *Gaps in Technology: General Report*, Paris.

OECD (1997), *Wissenschafts-, Technologie- und Industrieausblick*, erscheint alle 2 Jahre, Paris.

OECD (2000), *Information Technology Outlook 2000*, Paris.

OECD und World Bank (2001), *Joint World Bank – OECD Seminar on Purchasing Power Parities. Recent Advances in Methods and Applications*, Washington, D.C.

Office of Technology Assessment (1995), *LCD Displays in Perspective*, Sept., OTA-ITC 631, Washington, DC.

Ohmae, K. (1995), *The End of the Nation State: The Rise of Regional Economies*, New York.

Paetsch, M. (1993), *The Evolution of Mobile Communications in the U.S. and Europe: Regulation, Technology, and Markets*, Boston, London.

Papajohn, Ch. G. (1991), *The Diffusion of Competing Innovations in the U.S. Steel Industry*, unpublished PhD Stanford University.

Parkinson, St. (1982), The Role of the User in Successful new Product Development, *R&D Management*, Vol. 12, No. 3, S. 123-131.

Peterson, M. J. (1995), The Emergence of a Mass market for Fax Machines, *Technology in Society*, Vol. 17, No. 4, S. 469-482.

Pine, B. J. (1993), *Mass Customisation: The New Frontier in Business Competition*, Boston, Mass.

Porter, M. E. (1986), Changing Patterns of International Competition, *California Management Review*, Vol. 28, No. 2, S. 9-40.

Porter, M. E. (1990), *The Competitive Advantage of Nations*, New York.

Posner, M. V. (1961), International Trade and Technical Change, *Oxford Economic Papers*, Vol. 30, S. 323-341.

Poznanski, K. Z. (1983), International Diffusion of Steel Technologies: Time Lag and the Speed of Diffusion, *Technological Forecasting and Social Change*, Vol. 23, S. 305-323.

Prahalad, C. K. und Y. L. Doz (1987), *The Multinational Mission: Balancing Local Demands and Global Vision*, New York.

Prestowitz, C. V. (1988), *Trading Places: How We Allow Japan to Take the Lead*, Basic Books, New York.

Reger, G., M. Beise und H. Belitz (1999), *Innovationsstandorte multinationaler Unternehmen: Internationalisierung technologischer Kompetenzen in der Pharmazie, der Halbleiter- und Telekommunikationstechnik*, Schriftenreihe des FhG-ISI, Band 37, Heidelberg.

Regitnig-Tilian, N. (2002), Eine Innovation wird 50, *Vöest Alpine Magazin*, Heft 2.

Richardson, J. J. (1982), The Concept of Policy Style, in: J. J. Richardson (Hrsg.), *Policy Styles in Western Europe*, London, S. 1-16.

Riesenbeck, H. und A. Freeling (1991), How Global Are Global Brands?, *McKinsey Quarterly* (4), S. 3-18.

Ritzer, G. (1995), *Expressing America: A Critique of the Global Credit Card Society*, Thousand Oaks [u. a.].

Rogers, E. M. (1995), *Diffusion of Innovation*, 4. Auflage, New York.

Rosenberg, N. (1982), *Inside the Black Box: Technology and Economics*, Cambridge.

Rothwell, R., Ch. Freeman, A. Horseley, V.T.P. Jervis und J. Townsend (1974), Sappho Updated – Project Sappho Phase II, *Research Policy*, Vol. 3, S. 204-225.

Ruttan, V. W. (1997), Induced Innovation, Evolutionary Theory and Path Dependence: Sources of Technical Change, *Economic Journal*, Vol. 107, S. 1520-1529.

Sakakibara, M. und M. E. Porter (2001), Competing at Home to Win Abroad: Evidence from Japanese Industry, *Review of Economics and Statistics*, Vol. 83, No. 2, S. 310-322.

Scherer, F. M. (1992), *International high-technology competition*, Cambridge.

Schlott, S. (1996), *Airbags: Die zündende Idee beim Insassenschutz*, Die Bibliothek der Technik Band 121, Landsberg/Lech.

Schmookler, J. (1966), *Invention and Growth*, Cambridge, Mass.

Schodt, F. L. (1988), *Inside the Robot Kingdom*, Kodansha International.

Seitz, K. (1990), *Die japanisch-amerikanische Herausforderung: Deutschlands Hochtechnologie-Industrien kämpfen ums Überleben*, Stuttgart.

Servant-Schreiber, J.-J. (1968), *The American Challenge* (Original: Le Défi Américain), London.

Shaw, B. (1985), The Role of the Interaction Between the User and the Manufacturer in Medical Equipment Industry, *R&D Management*, Vol. 15, No. 4, S. 283-292.

Shinohara, M. (1982), *Industrial Growth, Trade, and Dynamic Patterns in the Japanese Economy*, University of Tokyo Press.

Stolpe, M. (2002), Determinants of Knowledge Diffusion as Evidenced in Patent Data: The Case of Liquid Crystal Display Technology, *Research Policy*, Vol. 31, Issue 7, September, S. 1181-1198.

Swan, P. L. (1973), The International Diffusion of an Innovation, *Journal of Industrial Economics*, Vol. 23, No. 1, S. 61-69.

Swasy, A. (1993), *Soap Opera: The Inside Story of Procter & Gamble*, New York.

Takada, H. und D. Jain (1991), Cross-National Analysis of Diffusion of Consumer Durable Goods in Pacific Rim Countries, *Journal of Marketing*, Vol. 55, April, S. 48-54.

Takeuchi, H. und I. Nonaka (1986), The New New Product Development Game, *Harvard Business Review*, Vol. 64, No. 1, S. 137-146.

Thomas, L. G. (2004), Are We Global Now? Local vs. Foreign Sources of Corporate Competence: The Case of the Japanese Pharmaceutical Industry, *Strategic Management Journal*, Vol. 25, pp. 865-886.

Thomke, S. und E. v. Hippel (2002), Customers as Innovators: A New Way to Create Value, *Harvard Business Review*, Vol. 80, No. 4 (April), S. 74-81

Tilton, J. E. (1971), *International Diffusion of Technology: The Case of Semiconductors*, Washington, D.C.

Tsuru, S. (1993), *Japan's capitalism: creative defeat and beyond*, Cambridge.

Ugon, M. (o. J.), *Smart Card Odyssey*, Bull S.A., Paris

Utterback, J. M. (1994), *Mastering the Dynamics of Innovation*, Boston.

Utterback, J. und W. Abernathy (1975), A Dynamic Model of Process and Product Innovation, *Omega*, Vol. 3, No. 6, S. 639-656.

Valletti, T. M. und M. Cave (1998), Competition in UK Mobile Communications, *Telecommunications Policy*, Vol. 22, No. 2, S. 109-131.

Vernon, R. (1966), International Investment and International Trade in the Product Life Cycle, *Quarterly Journal of Economics*, Vol. 88, S. 190-207.

Vernon, R. (1979), The Product Cycle Hypothesis in a New International Environment, *Oxford Bulletin of Economics and Statistics*, Vol. 41, No. 4, S. 255-267.

Yip, G. S. (1992), *Total Global Strategy: Managing for Worldwide Competitive Advantage*, Englewood Cliffs.

Yoffie, D. B. (Hrsg.) (1997), *Competing in the Age of Digital Convergence*, Boston, Mass.

Index

Druck und Bindung: Strauss GmbH, Mörlenbach